普通高等教育“十二五”系列教材

（第二版）

家具设计与陈设

编著　胡天君 周曙光

内 容 提 要

本书为普通高等教育“十二五”系列教材，在第一版的基础上结合近几年来国内外家具设计及室内陈设的发展成果编写而成。全书共七章，主要内容包括家具的发展及风格演变、家具造型设计、家具材料基础、家具材料与结构工艺、家具设计方法与实例、室内陈设等。书中以现代设计学为理论基础，综合阐述了中外家具设计及室内陈设的发展历史，对现代家具设计的造型、结构、材料与工艺做了充分讲述，引入了国内外诸多家具陈设的新观念，并针对教学，具体论述了家具设计的实践与步骤，知识结构清晰合理，严谨有序。

全书精心挑选了大量有代表性的精美图例进行形象直观的阐释说明，图片丰富多彩，与文字说明互相陪衬，相得益彰。

本书主要作为普通高等院校环境艺术设计、建筑装饰设计、室内设计和工业设计等专业的教材，也可作为业余爱好者的自学辅导用书。

图书在版编目（CIP）数据

家具设计与陈设 / 胡天君，周曙光编著. —2版. —北京：中国电力出版社，2012.8（2021.8重印）

普通高等教育“十二五”规划教材

ISBN 978-7-5123-3228-7

Ⅰ.①家… Ⅱ.①胡…②周… Ⅲ.①家具－设计－高等学校－教材②家具－室内布置－高等学校－教材 Ⅳ.①TS664.01②J525.3

中国版本图书馆CIP数据核字（2012）第142137号

中国电力出版社出版、发行

（北京市东城区北京站西街 19 号 100005 http://www.cepp.sgcc.com.cn）

三河市万龙印装有限公司

各地新华书店经售

*

2009 年 3 月第一版

2012 年 8 月第二版 2021 年 8 月北京第十次印刷

787 毫米 ×1092 毫米 16 开本 13.5 印张 290 千字

定价 **48.00** 元

前　言

家具与陈设品不单是建筑室内环境的有机组成，其本身也作为艺术品在当代文化的传播交流中显示出主体意义。家具设计与陈设的研究与教学在当代建筑环境设计中的重要性日显突出，其课程内容必须与时俱进，将知识性、时尚性与当代科技制作工艺紧密结合。本书第一版作为十一五规划重点教材，受到各界的广泛好评。针对这次再版，作者在不断追踪学术前沿与总结教学成果的基础上，切实结合使用情况，进行删繁就简，并充实了大量的内容。如对家具发展及风格演变的传统内容进行了必要的精简，增补了一些与讲述内容贴切，具有前卫设计思想的图片，使内容更加生动易懂，可读性更强。删除了一些不具代表性的工艺及材料，补充介绍广泛流行的工艺及材料，使教学与实践的结合更加紧密。对“第七章　室内陈设”的内容予以重点补充，并就室内陈设的设计原理与构成原则，以及当代室内陈设设计的风格趋势进行了综合性的解读。本书在秉承图文并茂、时代性特色鲜明的基础上，充分兼顾了高等院校的专业教材、教学参考书或各类专业人员用书的多向需求。在此要感谢相关的出版编辑人员以及诸多教材使用者所给予的支持与建议，正是由于你们才使这套教材变得日臻完善！

编　者

2012 年 7 月

第一版前言

家具与陈设既是建筑环境的组成与延伸，又是人类文化的重要体现，是科学技术与文化艺术的集合体。在现代工业设计的领域中，则是物质产品与精神文化的整合。就产品设计的标的物而言，家具设计充分代表了人类文明的发展。家具的演进，不但与建筑和科技的发展并行，而且更与社会进步和时代崇尚同步，并成为一种文化形态。家具风格便是所承载信息的体现，家具本身也就成为人类文明的缩影。其设计反映了不同时代的生产技术、空间功能、生活方式、审美风尚、地域特征、文化观念……是社会特征的综合显现。正因为家具及设计内涵的特殊意义，也就对室内设计师、建筑师及产品设计师提出了更高的要求。

家具与陈设的研究现已成为环境艺术设计、建筑设计及工业设计专业教学中非常重要的一门课程，家具与陈设的设计也越来越为人们所重视，并逐渐成为衡量室内设计成功与否的一项重要指标。本书以现代设计学为理论基础，综合阐述了中、外家具设计及室内陈设的发展历程，并对现代家具设计的造型、结构、材料与工艺做了充分讲述，引入了诸多家具陈设的新观念。全书图文并茂，内容丰富。

本书共分七章。第一章概论，从现代设计学的角度概括了家具及其设计的概念和各种特性以及与人和环境的关系；第二章从历史的高度梳理了东西方家具的发展历史以及对现代家具设计的影响；第三章讲述了家具作为一种特殊造型艺术的普遍意义；第四、第五章从现代材料学入手对家具制作的材料及工艺进行了具体分析；第六章对家具设计的实践与步骤做出具体讲解；第七章介绍了室内陈设的概念和分类以及与现代室内环境的关系。

本书在编写过程中注重理论与实践相结合，以理论讲解为线索，配合大量图片资料和手绘设计稿，让读者能形象直观地掌握家具的历史、种类、结构及设计方法。本书引入了国内外最新的设计理念和研究成果，内容全面、翔实，语言通俗易懂，有较强的理论性和实践性，可供环境艺术设计、室内设计、建筑装饰设计和工业设计等专业的师生作为教材阅读使用，还可作为业余爱好者的自学辅导用书。

本书的出版，得到了许多同事和朋友们的帮助，在此，一并表示深深的谢意。

我们对本书进行了认真地讨论和修改，但书中难免存在不足之处，真诚希望各位专家学者和广大读者给予批评指正，以便在今后的修订中不断充实和完善。

编　者

2008 年 8 月

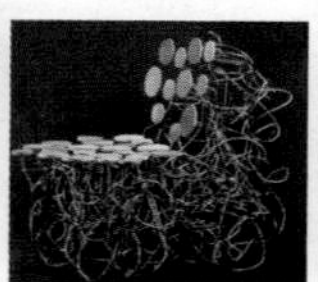

目　录

第1章 概 论

第1节 家具的概念

家具是指人类生活所使用的器具，与家私（注重财产、私用性）、家什（注重用具）等词的含义均有重叠，是家用之器具的统称。贾思勰（北魏）在《齐民要术》中记载——种槐、柳、楸、梓、梧、柞："凡为家具者，前件木皆所宜种"。这是我国古代文献中对家具的较早的记载，从中也可以看出古代家具是木器时代。家具在当代已经被赋予了最宽泛的现代定义，英文 furniture 为家具的统称，它源自于法文中"fourniture"和拉丁文"mobilis"，即是家具、设备、可移动的装置、陈设品、服饰品等含义。

广义地说，家具是指供人类维持正常生活、从事劳动生产和开展社会活动必不可少的各类器具。随着社会的进步和人类的发展、现代家具涉及的范畴几乎涵盖了所有的环境产品、城市设施、家庭空间、公共空间和工业产品。由于文明与科技的进步，现代家具的内涵是永无止境的，家具从木器时代演变到金属时代、塑料时代、生态及纳米材料时代；从建筑到环境，从室内到室外，从家庭到城市。现代家具的设计与制造都是为了满足人们不断变化的需求功能，创造更美好、更舒适、更健康的生存方式。由于人类社会和生活方式是在变革中发展的，新的家具形态也将不断产生，家具的概念也将是富有创造力和生命力的概念。

狭义地说，家具是生活、工作或社会交往活动中供人们坐、卧、躺，或支承与储存物品的一类器具与设备。这也是家具设计研究的主题。可以说家具是建筑和人之间的媒介，它是使建筑产生具体价值功能的必要措施，它通过形式和尺度在室内空间和人的身体之间形成一种过渡，它与人体的亲近关系仅次于衣服，家具与陈设同处于人自身与建筑内空间之间。家具和建筑一样以满足人类基本活动需求为宗旨，是人类文化的一个组成部分。家具在人们工作和活动中将室内变得适宜于人们的生活，成为建筑功能的延伸。因为任何建筑只是构架了室内空间的外壳，只有通过家具的设置才能显示、体现以至强化出它的特定功能。同时，家具又是室内的主要陈设，既具有使用功能，又具有装饰作用，它与室内环境构成了一个统一的整体。伴随着人类社会的发展与进步，此类意义上的家具的内涵与外延也在不断的变迁。例如，一部分家具的功能在不断的细化中淡出了家具的范畴，一部分家具则通过与建筑的完美结合成为建筑形态的有机元素，而另一部分家具的使用功能在不断弱化中成为凝聚着文化符号的陈设。

总之，现代家具的内涵在不断地变迁、外延也在不断扩大，功能更加多样，造型更是千变万化日臻完美，已成为创造和引领人类新的生活与工作方式的物质器具和文化形态，已成为人类文明的缩影、科学技术的体现，是人类不同行为方式的延伸。

第2节 家具的发展与人类的关系

家具为人类所固有，它的产生与发展也是伴随着人类文明的进程展开的，我们的祖先在和大自然的抗争中，为了遮蔽风雨而建造了房屋，在繁重的劳作之余，平坦的石面或是树桩都成为人类最早休息的场所，随之这种功能的不断强化也便产生了家具。促使家具产生的因素是人类直立的姿态。步行和站立都会使两脚疲劳，因而或坐或躺，使用简单的垫褥是比较符合生理要求的。坐在圆木或石头上，可避免地面上的灰尘和潮湿，并且坐下和起立也方便。最初的家具只是为了满足生活的基本需求，有需要才能有相应的创造和发展，人们不断增长的生存需求促进了家具的不断发展。在有了工具之后，则设想要有个工作台，多样的食物器皿与酒具的使用，则设想出桌子和柜子。人类在具备一定的物质条件和认识能力之后，渐渐不满足于家具的原始状态，如天然的石块虽可以达到休息的目的，但无法达到舒适、美观等更高的要求，于是将石头进行精细加工雕成平坦或有靠背的样式，甚至可以在石头上雕刻图案以示美观，这样就逐步创造出既能满足生活需要又具备一定欣赏价值的不同类型和式样的家具，然而，这些家具首先是为解决生活中各种不同使用要求而产生的。但在特定的时期与环境下又可表现为不同权利、地位、财富等信息的象征。其符号价值往往大于其使用价值。纵观家具的发展史，从公元前4000多年的古埃及王朝一直到19世纪欧洲工业革命前，家具的历史实际上就是木器的历史。东西方家具一直在木器的范畴中不断改进家具的造型和工艺技术，逐步演变为一种精雕细刻的手工艺品，过分追求装饰，削弱家具作为生活器具所必需的功能。一直到19世纪欧洲工业革命后，家具的发展才进入了工业化的发展轨道，在现代设计思想的指导下，根据“以人为本”的设计原则，摒弃了奢华的雕饰，提炼了抽象的造型，结束了木器手工艺的历史，进入了机器生产的时代。现代家具在工业革命的基础上，通过科学技术的进步和新材料与新工艺的发明，广泛吸收了人类学、社会学、哲学、美学的思想，紧紧跟随着社会进步和文化艺术发展的脚步。

在现代社会，随着人们生活水平和生活质量的改善和提高，人们更多注重对家具的造型、材质、款式和质量的要求。在设计和选用家具时，除了从人体工程学上符合人体各部分的生理尺度、在款式造型上符合人的心理需求之外，还应与室内尺度和室内环境相协调。这使家具赋予了更多新的内涵。

一般情况下，人的一生大约有三分之二的时间是在家具上度过的，可见家具与人的密切关系，家具以其独特的功能贯穿于人们生活的方方面面，与人们的衣、食、住、行等生活方式密切相关，在工作、学习、生活、交际、娱乐、休闲等活动中扮演着重要角色。由于家具的产生是基于人的使用需要，它必须随着人类社会生产和物质生活的发展而向前发展。在家具使用的发展和演变过程中，每一历史时期，都会根据不同的物质生产能力和生活条件的需要，利用当时的生产技术，创造出具有新的使用功能的家具。很明显，家具的发展与时代背景、地域条件、生活观念和美学思潮等综合因素息息相关，无论是我国还是欧美的传统家具，皆曾在不同的条件下创造出辉煌的成就。家具发展到现代，出现了许多过去所没有的新功能和造型式样，满足了现代人各方面的需求，这是和现实生产力的发展、生活水平的提高分不开的，有什么样的物质生活条件和生产技术水平，就会产生相应的家具。尤其是当代社会，伴随着文化观念的发展与科学技术的进步，以及生活方式的改变，家具也在产生迅猛的发展。

第3节 家具的主要特性

一、家具是一种文化形态，是人类文明的缩影

人类社会的进步与发展注定家具不仅仅是一种简单的功能性物质产品，它既满足某些特定的直接用途，又能供人们观赏，使人在接触和使用过程中产生某种审美快感和引发丰富联想的精神需求，家具是一种文化，是物质文化和精神文化的整合。狭义上的文化概念是指人类社会意识形态及与之相适应的制度和设施；而广义上的文化概念是指人类所创造的物质和精神财富的总和，而家具正具有这种广义的文化特性。人类的一切文化都是从造物开始，每件工具的选择与制造都伴随着人类的行为与经验。这些行为与经验的集合便构成了人类对自然事物的认知，从而使人从自然中分离出来，并形成人类特有的概念，以及表达这些概念的符号：语言、图像、色彩、形态、内容、文字……。这些符号作为人类认识和实践的工具，又进一步激发了造物活动的深化。由普通物品的单一功能逐步向多层次的功能发展，文化从中形成，文明开始书写。家具正是这一过程的体现与见证。

家具是人类社会的物质产品。人类在对自然物的选择伊始，就已包含了某种设计的因素。可以说产品设计就是通过实现功能的物质载体来体现人类文化体系的造物活动。中外家具的发展史便是人类造物活动的历程，也是人类文化在家具产品上的充分显现。家具作为重要的物质文化形态，在直接为人类社会的生产、生活、学习、交际和文化娱乐等活动服务的同时，成为人类社会发展、物质生活水准和科学技术发展水平的重要标志。家具的品类和数量反映了人类从农业时代、工业时代到信息时代的发展和进步，家具材料是人类利用大自然和改造大自然的系统记录，家具的结构科学和工艺技术反映了工业技术的进展和科学的发展状态，家具发展的过程是人类物质文明史的一个重要组成部分。

抛开家具的物质特性，它又以自己特有的形象和符号来影响和沟通人的情感，对人的心理、情感产生影响，具有象征、审美、对话、娱乐等功能。家具以其特有的功能形式、艺术形象长期地呈现在人们的生活空间，潜移默化唤起人们的审美情趣，培养人们的审美情操，提高人们的审美能力，发挥着特有的艺术感召力。 同时，家具也以艺术形式直接或间接通过隐喻或文脉思想，反映当时的社会与宗教意识，实现其独到的精神功能。

家具以一种广为普及的大众艺术品形式，构成环境与室内空间的一项重要内容。它的造型、色彩和艺术风格与环境、室内空间艺术共同营造出特定的艺术氛围，并直接呈现出某种文化现象，成为文化艺术的重要组成部分。家具的设计原则、文化观念与表现手法是和建筑艺术、造型艺术、装饰艺术一脉相承的。它在涉及材料、工艺、设备、化工等技术领域的同时，又与社会学、行为学、美学、心理学等社会科学以及造型艺术理论密切相关，有着历史的连续性和时代的限定性。因而，家具是一种文化形态，是人类文明的缩影。

二、家具风格是其承载信息的体现

家具是一种文化形态，是丰富的信息载体。其类型、数量、功能、形式和制作水平，反映了某一地域与历史时期的社会生活方式、社会物质文明水平以及历史文化特征，因而家具

凝聚了丰富而深刻的社会性和文化性。从一定意义上说，家具是特定地域和时期社会生产力发展水平的标志，是人类生活方式的缩影，是某种文化形态的综合显现。这种综合信息的呈现也就构成了家具文化的风格。从文化领域讲，家具风格是不同的地域和时代思潮特质，透过创造的构想和表现，而逐渐发展成的代表性家具形式。家具风格与建筑及装饰艺术风格之间有着不可分割的联系，因此，每一种典型风格的形成，莫不与当时当地的自然和人文条件息息相关。形成一种风格的原因是多方面的、综合的。这其中既有意识形态上的原因，如审美趋向、文化艺术发展的影响等；也有物质技术上的原因，如材料的构成、工艺技术、生产方法等。另外与民族特性、社会制度、生活方式、宗教信仰、异域文化、地理环境、物产、创作者个人等因素也密切相关。总之，风格便是这些综合信息在不同程度影响下的集成。而一种成熟风格的形成却要具备一定的因素：第一，独特性，就是它有与众不同，一目了然的鲜明特性；第二，一贯性，就是它的特色贯穿它的整体和局部，直至细枝末节，很少有格格不入的部分；第三，稳定性，就是它的特色不只是表现在几件家具上，尽管它的类型和型制不同，总是表现在一个时期内的一批家具上，形成一种完整的风格。而且随着社会的发展，这种文化形态或风格形式的变化将更加迅速和频繁，因而家具文化在发展过程中必然或多或少地反映出地域性特征、民族性特征、时代性特征。

三、家具是科学技术与文化艺术的结晶

家具是科学技术与文化艺术相结合的具有实用性的艺术品。在不同家具样式和风格表现上，或偏重于科技，或偏重于艺术。历代家具的风格演变一直与同时期的艺术、建筑同步发展，形成共同的艺术趋向。从西方古典艺术、中世纪艺术、文艺复兴艺术、巴洛克艺术风格，洛可可艺术对同时代家具风格的影响，到中国明式家具与明代文人画风格、园林艺术的内在联系，无不印证了家具作为造型艺术的主体特征，成为世界艺术领域的主干形式之一。随着现代美术概念拓展，家具与艺术的关系更加密切，家具也成为东西方艺术博物馆的重要藏品和研究对象。在现代艺术中，家具设计作为表达艺术思想的造型语言备受艺术家、设计师的青睐。正如欧洲新艺术运动的兴起，产生了麦金托什的垂直风格的家具样式；荷兰风格派艺术运动的代表画家蒙德里安的红、黄、蓝的三原色抽象绘画，对设计师格里特维尔德的现代家具名作——红蓝椅的直接影响；现代雕塑大师亨利·摩尔的多变有机形态构成的抽象雕塑对美国设计师查尔斯·伊姆斯和艾罗·沙里宁的“有机家具”在造型设计上的灵感启迪。现代家具日益从实用向“艺术化”转变；从“物体——材料——技术”优先转移到“视觉——触觉——艺术”优先的时代，家具设计造型的艺术效果成为首要的视觉要素。现代家具设计师在不断探索艺术与功能的最佳结合点，家具的发展必须走科技与艺术相结合的道路，家具设计师必须将各种艺术形式融会贯通才能创造出具有时代美感的家具杰作。

强调艺术在家具设计中的重要价值，丝毫不可低估科学技术的作用。它们正如一枚银币的正反面，家具设计必须是科学技术与艺术的融合体。家具的发展历程一直和科学技术的进步并行。科学的发展、技术的进步、材料的不断拓展，为家具的设计、艺术的发挥提供了有效的空间，人们的思维意识、审美观念、流行时尚、生活方式也总是围绕科学技术的前进而上升，并反作用于家具设计的风格样式的变迁。单从现代家具的发展过程，我们会发现有两条重要的平行的发展线索：一方面是新科技与新材料带来了家具工艺的不断革新与进步；另一方面就是现代艺术尤其是现代设计艺术的兴起和发展带来了家具造型设计的不断演变和创造。现代技术与艺术对传统家具共同产生挑战，并成就了现代家具艺术的发展。

第4节 家具的分类

家具的形式多种多样，用途各异，所用的材料、生产工艺也不尽相同，所以其划分方法也存在多种形式。习惯上可从家具的基本功能、造型形式、材料构成、使用场所、构造特征、风格特征、设置形式等多方面进行分类，见表1-1。

表1-1

行为	活动内容	相关家具	相关内部空间
衣	更衣、存衣	大衣柜、小衣柜、组合柜、衣箱	住宅卧室、门厅、储藏室、宾馆客房、健身房、浴室
食	进餐、烹饪	餐桌、餐椅、餐柜、酒柜、吧台、清洗台、切配台、食品柜、厨具	住宅餐厅、宾馆餐厅、酒吧、住宅厨房、宾馆和酒店厨房
住	休息、阅读、进餐、睡眠	沙发、组合柜架、茶几、桌、椅、床、衣柜、梳妆台、写字台	住宅、公寓、宾馆客房
工作学习	读书、写字、制作	写字台、椅子、书柜、文件柜、工作台	住宅书房、学校教室、绘图室、办公楼、写字间
行	休息、阅读、进餐、睡眠	坐椅、小桌、床、层叠床	轿车、公共车辆、飞机、船、火车
其他	团聚、开会、娱乐、售货、购物	沙发、安乐椅、茶几、会议桌、椅、柜、桌、货柜、货架、陈列柜	住宅起居室、接待室、会议室、公共娱乐场所、商店

1. 按基本功能划分

（1）支撑类：直接支撑人体，如椅、凳、沙发、床、榻等（坐具、卧具）。

（2）凭倚类：供人凭倚或伏案工作，并可储藏或陈放物品（虽不直接支撑人体，但与人体活动相关），如桌、几、台、案等。

（3）储存类：储存或陈放各类物品，如橱、柜、箱、架等。

2. 按材料种类划分

（1）木质家具：主要以木材或木质人造板材料（如刨花板、纤维板、细木工板等）制成的家具，如实木家具（白木家具、红木家具等）、板式家具、曲木家具、模压成型家具、根雕家具等。

（2）金属家具：主要以金属管材（钢、铝合金、塑钢、不锈钢等圆管或方管）、线材、板材、型材等制成的家具，如钢家具、钢木家具、铝合金家具、塑钢家具、铸铁家具等。

（3）软体家具：主要以钢丝、弹簧、泡沫塑料、海绵、麻布、布料、皮革等软质材料制成的家具，如沙发与床垫等。

（4）竹藤家具：主要以竹材或藤材制成的家具，如竹家具、藤家具等。

（5）塑料家具：整体或主要部件用塑料加工而成的家具。

（6）玻璃家具：以玻璃为主要构件的家具。

（7）石材家具：以大理石、花岗岩、人造石材等为主要构件的家具。

（8）其他材料家具：如纸质家具、陶瓷家具等。

3. 按造型形式划分

（1）椅凳类：扶手椅、靠背椅、转椅、长凳、方凳、圆凳等。

（2）沙发类：单人沙发、三人沙发、实木沙发、曲木沙发等。

（3）桌几类：桌、几、台、案等。

（4）橱柜类：衣柜、五斗柜、床头柜、陈设柜、书柜、橱柜等。

（5）床榻类：架子床、高低床、双层床、双人床、儿童床、睡榻等。

（6）床垫类：弹簧软床垫（席梦思）、气床垫、水床垫等。

（7）其他类：屏风、花架、挂衣架、报刊架等。

4. 按使用场合分

（1）民用家具：指家庭用家具，主要有卧室家具、门厅家具、客厅家具、餐厅家具、厨房家具、书房家具、卫生间家具、儿童家具等。

（2）办公家具：写字楼、办公室、会议室、计算机室等用家具，如文员桌、班台、班椅、会议桌、会议椅、文件柜、OA 办公自动化家具（office auto-mation furniture）、SOHO 家庭办公家具（small office & home office furniture）等。

（3）宾馆家具：宾馆、饭店、旅馆、酒店、酒吧等用家具。

（4）学校家具：制图室、图书馆、阅览室、教室、实验室、标本室、多媒体室、学生公寓、食堂餐厅等用家具。

（5）医疗家具：医院、诊所、疗养院等用家具。

（6）商业家具：商店、商场、博览厅、服务行业等用家具。

（7）影剧院家具：会堂、礼堂、报告厅、影院、剧院等用家具。

（8）交通家具：飞机、列车、汽车、船舶、车站、码头、机场等用家具。

（9）户外家具：庭院、公园、游泳池、花园、广场以及人行道、林荫道等地用家具。

5. 按构造特征划分

（1）按结构方式分。

①固定式家具：零部件之间采用榫接合（带胶或不带胶）、连接件接合（非拆装式）、胶接合、钉接合等形式组成的家具。

②拆装式家具：零部件之间采用圆榫（不带胶）或连接件接合等形式组成的家具，如 KD 拆装式家具（knock．down furniture）、RTA 待装式家具（ready-to-assemble furniture）、ETA 易装式家具（easy-to-assemble furniture）、DIY 自装式家具（do-it-yourself fumiture）、“32mm”系统家具等。

③折叠式：采用翻转或折合连接而形成的家具，如整体折叠家具、局部折叠家具等。

（2）按结构类型分。

①框式家具：以实木零件为基本构件的框架结构家具（有非拆装式和拆装式），如实木家具等。

②板式家具：以木质人造板为基材和五金连接件接合的板件结构家具（也有非拆装式和拆装式）。

③曲木式家具：以弯曲木结构（锯制弯曲、实木方材弯曲、薄板胶合弯曲等）为主的家具。

④车木式家具：以车木或旋木结构为主的家具。

（3）按结构构成分。

①组合式家具：指单体组合式家具、部件组合式家具、支架悬挂式家具等。

②套装式家具：指几件或多件结构相似的整套式家具。

6. 按风格特征划分

（1）西方古典家具：如英国传统（安娜）式家具、法国哥特式家具、巴洛克（路易十四）式家具、洛可可（路易十五）式家具、新古典主义（路易十六）式家具、美国殖民地式（美式）家具、西班牙式家具等。

（2）中国传统家具：明式家具、清式家具等。

（3）现代家具：19世纪中期以后，以迈克尔·索奈特（Michael Thonet）为代表，利用机器工业化和现代先进技术生产的家具。由于新技术、新材料、新设备、新工艺的不断涌现，家具设计产生了巨大的思想变革，家具生产获得了丰富的物质基础，家具发展有了长足的进步和质的飞跃。其中，包豪斯式家具、北欧现代家具、美国现代家具、意大利现代家具等各有特色，构成了现代家具的几个典型风格。

7. 按设置形式分

（1）自由式（移动式）：可根据需要任意搬动或推移和交换位置放置的家具。

（2）嵌固式：嵌入或紧固于建筑物或交通工具内（如地板、天花板或墙壁上）且不可再换位的家具（build-in furniture），又称墙体式家具。

（3）悬挂式：用连接件挂靠或安放在墙面上或天花板下的家具（分固定式或活动式）。

第5节 家 具 设 计

一、家具设计的概念

就汉语的语义构成而言，设计指的是“设想”和“计划”，是人在从事创造活动之前的主观谋划过程。它在英语中的对译词是“Design”，由词根“sign”加前缀“de”组成。“sign”的含义十分广泛，有目标、方向、预兆的意思，“de”指去做。因此，“Design”一词本身含有通过行为而达到某种状态、形成某种计划的意义。设计（Design）在本质上看来属于未来，未来性是设计的本质属性之一。它属于人类创造活动的基本范畴，涉及人类一切有目的的活动领域，是针对一定目标所采用的一切方法、过程和达到目标产生的结果，反映着人的自觉意志和经验技能，与思维、决策、创造等过程有不可分割的关系。

设计是人类为了实现某种特定的目的而进行的一系列有计划的创造性的造物活动。

设计是人类依照自己的要求改造客观世界、自觉地创造性劳动的过程，是立足现实基础之上而面向未来的过程，是创新的过程，是提出新问题、解决新问题的过程。它是人类在自身所能获取的经验基础上，把创造新事物的活动推向前所未及的新境界的一种高级思维活动。在这一活动中，人的判断、直觉、思维、决策等心理过程发挥着重要的作用，并且由此而必然指向改造客观世界的实践过程，以达到自由地、“按照一切物种的标准”来制造新产品的目的。正如马克思所述“人是按照美的规律创造事物”的。广义的“设计”将外延延伸到人的一切有目的的创造活动；而狭义的“设计”则专门指在有关美学的实践领域内，甚至只限于实用美术范畴内的各种独立完成的构思和创造过程。

家具设计（furniture design），是针对家具而开展的设计活动。家具设计的首要目的是为了满足人类自身的需要，是为了改变和提高人们的生活水平，是以使用者的功能需求、心理的需求、视觉的需要为导向，在制造前所进行的创造性构思与制作的全方位规划活动，并通过图纸、模型或样品表达出来的全过程。家具是人们生活、工作、社会活动不可缺少的用具。家具设计的任务是以家具为载体，为人类生活与工作创造便利、舒适的物质条件，并在此基础上满足人们的精神需求。从这一意义上来说，设计家具就是设计一种生活方式。家具是科学与艺术的结合、物质与精神的结合。家具设计涉及市场、心理、人体工学、材料、结构、工艺、美学、民俗、文化等诸多领域，设计师需要具备专深、广博的知识以及综合运用这些知识的能力，同时还必须具备传达设计构思与方案的能力。

设计概念就是反映对具体设计的本质思考和出发点，设计概念的形成是从感性认识上升到理性认识的过程中，是把握设计本质的过程。不同的家具式样具有不同的设计概念，明确了设计概念的“内涵”和“外延”，会促使设计者正确地运用和把握。综合表达设计构思，选用物质材料以及色彩、线型、空间等要素，展现具备设计意义的具体造型。

二、家具设计的特性

1. 家具设计的时代性

家具设计是一种针对家具立足现实面向未来的创造活动，它的时效性与时代感尤为明显。纵观历史各个时期对家具设计的要求，无不烙上时代的印记，古代、中世纪、文艺复兴时期、浪漫主义时期、现代和后现代主义时期均表现出各自不同的风格与个性。在农业社会，家具设计是针对手工制作，因而家具的风格主要是古典式，或精雕细琢、或简洁质朴，均留下了明显的手工痕迹。在工业社会，家具设计针对的生产方式为工业化批量生产，产品的风格则表现为现代式，造型简洁平直，几乎没有特别的装饰，主要追求一种机械美、技术美。在当代信息社会，家具又否定了现代功能主义的设计原则，转而注重文脉和文化语义，因而家具风格呈现了多元的发展趋势，既要现代又要反映当代人的生活方式，反映当代的技术、材料和经济特点，在家具艺术语言上与地域、民族、传统、历史等方面进行沟通与兼容，从共性走向个性，从单一走向多元，家具与室内陈设均表现出强烈的个人色彩。基于当前家具设计的时代性特征，其制作上具有三个基本特点：一是建立在大工业生产的基础上；二是建立在现代科学技术发展的基础上；三是标准化、部件化的制造工艺。所以，现代家具设计既属于现代工业产品设计的一类，同时又是现代环境设计、建筑设计，尤其是室内设计中的重要组成部分。可以看出从一件家具上毫无遗漏地折射出设计这件家具的时代状况。诸如生产力的水平、科学技术的发展程度、人们的生活方式、不同民族的习俗和社会的道德观念等，也可以说每个时代设计的家具是那个时代历史的必然。

2. 家具设计的民族性

所谓民族是人们在历史上形成的，具有共同语言、共同地域、共同经济生活和共同文化的共同体。不同民族在经济文化、生活习俗和生活方式方面的差异，必然导致家具设计的品种、造型、式样的迥异，尤其在家具设计的审美情趣上更充分地体现出不同民族历史文化的积淀。处于同一历史时期的法国巴洛克、洛可可风格的西洋家具就与中国明式家具差别之大，足以说明民族概念在家具设计上的重要位置。诚然，由于科技的飞速发展，全人类又步入一个崭新的信息时代，民族之间的距离在缩短。国际风格的家具早在20世纪二三十年代，随着建筑设计新概念的产生而产生，例如，密斯·凡·德·罗1920年设计的“巴塞罗那”椅（图1-1），柯布西耶1928年设计的“靠背可以转动的扶手椅”（图1-2）。他们将通透感、谐调感、新材料和制作技巧融为一体，成为非常完美的家具造型，从而博得世界的称赞。就家具的设计风格而言，越是民族的越具有国际的意义。

图 1-1 “巴塞罗那”椅

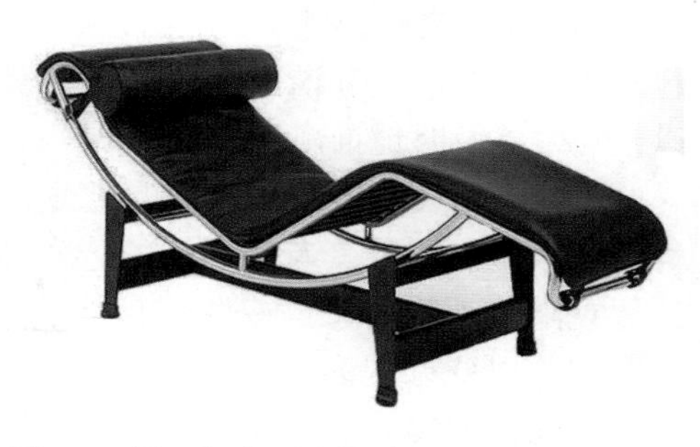

图 1-2 勒 · 柯布西耶设计

3. 家具设计的创造性

设计的核心就是创造，设计过程就是创造过程，创造性也是家具设计的重要特性之一。家具新功能的拓展，新形式的构想，新材料、新结构和新技术的开发都是设计者通过创造性思维来完成的。家具作为一种商品在市场上流通，要博取消费者的青睐，要受到社会时尚的影响与支配，要迎合家具使用者求新求变的天性，这必将促使家具设计不断创新，不能墨守成规、千篇一律。任何一项成功的设计必须具有创新性，否则便不能称为设计，只属于复制。这就要求家具设计师必须不断提高自身的创造力，所谓创造力是人类自由的天性和表现，是人类在实践活动中，使客观的规律性与自身的目的性相统一，从而按照自己的意愿和需要改造世界的活动能力。它是人类生存和发展的一种重要手段。

人的创新能力（创造力）往往是以其吸收能力、记忆能力和理解能力为基础，通过联想和经验的积累与剖析、判断与综合所决定的。具备创新能力的设计师，应掌握现代设计科学的基本理论和现代设计方法，应用创造性的设计原则进行新产品的开发设计工作。

4. 家具设计的空间性

这里的空间概念是指家具在使用过程中，在环境中所处的空间位置。建筑为家具的陈列、摆放提供了一个特定的空间，而家具设计者在动手进行构思设计时，对于空间条件应该有一个清晰的认识，预想到未来摆放的效果，这样才能使得家具与室内外空间相得益彰、融为一体。无论是建筑空间还是室内陈设都有一个尺度的概念，而这个尺度源发点是“人”。人的尺度决定了建筑和室内的空间尺度，是人的尺度决定了门窗的位置和大小，同样，家具也是如此。一般常规室内摆放的家具所占的面积不宜超过室内总面积的 30%～40%（卧室可略高些），以留出人们在室内的活动空间。在现实生活中，往往出现室内空间条件与家具种类、数量之间的不协调和矛盾。因此，必须促使家具设计师强化室内空间概念，为满足人们对家具的空间需求，调整设计师一些固有的观念和思维方法，以便设计出别出心裁、新奇别致的家具来。例如，组合家具这个家具中的新成员，就诞生于第一次世界大战后的德国。战后德国所建造的公寓套房无法容纳以前摆放在宽大房间中的单体家具，于是，包豪斯的工厂专门生产为这些公寓而设计的家具，这种家具就是以胶合板为主要材料，生产有一定模数关系的零部件，加以装配和单元组合。1927 年肖斯特在法兰克福设计的组合家具，以少量单元组合成多用途的家具，从而解决小空间对家具品种的要求。设计师对空间概念的研究和理解应该说是诞生新品种家具的催化剂。

5. 家具设计的审美特性

家具设计的艺术性体现了家具的欣赏价值。它要求所设计的产品除满足使用功能之外，还应使人们在观赏和使用时得到美的享受。家具的艺术性主要表现在造型、装饰和色彩等方

面，造型要简洁、流畅、端庄优雅、体现时代感，装饰要明朗朴素、美观大方、符合潮流，色彩要均衡统一、和谐舒畅。因此，家具的设计要符合流行的时尚，表现时代的流行性特征，以便经常地及时地推出适销对路的产品，满足市场的需求。

家具的审美特性表现在家具艺术的美学价值上，美学是研究人对现实的审美关系的一门科学。家具是一种具有实用性的艺术品，既有科学技术的一面，也有文化艺术的一面。两者的比重随着不同的家具特性而有所偏重。作为家具设计者必须研究和探讨美学在家具设计中的作用，以此来提高设计者的艺术修养。在现实生活中家具的审美表现为社会美、自然美、形式美和艺术美。而就家具设计而言则应着重去研究关于形式美的内容和形式美的法则。形式美的内容涉及家具的形体美、材料的质感美以及色彩、光影的变化美等。形式美的法则主要有：变化统一、对称均衡、调和对比、比例尺度、节奏韵律等。设计师只有在创作设计中自觉地运用这些形式美的法则去创造美的造型，并在设计实践中不断地积累经验，提高美学修养，不断培养对形式变化的敏锐感觉和善于探索美的形式，才能提高家具的设计水平。

6. 家具设计的系统性

家具设计的系统性体现在几个方面，即：①配套性，是指应考虑家具与室内环境以及其他家具或陈设制品配套使用时的协调性与互补性，将家具设计与整个室内环境的整体效果和使用功能紧密结合在一起。②综合性，是指家具设计应属于工业设计范畴，家具设计工作不是只绘制出产品效果图或产品结构图，它是对产品的功能、造型、结构、材料、工艺、包装以至经济成本等进行全面系统设计。家具设计不只是构思，还包括产品全生命周期中各过程或各阶段的具体领域与操作的设计。③标准化，是针对家具生产和销售而言的。目前，小批量多品种的社会个性化需求与现代工业化生产的高质高效性相矛盾，家具设计容易误入两条歧途，一种做法是回避矛盾，即不作详细设计，而是将不成熟的设计草案直接交给生产工人，由工人进行自由发挥，其最终效果处于失控状态；另一种状况是重复设计严重，设计师周而复始地重复着简单而单调的结构设计工作，既消耗了设计人员的大量精力，又难免不出差错，而且对设计人员来说由于缺乏挑战性和新颖性而容易使其思想僵化，扼杀其创造性，并产生厌倦情绪。家具产品系统化与标准化设计是以一定数量的标准化零部件与家具单体构成某一类家具标准系统，通过其有效组合来满足各种需求，以不变应万变，将非标产品降到最低限度，以缓解由于产品品种过多、批量过小给生产系统所造成的压力，并能把设计师从机械的重复劳动中解放出来。另外，可持续性也是家具是系统性的重要表现，木材和木质材料是最主要的家具材料，因为木材具有最佳的宜人性，天然材质的视觉效果和易于成型的加工特性。木材又是一种自然资源，优质木材生长周期长，随着资源的日益减少，因而日显珍贵，为此在设计家具时必须考虑木材资源持续利用的原则。具体说就是要尽量利用以速生材、小径材为原料，减少大径木材的消耗。对于珍贵木材应以薄木的形式覆贴在人造板上，以提高珍贵木材的利用率，对珍贵树种应做到有节制和有计划地采伐，以实现人类生存环境的和谐发展和木材资源的持续系统化利用。现代家具正朝着材料多样、造型新颖、结构简洁、品种丰富、加工方便、节省材料、易于拆装或折叠，具有实用性、多功能性、舒适性、保健性、装饰性的方向发展。

7. 家具设计的技术性

家具是工业产品，做成一件家具是靠一定的物质材料、加工材料的技术手段和加工工艺，这些是形成家具的物质技术基础。虽然设计者和使用者有了很好的构思想法和使用要求，但不掌握和研究家具制作中的材料技术和加工工艺，想法也只是停留在纸面上和口头上。家具设计的技术因素是制作家具的助推器，它不仅仅是处于被动状态，相反从家具发展历史上看，不乏居于主动地位的范例。例如，在制作家具主要使用木材的时代，工业革命的历史车轮向前不停运转，钢铁这个新材料诞生于世，善于运用新材料、新技术的大师密斯·凡·德·罗和斯塔姆以敏锐的目光和对新技术、新材料的深入研究，创造设计和制造了以钢管为主要材料的椅子。由于钢管具有高强度、可弯曲等特性，完全打破了木制椅子的造型形象，给人一种耳目一新的感受，因而成为20世纪20年代的标志。而1941年由美国的查尔斯·伊姆斯和埃利尔·沙里宁的模压成型的胶合板椅（图1-3），使得人们第一次见到其他任何材料所不能比拟的优美的坐椅造型。这都足以说明往往一件划时代的家具造型是由于一种新材料、一项新技术的问世而带来的成果。然而这中间往往是那些对新技术、新材料、新工艺独具慧眼的设计大师发现这些新大陆而捷足先登，为人类的家具事业做出不可磨灭的贡献。

图1-3 埃罗·沙里宁设计

8. 家具设计工艺性

家具的工艺性要求所设计的产品应线条简朴、构造简洁、制作方便，在材料使用和加工工艺上，需满足以下要求：①材料多样化（原材料与装饰材料）；②部件装配化（可以拆装或折叠）；③产品标准化（零部件规格化、系列化和通用化）；④加工连续化（实现机械化与自动化，减少劳动力消耗，降低生产成本，提高劳动生产率）。

三、家具设计与现代工业设计

现代工业的发展使得家具成为艺术设计与工业设计高度结合的产物，艺术与工业的融合是现代家具的特色。现代家具首先是以工业产品的形式出现，从工业生产的角度讲，它是利用现代工业原材料，通过高效率、高精度的工业设备而批量生产出来的工业产品，因此家具设计又属于工业设计的范畴。工业设计是在人类社会文明高度发展的过程中，伴随着大工业生产的技术、艺术和经济相结合的产物。工业设计从莫里斯发起的“工艺美术运动”起，经过包豪斯的设计革命一直发展到今天，已经有了百余年的发展历史。工业设计的对象是产品，但是设计的目的并不是产品，而是为了满足人们的需要，即设计是为人的设计，设计可以说是满足人的需要的产物。产品设计的出发点和归宿是以促进人的全面发展为导向，不断地满足人们日益增长的物质和精神的需要。这同样也是现代家具设计的本质。在现代工业设计之前的家具设计和制作主要是基于手工艺行业，往往设计者和制作者是同一人，并没有设计与制作的精细分工。在技艺的传承方式上完全靠师徒传授，基本没有设计图纸，仅凭记忆经验，以及熟练的技艺。生产方式是以手工工具对天然材料的单件制作加工，即手工艺劳动。天然材料多以木材、竹、藤、石料为主。这一时期的家具完全受到天然材料本身和相对原始的加工手段、制作工具的制约，同时也受到手工艺人的个人素质、工艺水平、审美经验、地域文化、风俗习惯等诸方面的影响。手工艺时期的家具设计潜在地存在于家具生产制造的全过程之中，家具的制作更多是个人的经验体现。品种单一，不能大批量生产，决定了手工艺年代的家具需求两种主要倾向：一方面，服务于上层皇宫贵族的高档家具，为满足上流社会显赫、奢华、舒适的生活享受，体现统治者威严与权势，以及神圣与尊贵的地位。在制作工艺上讲究精细华丽的雕刻与装饰，尤其是到了封建社会晚期资本主义萌芽时期的十八世纪，这种为

图 1-4　迈克尔·索奈特设计

皇权贵族服务的古典建筑和家具，风行一时。精雕细刻的工艺、豪华的装饰、完美的技艺都是前所未有的。欧洲的洛可可、巴洛克和新古典主义风格，中国的清代皇家园林建筑和宫廷家具均为这一时期的典型代表。另一方面，在社会底层为大众服务的手工艺人，他们为老百姓建造古朴的民居，就地取材以天然朴素的材料，制作简洁大方的具有不同民族风格和地方特色的实用家具。这方面欧洲的民居建筑，奥地利工匠索内的曲木家具（图 1-4），英国的震颤派教徒简洁的实用家具，中国明代的江南民居，园林建筑，这些简朴的民间家具构成了另一类家具艺术的代表。它们同样也是人类历史文化艺术的瑰宝，也是现代工业设计的基础与源泉。

现代家具设计与制造是大工业生产的产物。机器的发明，新技术的发展，新材料的发现带来了机械化的大批量生产，标准化的工业家具生产取代了传统的手工艺劳动，引起了社会与生活的许多大规模的变化。工业生产体系的建立，城市生活的新模式，以及大批中产阶级的出现，使工业化大批量生产和消费家具成为可能。原来两极分化的皇室宫廷家具和民间家具，由于工业化大批量生产工艺的变革正在逐步走向一体化。现代意大利家具和北欧的丹麦、瑞典、芬兰的家具设计就是将完美技艺的传统移植到现代工业产品中去的杰出代表。伴随着大众消费时代的到来，设计开始发挥十分重要的作用，新的家具产品源源不断地开发出来，为现代家具设计文化奠定了基础。虽然传统的手工艺人仍然在一定的范围内存在，但设计师开始从手工艺人中逐步独立出来，设计与制造开始在劳动的分工中分离。这就是工业革命的基础原则：劳动力的分工，体力劳动和脑力劳动的分工。这是一个简单但具有划时代深远意义的变革，结束了几千年的手工艺人个体生产的历史，带来了生产力的大大提高。专业化的机器广泛应用并不断发明和改进，家具的生产变成了一种大批量的机械化制造，家具变成了一种现代工业产品，家具的设计成为现代工业产品设计的重要组成部分。在纯艺术设计层面上，家具、建筑、灯饰、时装及其他艺术设计形式之间密切关联、互相渗透，这种渗透体现了各种工业设计形式之间的相互借鉴与影响，这同产品本身的设计制作流程具有同样重要的意义。这是因为现代家具正从生活实用的物质器具转向精神审美的文化产品，现代家具不仅使人类的生活与工作更加方便舒适，效率提高，还能给人以审美的快感和愉悦的精神享受。工业设计包括家具设计正全方位的创造着人类的生活。

第 *6* 节　家具设计与环境艺术

一、环境艺术的概念

环境艺术是一门跨专业的、全方位的、多元素的综合性学科，它是指与特定的环境相结合进行综合艺术形式的创造活动，它主要为环境的艺术品而存在。环境艺术“作为一种艺术，它比建筑艺术更丰富，比规划更广泛，比工程更富有感情。这是一种重实效的艺术，早已被传统所瞩目的艺术。环境艺术的实践与人影响其周围环境功能的能力、赋予环境视觉次序的能力，以及提高人类居住环境质量和装饰水平的能力是紧密地联系在一起的。”环境艺术是创造和谐、持久的艺术与科学。针对环境艺术的设计形式非常广泛，城市规划、城市设计、建筑设计、城雕、壁画、园林景观、室内设计包括家具设计等都属于环境艺术范畴。一般意义上讲，环境艺术设计是以建筑的内外空间环境来界定的，分为外部环境艺术设计和内部环境艺术设计。前者主要是指以建筑、雕塑、绿化、外环境家具、设施诸要素进行的空间组合设计，后者是指以室内装饰、家具、陈设诸要素进行的空间组合设计。不论是外部环境艺术设计还是内部环境艺术设计，构成环境的各个元素，一方面要讲究它们自身的美，另一方面，各元素之间还得彼此制约、相得益彰，构成一种整体的美，体现一般艺术设计的普遍特征——以人为本，一切围绕人的生活和生产活动。同时，达到人工环境与自然环境的融合。环境艺术是在符合自然科学、社会学的前提下对环境的综合研究与创造，目的是创造具有高度美感的舒适环境。保护环境是人类生存最起码的要求，美化环境则是人类共有的高层次的精神需要，后者正是环境艺术家的崇高使命。

在环境艺术的各种形式中，家具是人类最亲近的生存环境的功能基础，同时，也是这一环境形式的主要角色，家具设计是左右建筑空间、室内空间视觉效果及功能变化的主要因素和重要内容。任何一件家具都不能离开它所处的具体环境而独立存在，它往往与室内外环境形成一个有机的整体，成为环境艺术中不可分割的一部分。但是家具设计只是环境艺术设计整体的一元，是建筑和人之间的媒介，它通过形式和尺度在环境空间和个人之间成为一种过渡，达到人类工作和活动中舒适和实用的要求。除了满足特定的某种功能外，家具对环境成套布置的视觉特性起作用，家具设计所导致的形式、色彩、质地和尺度以及它们的空间布局都构成了环境艺术的表现力。

二、家具设计与室内环境

室内环境设计服务的主体是人，直接实现这一服务功能，与人的各种活动关系最密切的、使用最多的则是家具。中国古代对室内设计就有明确的认识，老子在《道德经》中清晰地阐述了空间的形成道理：“凿户牖，以为室，当其无，有室之用。故有之以为利，无之以为用。”他以有形与无形的哲学观充分论述了“有”与“无”，也是相互依存，不可分割地对待的辩证关系，揭示了室内空间的围合、组织和利用是建筑室内设计的核心问题。另外，文献《考工记》[1]、《梓人传》（唐代柳宗元著）、《营造法式》[2]等均有涉及室内设计的内容。我们的先人“观鱼翼而创橹”，“师蜘蛛而作网”，“见朽木雕知舟”，“见飞返转而知车”……这些都对室内设计的发展起着重要的作用，奠定了室内设计基本形式的基础。现代“室内设计”（Interior Design）的概念是根据建筑物的使用性质、所处环境和相应标准，科学地运用物质和技术手段，按照美的原理创造满足人们物质和精神生活需要的室内环境。它是人类社会为自身的生存需要而创造的人为生息环境。现代民居室内环境更是人们自由支配和享受工作外闲暇时间的场所，也是充分发挥个人创造性设计，体现个人审美情趣的小天地。室内环境不仅是一个

---

❶《考工记》是中国先秦时期的手工艺专著，部分地反映了当时中国所达到的科技及工艺水平。全书共七千一百多字，记述了木工、金工、皮革、染色、刮磨、陶瓷等六大类三十个工种的内容。此外，还有数学、地理学、力学、声学、建筑学等多方面的知识和经验总结。

❷ 李械编著的《营造法式》刊行于宋崇宁二年（1103 年），是北宋官方颁布的一部建筑设计、施工的规范书，是中国古籍中最完整的一部建筑技术专书。

生息繁衍的物质功能环境，也是一个能折射出人的精神的富于情感的心理环境。家具设计必须处理好与室内环境的关系。家具是体现室内气氛和艺术效果的主要角色。一套完善的家具组合便足以确定室内环境的主调，然后再按其调子辅以其他的陈设品，便构成了室内环境的整体。威严、壮观的皇宫大殿因家具而变得神圣、尊贵和至高无上。朴实无华、简单适度的民居因家具而变得雅趣横生。从这种意义上讲，家具便是室内环境的主要陈设物，也是室内的主要功能物品。家具设计也便是对室内环境的设计。当然，家具设计必须服从室内环境设计的总体要求。家具设计的好与否，应该是放在一定的室内环境中去评价它。不同的室内环境要求不同的家具造型。从庄严、雄伟的纪念性建筑的室内设计到生动、活泼的文娱性建筑的室内设计，丰富多彩的生活环境就要求丰富多彩的家具造型来烘托室内的气氛，酿造室内某种特定的意境服务。家具的华丽或浑朴，精致或粗犷，秀雅或雄奇，古典或摩登都必须与室内气氛相协调，而不能孤立地表现自己，置室内环境而不顾，否则就会破坏室内气氛，违反设计的总体要求。同时还必须认识到家具在室内多种功能的发挥。概括地讲在室内环境中，家具设计具备物质和精神两种功能。

家具在一般起居室、办公室等场所占面积约为室内面积的35%～40%，而在各种餐厅、影剧院等公共场所，家具的占地面积更大，甚至整个厅堂为桌椅所覆盖，厅堂的面积在某些程度上讲则为家具的造型、色彩和质地所左右。另外当设计师在接到室内设计任务时，他要考虑到建筑功能对室内环境的要求，然后综合运用现代工学、现代美学和现代生活的知识，为人们创造一个使用功能合理，又具适宜环境氛围的室内活动场所，但在具体操作时，处于首位考虑的便是怎样布置家具来满足人们对各种活动的需求，以及包括家具在内的环境空间组合和特定氛围的营造，然后再按顺序深入考虑各个界面的装修材料、造型、色彩、处理环境所需的各种技术细节。由此可见，家具设计是室内环境设计的重要组成部分，与室内环境设计有着密不可分的关系。

家具是构成建筑环境室内空间的使用功能和视觉美感至关重要的因素。尤其是在科学技术高速发展的今天，由于现代建筑设计和结构技术都有了很大的进步，建筑学的学科内涵有了很大的发展，现代建筑环境艺术、室内设计与家具设计作为一个学科的分支逐渐从建筑学科中分离出来，形成几个新的专业。由于家具是建筑室内空间的主体，人类的工作、学习和生活在建筑空间中都是以家具来演绎和展开的，无论是生活空间、工作空间、公共空间，在建筑室内设计上都是要把家具的设计与配套放在首位，家具是构成建筑室内设计风格的主体，然后依顺序深入考虑天花、地面、墙、门、窗各个界面的设计，加上灯光、布艺、艺术品陈列以及现代电器的配套设计，综合运用现代人体工学、现代美学、现代科技的知识，为人们创造一个功能合理、完美和谐的，体现现代文明的建筑室内空间。由此可见，家具设计要与建筑室内设计相统一。

三、家具设计在室内环境中的作用

建筑室内空间中一般设置有家具，可以说建筑结构只是“躯壳”，而家具则是“内脏”，家具在室内可以作为灵活隔断来分割空间，通过家具布置可以组织人们在室内的活动路线、划分不同性质或功能的区域，发挥其物质功能作用，同时也作为艺术品发挥其审美价值。

1. 组织空间的作用

建筑室内为家具的设计、陈设提供了一个限定的空间，家具设计就是在这个限定的空间中，以人为本，去合理组织安排室内空间的设计。人在一定的室内空间中从事的活动和生活方式会是多样的，也就要求室内空间应具备多种使用功能，合理的组织和满足多种使用功能为家具的布置提供了发挥余地的空间，尽管一些家具不具备封闭和遮挡视线的功能，但却可以围合出不同用途的使用区域和组织人们在室内的行动路线。如家庭居室的沙发、茶几、组合声像电器、装饰柜及灯饰组成起居、娱乐、会客、休闲的空间环境；在一些宾馆大堂中，由于不希望有遮挡视线的分隔，但又要满足宾客的等候、会客、休息等功能要求，常常用沙发、茶几、地毯等共同围合成多个休息区域，在心理上划分出相对独立、不受干扰的虚拟空间，从而也改变了大堂空旷的空间感觉。在一些餐厅、咖啡厅里，利用火车座式的厢座，可以围成一个个相对独立的小空间，以取得相对安静的小天地。在会议室里，我们用各种形状的会议桌加上周围的坐椅，将人们向心地聚集在一起讨论工作。在教室中，利用坐椅的布置组织通行路线，用讲台布置划分出讲学区域。随着信息化、智能化建筑的出现，现代家具设计师对建筑空间概念进行着不断的创造和改变。

2. 分隔空间的作用

在现代建筑中，由于框架结构的普及，为了提高室内空间使用的灵活性和利用率，建筑的内部空间越来越大，越来越通透。无论是现代的大空间办公室、公共建筑，还是家庭居住空间，墙的空间隔断作用越来越多的被隔断家具所替代，既满足了使用的功能，又增加了使用的面积。如大空间办公室的现代办公家具、组合屏风与护围，都具有适当的高度和视线遮挡的作用，可以自成单元，组成互不干扰又互相连通的办公写字、电脑操作、文件储藏信息传递等多功能的办公空间。半高可遮挡视线的隔板在单元与单元之间起到既分又联的作用，随着公司业务的变化，办公区域可做灵活的调整，同时丰富了建筑室内空间的造型。

在一些住宅内，使用面积是极其宝贵的，如果用固定的隔墙来分隔空间，必将占去一定的有效使用面积，因此利用家具来分隔空间，可以达到一举两得的目的。作为分隔用的家具可以是半高活动式的，也可是整面墙的大衣柜、书架，或各种通透的隔断与屏风，这种分隔方式同时满足了使用要求，特别在空间造型上取得极丰富的变化，又争取到许多有效的使用面积。

3. 填补空间的作用

家具布置和空间界面的塑造共同形成室内环境气氛，在空间的构成中，家具的大小、位置成为构图的重要因素，如果布置不当，会出现轻重不均的现象。因此，当室内空间与家具布置存在不平衡时，我们可以选用一些辅助家具，如柜、几、架等布置于空闲的位置或恰当的壁面上，使室内空间布局取得均衡与稳定的效果。另外在空间组合中，经常会出现一些尺度低矮的尖角旮旯难以正常使用的空间，经人们布置合适的家具后，这些无用或难用的空间就变成有用的空间，如坡屋顶住宅的屋顶空间（图 1-5），其边沿是低矮的空间，我们可以布置床或沙发来填补这个空间，因为这些家具为人们提供低矮活动的可能性，而有些家具填补空间后则可作为储物之用。

图 1-5

4. 间接扩大空间的作用

用家具扩大空间是以它的多用途和叠合空间的使用及储藏性来实现的，特别在住宅室内空间中，家具起的扩大空间作用是十分有效的。间接扩大空间的方式有如下几种：① 壁柜、壁架方式。由于固定式的壁柜、吊柜、壁架家具可以充分利用其储藏面积，这些家具还可利用过道、门廊上部或楼梯底部、墙角等闲置空间，从而将各种杂物有条不紊地储藏起来，起到扩大空间的作用。② 家具的多功能用途和折叠式家具能将许多本来平行使用相加的空间加以叠合使用，如组合家具中的翻板书桌、组合橱柜中的翻板床、多用沙发、折叠椅等。它们可以使同一空间在不同时间做多种使用。③ 嵌入墙内的壁龛式柜架，由于其内凹的柜面，使人的视觉空间得以延伸，起到扩大空间的效果。

5. 调节室内环境色彩

室内设计中，室内环境的色彩是由构成室内环境的各个元素的材料的固有颜色所共同组成的，其中包括家具本身的固有色彩。由于家具的陈设作用，家具的色彩在整个室内环境中具有举足轻重的作用。在室内色彩设计中，我们用得较多的设计原则是大调和、小对比。其中，小对比的色彩设计手法，往往就落在陈设和家具身上。在一个色调沉稳的客厅中，一组色调明亮的沙发会带来精神振奋和吸引视线，从而形成视觉中心的作用；在色彩明亮的客厅中，几个彩度鲜艳、明度深沉的靠垫会烘托出一种力度感的气氛。另外在室内设计中，经常以家具织物的调配来构成室内色彩的调和或对比调子。如宾馆客房，常将床上织物与坐椅织物及窗帘等组成统一的色调，甚至采用同一的图案纹样来取得整个房间的和谐氛围，创造宁静、舒适的色彩环境。

6. 陶冶人们的审美情趣

人类在创造物质文明的同时，对精神文明的追求从未间断，对美的渴望渗透于一切造物活动。人们总是对器物造型进行不断地提炼、改进，形成具备审美情趣的、时尚的、流行的物品，家具也不例外。当然，各种不同文化层次的人们都会接触家具，这就产生了不同的人具有不同审美情趣的审美观，现代家具造型（款式）千变万化、种类繁多，正是为了满足人们不同的审美需求。虽然这种广泛需求并不能被有限的艺术形式所涵盖，但家具的选择，在一定意义上是家具造型艺术对人们感染的结果，是人们审美趋向的体现。家具是经过设计师的精心设计，通过一定工艺手段制成的工艺品，它与其他艺术形式一样，在艺术造型上会渗透着各种艺术流派及风格，对人们的审美意识具有引导作用。在现实生活中，人们根据自己的审美观点和爱好来挑选家具，但也会以群体的方式来认同各种家具式样和风格流派的艺术形式，其中有些人是主动接受的，有些人是被动接受的，也就是说，人们在较长时间与一定风格的造型艺术接触下，受到感染和熏陶后出现的品位修养，是可以改变的。这种对美油然而生的情感，便是艺术品对审美的陶冶作用。另外在社会生活中，人们还有接受他人经验、信息媒介和随波逐流的消费心理，间接地产生艺术感染的渠道，出现先跟潮购买，后受陶冶而提高艺术修养的过程。

四、家具设计与灯饰设计

家具是创造建筑环境气氛与艺术效果的主体器具，同样，灯饰设计是创造建筑环境空间的关键因素。光影照明所投射在物体上所带来的魔力般的效果以及对烘托颜色、材料肌理、质感与总体气氛所产生的影响，使人们更加注重现代灯饰的设计与光照效果的科学研究。现代家具设计与现代灯饰设计正逐步的融为一体，这是一个现代家具设计师面临的新课题。一件好的家具设计作品除了要表现出家具所固有的坐卧、凭依和储藏功能外，它还必须做得更多。在一个压力不断增长和充满竞争的现代社会中，家具的结构和含义正在发生变化，现代家具不再是仅仅给人们提供一件坐具或卧具，同时还意味着为现代社会压力与竞争中的人提供恢复失落的情绪并成为休闲舒适温馨的物件。

现代家具与现代灯饰的整合化设计从20世纪90年代以来已经成为现代家具的大趋势，全球著名的意大利米兰家具国际博览会、德国科隆国际家具博览会、美国高点国际家具博览会都是把家具与灯饰作为一个整体系列来设计、陈列、展览与销售的。越来越多的设计师开始对家具与灯具的整体配套设计表现出极大的兴趣，现代家具的多重元素的组合作用让现代家具的形态尽放异彩。家具在讲究造型、结构、材质肌理等因素的同时，构成总体形态效应，灯具则通过光、造型、材质、结构等因素来构成总体形态效应，两者都是构成建筑环境空间效果的基础，它们互为衬托，交相辉映。把灯饰设计与家具设计紧密结合起来，作为家具设计专业中的一门重要专业设计课程，是科学构建现代家具专业人才培养模式的教学内容与课程体系之一。

五、户外家具与建筑外环境

我们知道家具设计与建筑一直是存在并行发展的关系，在人类漫长的历史长河中，建筑样式和风格的演变一直影响着家具样式和风格。如欧洲中世纪哥特式教堂建筑的兴起就同样有刚直、挺拔的哥特式家具与建筑形象相呼应；中国明代园林建筑的繁荣就有了精美雅致的明式家具相配套。现代国际主义建筑风格的流行同样产生了国际主义风格的现代家具。所以，家具设计的变迁与建筑有着一脉相承的内在血缘关系，然而，家具与建筑更密切、更直观的关系却存在于户外家具与建筑外环境中。随着现代家具材料工艺的拓展，人类对自然环境的追求与依赖，户外家具得以广泛的运用。

户外家具在城市景观环境设施中主要表现为休息设施，它区别于一般家具之处在于其作为城市的“道具”更具备普遍意义上的公共性和交流性的特征。它是用于室外或半室外供公共性活动之用的家具，它参与城市景观构成，使室外空间环境融入现代文明和具有区别于农业文明的特征。其形式根据使用方式及环境的不同可表现为固定或活动的两类。

从城市的结构来看，一般的建筑是由底面、墙面、顶面等基本的空间要素围合而产生的，符合人实际活动需要的闭合空间，而城市正是这些建筑实体要素的聚集，进而产生街道、广场等室外空间。它们正如建筑内的走道或门厅一样，在某种意义上这些室外空间同样具有“内部空间”的性质，如同室内空间只有通过家具的设置才能显示或体现该空间的特性、功能和形式一样，室外空间亦是由于户外家具的参与才使得城市空间变得丰富多彩。户外家具定义了室外空间环境的功能特征，界定了室外空间的秩序，丰富了城市景观环境的内涵。

随着人类社会生活形态的不断演变，创造既有新的使用功能又有丰富的文化审美内涵，使人与环境愉快和谐相处的公共空间设施与户外家具是现代艺术设计中的新领域。家具正从室内、家居和商业场所不断地扩展延伸到街道、广场、花园等外环境，随着人们休闲、旅游、购物等生活行为的广泛，需要更多舒适、放松、稳固、美观的公共户外家具。家具设计的理念也不断延伸于公共环境设计、城市建筑设计以及自然环境的整治。公共环境设计最能代表人类文明的发展，城市的广场、公园、街道、庭院日益成为一个面向所有市民开放的扩大的户外起居室。成功的户外家具应以各种形式出现，既要创造人类适应的活动场所和空间，又要达到与自然环境、人文环境的统一与和谐，和室外空间中的景观设施、绿化、水体、公共艺术品、光（人工与自然）等环境要素密切关联，并对景观环境意象加以突出刻画，在互动中相得益彰，一起营造室外空间氛围，界定室外空间环境的领域，对其性质加以诠释，对其功能加以安排，起到视觉中心或重塑地域风格的效应。户外家具与建筑外环境的关系，随人类生活和观念的变革而越发密切。与环境和谐、协调是户外家具设计的基本要求。

通常设置户外家具的地方，自然就成为吸引人前往、汇聚的场所，成为景观环境中的“节点”。户外家具的数量越多，所具有的公共性和交流性越强。户外家具的设计作为景观环境构成元素，利用其功能、形式、色彩、质地等设计要素进行特别的处理和安排，使局部的景观环境具有明显的可识别性，成为显眼的定向参照物。这种富有生机的“节点”设计使整个环境具备文化意味和充满情趣。城市要有积淀文化的能力才能有所发展，而家具正是人类文化积淀的载体之一。户外家具在城市景观环境中也正是起到传承文化脉络，反映了市民对文化的认知水平，接纳新文化的精神媒介等作用。当然，户外家具作为城市中供人休憩和活动的公共设施，为人们提供了直接的服务，成为现代室外空间环境中创造亲和力的、具有公共性和交流性的环境要素。户外家具使城市景观环境成为一个连续完整的系统，丰富了城市文化的内涵，提升了城市品质（图 1-6、图 1-7）。

图 1-6

图 1-7

第 7 节　家具设计的发展趋向

现代家具设计从 19 世纪欧洲工业革命开始就逐步脱离了传统的手工艺的概念，形成一个跨越现代建筑设计、现代室内设计、现代工业设计的现代家具新概念。近些年来随着生产技术水平的提高和住房条件的逐步改善，人们对于家具的需求，无论是家具的品种式样和内在质量都在逐年提高。同时人们的审美观念也正在改变，逐步由单纯的满足使用要求，发展成为兼容文化审美内涵，追求个性审美意味，充分体现人的自身价值与室内居住环境的融合与统一。人们这种审美层次的逐渐提高与趋向完美和谐是客观存在的必然趋势。家具产品的提供者应该竭尽全力去思考、探究，设计和创造出人们渴求的家具来。因而，当今家具设计无论从设计概念、设计意义还是设计方法，都表现出它的多层次、多角度以及与室内环境设计的交叉与融合。

1. 家具设计的国际化与民族化趋向

现代家具设计存在着国际化与民族化两种明显的发展趋势，首先由于便捷的通信手段和有效的信息技术，缩短了人与人之间的距离，世界变得越来越小。家具设计师采用多元文化的途径和手段进行家具设计，缩小了地域之间、民族之间和文化之间的差异，增加了文化共性，再加上便利的交通、开放的市场和国际贸易，家具的风格式样趋同是必然趋势。世界文化发展水平的差异，西方强势文化的传播也加剧了家具设计的国际化趋势。与此同时也唤醒家具设计师重新认识民族文化的价值，从传统文化的沃土中寻求滋养。因为世界文化需要多样性，一个民族或一个地域千百年积淀下来的文化底蕴是家具设计取之不尽、用之不竭的宝贵财富，而这些财富无国界，为全世界的设计师所享用。注重传统、注重历史、注重文脉，这是人类文明发展的必然体现，是人类进步、生活方式和观念多样化的表现。民族性是家具设计走向世界的基点，如中国明式家具以其简练、挺拔、富于力度的优美造型，成为世界家具大家族中一块耀眼的瑰宝。地处北欧的瑞典的家具设计师，深入地研究了中国明式家具的灵魂和造型特点，融入现代化的家具制作理念，设计出具有中国明式家具韵味、又非常现代的木制坐椅（图 1-8），成为世人赞美而又具有北欧风格的家具。所以，不同地域形成的民族文化应受到家具设计师的重视。

图 1-8　老花梨高扶手矮背椅（明）

在当代全球文化格局中，现代家具设计作为一种文化艺术形态的产品，它实际上是对“人类终极精神关怀、人类精神家园追寻”这一理念的物化。作为东方文化形态的中国现代家具设计，如何摆脱西方强势文化的压力避免成为西方文化的附庸，成为当代中国家具设计师所面临的重要课题。一些家具设计师试图脱离自己已有的文化体系，有意无意地将自己融入西方的文化体系，以迎合西方人的审美标准，似乎唯有如此才能与国际接轨，才能赶上国际潮流。然而，在现代家具文化的领域中，“国际”这一概念，并非只有欧美家具的文化能代表国际性，它应包含以中国家具为代表的东方文化，才能撑起现代家具文化的国际平台。当下的家具设计师应寻求新的文化生长点，只有跳出照搬西方模式的樊篱，跳出抱残守缺、食古而不化的泥潭，从当代文化问题入手，摆脱家具设计文化上的自卑、认识上的迷惑，摆脱古典的、西式的符号化与概念化的堆砌，重新寻找适合时代文化精神的家具设计，这样，我们设计出的家具才具有当代文化的意义。一些有卓识的设计师越来越感觉到家具设计民族化的重要性，设计中有本民族文化的内涵才可能有可持续性发展，民族化的设计并不是对传统文化的图解，也不是对传统艺术符号的照搬，而应在设计中对传统文化进行重新演绎。中国明清时期的家具（图 1-8）一直被世人所看重，在西方人眼中，明清家具体现了中华民族文明成就和文化精神的博大，并对世界家具设计产生过深厚的影响。我们的家具设计师要清楚时代所赋予的责任，理顺传统家具与现代家具的关系，在吸收先进科技、文化滋养的同时，确立自己的文化身份，突出中国家具的文化个性，展现新世纪现代中国家具的文化魅力。

2. 科学技术的发展对家具设计影响

机器的发明使家具进入工厂化、机械化大批量的生产阶段。现代科学技术的不断进步推动着家具的更新换代，新技术、新材料、新工艺、新发明带来了现代家具的新设计、新造型、新色彩、新结构、新功能。

现代科学技术的进步和发展为家具设计提供了坚实的基础和保障，家具的材料、工艺、结构不再是束缚家具造型设计的枷锁，而使家具造型设计的广泛创新成为可能。这在家具发展的历史中是从未有过的。一件造型奇特、反传统造型的家具的诞生，总是意味着新的科学技术、新的材料、新的构造形式的出现，以及其在家具产业上的应用。当然，这些发明创造有时并不是专为家具的生产而发明的，只是家具设计师的一双慧眼和敏锐的思维，在浩瀚的科学技术发明的海洋中的发现和运用。因而，一方面家具设计师在研究地域传统的民族文化的同时，必将极大的热情和精力关注科学技术的发展成果，为家具的造型设计寻找新的途径。另外便捷的网络信息技术、计算机辅助设计的开发也为传统家具设计注入了新的活力。科学技术与现代设计的结合将不断创造出新的产品，同时也不断地改变着人们的生活方式。科技发展无止境，现代设计也无极限，信息化时代的现代家具设计师应该是一位数字化的现代家具设计师，从知识结构、综合素质、设计工具和手段都将是全新观念的新一代家具设计师。如电子信息技术与家具设计的融合体——智能家具的出现，对家具设计师便是一种全新的考验。所谓智能家具，是采用现代数字信息处理通信技术，将各种不同类型的信号进行实时采集，由控制器对所采集的信号按预定程序进行记录、逻辑判断、反馈等处理，并将处理信息及时上报至信息管理平台，可对使用者的需求做出自动反映的家具。智能家具是传统家具与智能化技术相结合的产物，虽然目前尚处于概念设计和实验开发阶段，但却是未来家具的一种发展趋势，它与传统家具相比，更加具有人性化特征，必将开辟家具行业的一个新天地。

3. 当代审美趋向与相关艺术形式对家具设计理念的影响

家具在人们日常生活中是精神生活的一个局部。每个家庭对家具造型风格的选择传达出主人的审美爱好和审美情趣。同样，办公家具的造型风格和样式，也传达出这个企业的精神需求和审美趋向。家具的这种审美功能，无疑也具有时代的烙印，随着当今社会人们生活水平的改善、文化素养的提高、居住环境的优化以及企业商务竞争的加剧，人们对家具的造型设计也要求与之相适应。家具设计师为体现“以人为本”的设计理念，不断地研究人们的生活方式、居住环境、企业文化，以达到与之相符的审美要求，这种设计理论的研究将为家具设计开辟更广阔的天地。纵观家具设计的发展历程，家具设计的革命都是在新的设计理念的引导之下取得的。如 19 世纪后半期威廉·莫里斯倡导的手工艺运动，及后来的“新艺术运动”、德国的“包豪斯”运动，它们奠定了现代设计理论和设计理念的基础，虽然它们并不是专为家具设计所提出，但家具设计却忠实地体现了这些思想的审美价值。当下后现代艺术理论的盛行也对家具设计产生明显的影响。

当代观赏家具的出现便是家具单独体现审美价值的重要表现，所谓观赏家具是指家具以装饰功能出现，以满足它在环境中给人的审美需求，而弱化坐、卧、储藏等使用功能。观赏家具的出现是家具本身的特性决定的，是家具所具有的两重性决定的，即家具的实用性和家具的审美性。家具既是日常生活中的实用品，又是一件富于美感的艺术品。观赏家具大体上有以下两种类型，第一种情形是将历史上的、不同民族的、不同地域的传统家具与现代的家具同时摆放在一起，造成强烈的历史反差、文化反差和民族风格的反差，形成极强的对比，给人们深刻的视觉印象，增加文化深邃感，从而美化室内的空间环境。虽然每件家具都有其具体名称，但在这里可以把它们归为观赏家具之中。例如，一套典型的明式家具陈列在现代化的豪华宾馆中，它的主要作用在于它所传达出的文化信息和挺拔优美的体态，以形成文化氛围和意境来美化宾馆的大堂。第二种情形则是专门为表达设计者的感受、设计者利用材料进行艺术创作、设计者对造型的认识和体验等。总之，设计者借家具的形体实现自身对世界的理解，表达出自己的艺术观点和看法，因而更多的带有主观因素，与其说是家具，不如说是艺术品。观赏家具的出现是随着人们物质、文化水平的提高，逐渐将自己的居室及工作环境从纯粹的实用功能演化成实用加艺术的必然结果。

4. 绿色环保意识对家具设计的影响

绿色象征着自然、生命、健康、舒适和活力。绿色作为无污染、无公害和环境保护的代名词，正为人类所倡导，人类渴望绿色的家园，“绿色技术”（green technology）也由此产生。现代制造业在将人类资源（包括不可再生资源）通过加工制作转化成工业品或生活消费品的同时，也为人类赖以生存的环境造成损害，产生废弃物和有害释放物便是污染的主要根源。因此，如何使制造业尽可能少地产生环境污染，使人类与环境能够和谐共处，绿色技术便是现代制造业的必由出路。作为传统制造业的家具业，也正面临着这一新技术的挑战。现代人对家具的要求除了造型、功能、艺术性之外，更加注重产品是否符合环保标准、是否有利身体健康。目前，绿色、环保已成为家具设计的主题之一。尽可能实现家具的绿色设计和制造，已成为家具企业获得进入国际家具市场的通行证和参与国际竞争的有力保证。

所谓绿色产品从狭义上讲，是指不包含任何对人身有危害的化学物品的纯天然产品及天然植物制成的产品；从广义上讲，绿色产品是指从生产、使用到回收处理的整个过程都符合环境保护要求，对环境无害或危害极小，有利于资源再生和回收利用的产品。按照绿色产品的要求，除了产品本身能够符合标准中规定的检测指标外，还要求在产品的生产和应用全过程中，包括原材料的选择使用、产品的加工制作、施工及其应用等环节，都不能对环境产生污染，只有这样制造出来的产品才称得上是绿色产品。

要真正实现绿色产品绿色技术是关键，所谓绿色技术是指能促进人类持续发展与长久生存的技术。它是“为减轻污染和保护环境，采用可持续发展的方式使用所有资源，循环使用更多的废弃物和产品，以更加合理的方式对剩余废弃物进行处理”。因而，绿色技术是一个综合考虑环境影响和资源消耗的现代工业产品的最佳制造模式，其目标是制造绿色产品，并使得产品从设计、制造、包装、运输、使用到报废处理的整个生命周期中，对环境负面影响极小，资源利用率极高，并使企业经济效益和社会效益协调优化。这种技术体现在设计制造和使用产品的生命周期的全过程。它主要涉及三个方面问题：一是资源优化利用问题，即合理开发、综合配置与保护；二是环境保护问题，即发展清洁生产（clean manufacturing）技术和无污染、无公害、环保的绿色产品；三是产品生命周期全过程问题，即提倡文明生产以及适度的消费和生活方式，以人为本。绿色技术就是这三部分内容的综合。

在具体绿色家具设计中应遵循“五绿”技术（G-DMMPM）的综合使用，即“绿色设计（green design）、绿色材料（green material）、绿色生产（green manufacturing）、绿色包装（green packing）、绿色营销（green marketing）”。首先在设计上要符合人体工程学原理，具有科学性，减少多余功能，在正常和非正常使用情况下，不会对人体产生不利影响和伤害；在材料选用上，符合环保标准要求，遵循材料利用绿色化的 3R 或 4R（减量利用 reduce、重复利用 reuse、循环利用 recycle、再生资源利用 re-grow）原则，实现家具用材的多样化、天然化、实木化、绿色化、环保化；在家具的生产过程中，避免污染排放，不对环境造成危害，并注意节能省料，尽可能延长产品使用周期，让家具更耐用，从而减少再加工中的能源消耗；在家具包装上使用洁净、安全、无毒、易分解、少公害、可回收的材料；在家具使用的全过程中，不产生危害人类健康的有害物质，最终的产品易于回收和再利用。

当今社会绿色环保意识已经深入人心，绿色设计便是家具设计的重要标准，也是绿色家具的核心。这就要求家具产品的开发应具有前瞻性，在产品及其生命周期全过程的设计中，应充分考虑它的功能、质量、开发周期和成本，优化各有关设计因素，使得产品及其制造过程对环境的总体影响极小、资源利用率极高、功能价值最佳。绿色设计的基本思想是在设计阶段就要将环境因素和预防污染的措施纳入产品设计之中，将环境性能作为产品设计的目标和出发点，力求使产品对环境产生的负面效应降到最低。绿色设计又常称为面向环境、面向未来的设计，或称为生态设计（eco-design）。它是绿色技术中的主要关键技术，包括产品方案设计、产品外观造型设计、产品结构优化设计、产品材料选择设计、产品包装设计、工艺规划设计、制造环境设计、产品回收处理方案设计、环境成本绿色核算等。确立现代家具设计的绿色环保品质，主要有三个方面：第一，讲求功能效果，运用人体工程学的理论和“以人为本”的理念来设计家具，不但要重视人的生理功能，而且要研究人的心理状况，设计要满足人的生理和心理两方面的需求与健康；第二，应该考虑合理使用多种材料，以最贴近自然的、对人体无害的、节省能源的材料，满足产品功能需要，以最少的用料，实现最佳的效果；第三，设计产品要高品位，应有深厚文化内涵和科技含量，高品位是没有模式的，通常是指家具审美格调上的艺术品位。对于绿色家具的设计，家具界有这样三句话，即：“讲求功效求其真，慎惜用材至于善，提高品位崇尚美。”

第2章　家具的发展及风格演变

家具形式是人类文明的重要表现，也是人类文化的重要组成部分。其发展历史蕴含着人类社会的政治、经济、文化、科学技术不断演变发展的历程。家具史作为一门独立的专业课程，具有非常复杂的交叉学科特点。首先，它与建筑史有着密不可分的关系，绝大多数的家具风格，基本上是以建筑风格的演变发展为脉络的；其次，家具史的发展同艺术史、科学技术史的发展极为密切，反映了不同时代人类的生活形态和生产力水平，在这个历史过程中，通过科技的进步、新材料的发明和工艺的提高，艺术风格的演变不断达到新的高度。

在家具设计的过程中，通过对中外家具历史的回顾与反思，可以清晰地把握家具发展的脉络，用中外优秀的家具文化遗产来启迪和拓展当今家具设计的创造思路。学习现代设计思想，引进西方先进技术，充分挖掘中国传统家具的精髓，推动中国家具设计事业的全面振兴。本教材将家具的风格与发展分为国外家具和中国家具两大部分进行阐述。

第1节　国外家具的发展及风格演变

从历史的角度来看，国外家具由于受不同社会时期的文化艺术、生产技术和生活习惯的影响，经历了各个历史时期的变化和发展，反映了不同的时代特点。国外家具风格的发展可分为以下四个历史阶段：即奴隶社会的古代家具、封建社会的中世纪家具、文艺复兴及其后的近世纪家具、工业革命以后的现代家具。

一、国外古代家具（前35世纪～公元5世纪）

这一时期主要指古埃及、古希腊、古罗马时期的家具。

1. 古代埃及家具（约前15世纪）

公元前3100年，埃及作为人类文明最早的发祥地之一，即建立了古代国家。发源于非洲中部的尼罗河绵延上千公里，为下游的人类文明的先驱带来不尽的活力。在持续长达3000年之久的古埃及历史中，经历了早王朝时代、古王国时代、中王国时代、新王国时代，以及后期王朝各个时代。直到公元前6世纪，埃及先后被亚述波斯所征服。此后，埃及又先后被希腊、罗马所统治。然而，这种征服与统治却成为古埃及文明传播的契机，成为古希腊、古罗马及欧洲文明的重要基础，对后世各时期、各国家的文化艺术都产生了深远的影响，尤其在家具文化艺术中，许多后世作品，都可找出古埃及的某些痕迹。由于历史的久远，如今有幸能见到的只是残存在陵墓和神庙中的壁画浮雕及陪葬品，它们生动地记录了该时期的家具文化艺术。它们的使用者仅限于统治者，然而，从它们身上却能领略到，古埃及家具文化艺术是表现国王法老的艺术，是君主与贵族生前享乐的艺术。从古王国时代就开始出现了椅凳、

图 2-1　古埃及扶手椅

桌子、床、柜、化妆箱等家具。椅是古埃及家具中最重要的一个品种，所有的椅子都是从象征着统治者地位的宝座发展而来的，它象征着王权。帝王宝座的两边常雕刻成狮、鹰等动物的形象，给人一种威严、庄重和至高无上的感觉。坐面由四根方腿支撑，多采用木板或编草制成，椅背用窄木板拼接，与坐面成直角连接，椅架用竹钉钉接。正规坐椅的四腿多采用动物腿形，显得粗壮有力，脚部为狮爪或牛蹄状，底部再接以高木块，使兽脚不直接与地面接触，更具装饰效果，四腿的方位形状和动物走路姿态一样，同一方向平行并列安置，形成了古埃及家具造型的一大特征（图 2-1 ～图 2-3）。

图 2-2　古埃及扶手椅

图 2-3　古埃及床支架

装饰纹样多取材于常见的动植物形象和象形文字，如莲花、芦苇、鹰、羊、蛇、甲虫以及一部分几何图形。家具的装饰色彩，除金、银、象牙、宝石的本色外，常见的还有红、黄、绿、棕、黑、白等色，颜料是以矿物质颜料加植物胶调制而成的（图 2-4）。用于折叠凳、椅和床的蒙面料有皮革、灯芯草和亚麻绳（图 2-5）。家具的木工技术也已达到一定的水平。当时的埃及匠师能够加工一些较完善的裁口榫接合和精制的雕刻，镶嵌技术也达到了相当熟练的程度。床也是埃及统治阶层家庭中的重要家具，床的腿常雕成兽腿、牛蹄、狮爪、鸭嘴等形式，并能设计制作出可折成三叠的木床。古埃及家具的

图 2-4

式样、装饰与其使用者的社会地位密切相关，相比实用性更强调装饰性。使用者的地位不同，家具的造型和色彩也不相同。家具用金、银、宝石、象牙、象眼、黑檀等材料进行镶嵌，法老礼仪用的家具更富于装饰性。其中人物的雕像塑造往往采用“正面律”的形式：人物形象的脸是侧面的，显出明确的额、鼻、唇的外轮廓；眼却是正面的，有完整的两个眼角；胸也是正面的，表现出双肩和双臂，而脚又是侧面的，一前一后，表现出脚的长度，两次 90° 的转向，这种看起来不自然的人身造型在埃及的绘画和浮雕上保持了数千年，以致深深地影响着后世各时期家具装饰中人物的雕像塑造（图 2-6）。

图 2-5 古埃及折叠凳

图 2-6

古埃及人也常常把神化了的动物用在家具上，或是局部，或是整体，如牛头、牛脚、羊头、鹰、狮头或狮身人首。它们雕刻精细、神态生动，有的还将狮子插上翅膀，以突出对图腾的神化、对宗教王权的至高无上的崇拜。在家具上的这种装饰手法，在后世古典家具历史演变中得以延续。从墓室发掘出来的木工工具有锯、凿、锤、斧、锥子、小刀、磨石等。部件加工也有很高的接合技法，有镶嵌接、斜榫接、暗榫接等，反映了古埃及木工技术水平的高超。制作家具的木材主要是杉木，其次是黑檀木。

随着社会的发展，古埃及家具的造型风格也有所变化。到后期王朝时期，家具使用的功能性开始增强，这时期的坐椅靠背已向后倾斜，坐面有向下凹的曲面，这种考虑实用的做法是非常难能可贵的，是古埃及人在生产劳动中不断总结的人性化表现。古埃及的坐具尺寸与人体尺寸的配合也相当和谐，坐面高度、床面高度以及扶手、靠背的高度确定，与今天的家具几乎没有区别。几千年前的古埃及家具就已经表现出实用与美观相结合的设计思想，为后世的家具发展奠定了良好的基础，并直接影响了后来的古希腊与古罗马家具。可以说，古埃及家具是欧洲家具发展的先行者和楷模，直至今天，仍对我们的家具设计、建筑设计、室内设计有着一定的借鉴和启发作用。

2. 古希腊家具（前 7 世纪～公元 1 世纪）

公元前 2000 年以前，在巴尔干半岛的最南端，古希腊人创立了灿烂的古希腊文化，这也成为日后欧洲文明的摇篮。在长达 2000 年的文明历程中，经历了爱琴文化（也叫克里特—迈锡尼文化，前 2000 年～前 1100 年）、荷马时代（前 1100 年～前 800 年）、古风时代（前 800 年～前 500 年）、古典时代（前 500 年～前 330 年）、希腊化时代（前 330 年～前 30 年）五个时期。以多利克式和爱奥尼亚式为典型的古希腊建筑基本柱式系统就是在古风时期形成的，它为西方古典建筑奠定了基础，并在随后的家具艺术中得以广泛运用。这其中柱式形式与构成章法，乃至各部分比例关系都按照建筑式样转移过来，尤其是不同柱式所表现出的不同精神和文化特征，在文艺复兴时期得以充分发挥，这就是后期家具文化艺术中常见到的男像柱（由多利克柱式的精神内涵演变而来）、女像柱（由爱奥尼亚柱式的精神内涵演变而来）、扶壁柱、柱式腿等。

古希腊爱琴文化的家具受到埃及等东方家具的影响，采用了高靠背、高座位等表现权势的形式。古希腊文化的极盛时期是在公元前 7 世纪～公元前 5 世纪。根据石刻的记载已有坐椅、卧榻、箱、供桌和三条腿的桌。古希腊的家具因受其建筑艺术的影响，家具的腿部常采用建筑的柱式造型，以及由轻快而优美的曲线构成椅腿和椅背，形成了古希腊家具典雅优美的艺术风格。古希腊家具常以蓝色作底色，表面彩绘忍冬草、月桂、葡萄等装饰纹样，并用象牙、玳瑁、金银等材料作镶嵌。到公元前 5 世纪的古典时期，由于希腊自由市民社会生活的发展，城市与国家团结一致的威力及作用，家具文化艺术开始与生活息息相通，肯定人的尊严、崇高与壮丽，形成了简洁、自由、实用、优雅的家具风格。古希腊家具实物存留下来的十分罕见，现在我们主要是从建筑、墓碑的浮雕（图 2-7）及陶瓶画（图 2-8~图 2-10）来研究古代希腊家具文化。古希腊“神人同形同性”的特点，使神具有人的面貌和情感。诸神所坐的椅子是古希腊家庭、学校、作坊等场合广泛使用的家具。坐椅是旋木圆腿，造型轻巧简洁，尺度适宜，有的坐面中心用皮条编织，上面设置软靠垫。

图 2-7　古希腊浮雕

图 2-8　古希腊家具

图 2-9　古希腊家具

图 2-10

古希腊人崇尚人体美，常以人体曲线来设计家具形态，显示出合理的线条，对称的格局，简洁的造型，良好的力学结构和受力状态。舒适的使用方式，显示出希腊人“唯理主义”的审美观念。这些来源于生活、表现于生活的美，是一种展现希腊人自由与开放，淳朴与力量，栩栩如生的美。希腊人把对形态与韵律、精密与清晰、和谐与秩序的感觉糅入每一件家具中，表现出宽阔开朗、愉快亲切的家具形象，尤其是对家具构图比例的把握与现代家具具有异曲同工之美，这些都是古希腊人对人类的一种特殊贡献。

古希腊所形成的独特艺术风格直接影响了罗马艺术的繁荣，并通过它传达给整个欧洲，成为欧洲古典家具艺术的源头之一，为后世人所推崇。其强大的生命力在当今现代家具设计中仍然发挥着借鉴作用。

3. 古罗马家具（前 6 世纪～公元 5 世纪）

早在公元前 6 世纪古罗马奴隶制国家便产生于意大利半岛中部。此后，随着罗马人的不断扩张而形成了一个巩固的大罗马帝国。帝国的中心地区是意大利半岛及其南端的西西里岛，在帝国的鼎盛时期其疆域横跨欧亚及非洲大陆，地中海成为其内陆湖，罗马城则位于意大利半岛中部帝国的中央。古代罗马的历史分为氏族王政时代（前 753 年～前 509 年）、共和国时代（前 509 年～前 27 年）和帝国时代（前 27 年～公元 476 年）三个基本阶段。正如其地理位置一样其文明也是东西方融合体，首先古代罗马吸收、嫁接了大量希腊文化艺术，同时，又取得了具有自己特色的辉煌成就。遗存的实物中多为青铜家具（图 2-11）和大理石家具（图 2-12）。尽管在造型和装饰上受到了希腊的影响，但仍具有古罗马帝国的坚厚凝重的风格特征。

图 2-11　古罗马青铜椅

图 2-12　古罗马大理石椅

如兽足形的家具立腿较埃及的更为敦实，旋木细工的特征明显体现在多次重复的深沟槽设计上，如与古希腊家具相似的脚向下弯曲的小椅等。当时的家具除使用青铜和石材外，大量用的材料还有木材，而且格角榫木框镶板结构也已开始使用，并常施以镶嵌装饰。常用的纹样有雄鹰、带翼的狮、胜利女神、桂冠、忍冬草、棕榈、卷草等。从图 2-13 可以看出，整件家具严峻、庄重、华丽、肃穆，显示出罗马大帝国的强大，也表现出罗马人精湛的工艺技术。图 2-14 是庞贝古城出土的可折叠的青铜凳，底腿用两个厚重的 X 形部件相连接，尖尖的鹰嘴足着地，坐面两侧是厚重的木板，中间是绳制坐面。这件家具借着鹰神的神威显示出至高的权威与尊严。

图 2-13　古罗马坐椅

CRASSIPES

图 2-14

总之，古罗马家具文化艺术虽受古希腊以及东方家具影响，却具有自身鲜明的艺术特征。罗马帝国的统治阶级及贵族们为了满足奢侈、豪华的炫耀风气，促使其家具形成严谨、肃穆、端庄、华丽的风格，它那特有的纪念性、实用性和多样性显示出特有的艺术魅力，并直接影响了欧洲文艺复兴及新古典主义等各个时期的家具艺术发展（图 2-15）。

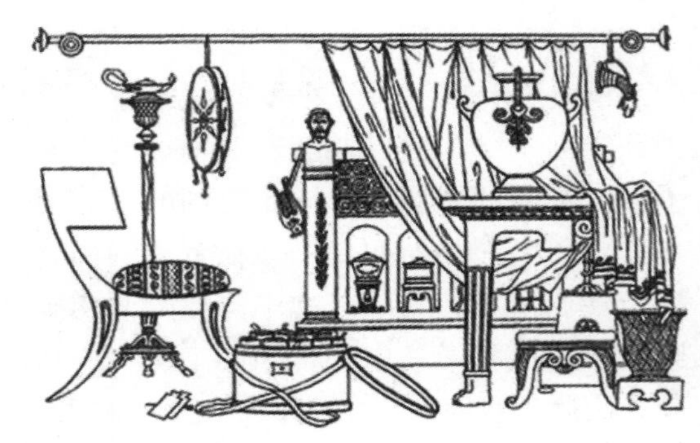

图 2-15　古罗马折叠凳及室内环境

二、中世纪的家具（5 ～ 14 世纪）

1. 拜占庭家具（328 ～ 1005 年）

拜占庭帝国在 5 世纪至 6 世纪是一个强大的帝国，它的前身是东罗马帝国，建都于君士坦丁。它是基督教文化下政教合一的政体，是为宗教和王权服务的，皇帝也是教会的领袖，象征着神的意志，因此体现天神与君主统一精神的拜占庭艺术形象则是威严庄重、豪华精美，赋予文化艺术形象以稳固永恒的精神。拜占庭家具既继承了古代希腊、罗马的艺术传统，又受到东方古典文化的影响，并融合了西亚和埃及的艺术风格，以雕刻和镶嵌最为多见，有的则是通体施以浅雕。装饰手法常模仿罗马建筑上的拱券形式。无论旋木或镶嵌装饰，节奏感都很强。镶嵌常用象牙和金银，偶尔也用宝石。凳、椅都置有厚软的坐垫和长形靠枕。装饰纹样以叶饰花、同象征基督教的十字架、圆环、花冠以及狮、马等纹样结合为多，也常使用几何纹样（图 2-16），形成了豪华的家具形式，以此来表现基督教神学的内容，常用象征基督教的十字架符号，或以花冠藤蔓围绕天使、圣徒以及各种动物图案来装饰家具（图 2-17）。在技术上，拜占庭家具承袭了古代罗马时的旋木技术和象牙雕刻，表面具有精巧的雕刻装饰，并改变了古罗马家具的兽足曲腿形式，采用直线形框架结构，追求建筑的体量感是拜占庭家具的特征之一。现可从象牙雕刻、木版画、壁画、手抄本插图等资料中见到拜占庭家具（图 2-18、图 2-19）。

图 2-16 拜占庭式坐椅

图 2-17 拜占庭式的宝座及浮雕

图 2-18　拜占庭艺术

图 2-19　拜占庭宗教绘画

图 2-20　杜乔的绘画

2. 仿罗马式家具（10 ～ 13 世纪）

自罗马帝国衰亡以后，意大利封建国家将罗马文化与民间艺术糅合在一起，形成一种艺术形式，称为仿罗马式。在建筑上表现为普遍采用古罗马的拱顶和梁柱相结合的形式，并采用古希腊罗马时代的纪念碑式雕刻来进行装饰。在建筑风格的影响下，罗马式家具采用了罗马式建筑中的连环拱廊形式，而且中世纪早期家具的旋木技术也得到了普遍的运用，这样所谓的仿罗马式风格的家具就应运而生。随后传播到英、法、德和西班牙等国，为 11 ～ 13 世纪的西欧所流行。其主要特征是旋木技术的应用。有全部用旋木制作的扶手椅，橱柜顶端用两坡尖顶形式，有的表面附加金属饰件和圆铆钉，既是加固部件，又是很好的装饰。家具常装饰有动物的头和爪子，以及几何纹、编织纹、卷草纹、十字架、基督、圣徒、天使、狮等，整体造型给人以坚定稳重、单纯朴实的感觉（图 2-20、图 2-21）。

图 2-21 仿罗马时期绘画

3. 哥特式家具（12 ～ 16 世纪）

哥特式艺术产生于 12 世纪中叶的法国，流行于 13、14 世纪的欧洲大陆，主要表现为一种建筑艺术形式，成为欧洲中世纪最伟大、最光辉的艺术成就。它是罗马式文化艺术的进一步发展，其建筑工程技术或艺术手法都达到了很高的水平。哥特式家具则是在罗马式家具基础上发展起来的一种具有哥特式建筑风格的家具的应用（图 2-22），如尖顶、尖拱、细柱、垂饰罩、连环拱廊、线肿或透雕的镶板装饰（图 2-23），形成了与罗马式家具的稳定、厚实迥然不同的风格特征。

哥特式家具主要有靠背椅、坐椅、大型床柜、小桌、箱柜等家具，其最有特色的是坐具类家具。受到哥特式建筑的影响，椅子的靠背较高，大多采用尖拱形的造型处理，柱式框架顶部跨接着火焰形的尖拱门，垂直挺拔向上（图 2-24）。带有扶手的教堂坐椅，两侧扶手下部及座下望板都是建筑上的连环矢形拱门。每件家具都庄重、雄伟，象征着权势及威严，极富特色。

图 2-22 哥特式家具环境

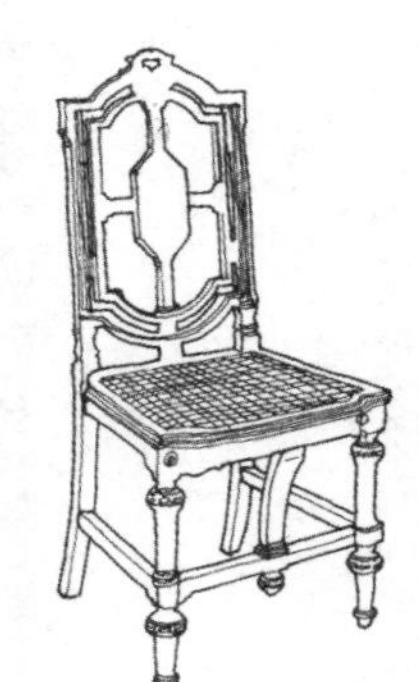

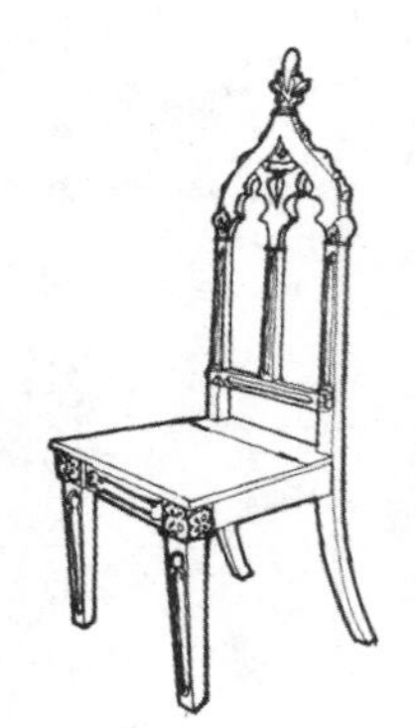

图 2-23　哥特式家具　　　　　图 2-24　哥特式坐椅

哥特式家具结构制作复杂，采用直线箱形框架并嵌板方式，嵌板是木板拼合制作，上面布满了精致的雕刻纹样。几乎家具每一处平面空间都被有规律地划成矩形，矩形内或是火焰形窗花格纹样，或是布满了藤蔓花叶根茎和几何图案的浮雕，这些纹样大多具有基督教的象征意义，非常华丽精致（图 2-25）。如“三叶饰”（一种由三片尖状叶构成的图案）象征着圣父、圣子和圣灵的三位一体；“四叶饰”象征四部福音，“五叶饰”则代表五使徒书等。总之，这些图形都具有基督教的象征意义。

图 2-25　哥特式家具

三、近世纪家具

伴随着欧洲资本主义的渐渐萌芽，以意大利为中心的文化思想领域，出现了反封建、反宗教、追求人文主义思想的“文艺复兴运动”，这也预示着艺术春天的到来，一个伟大时代的开启。这一时期以继承与复兴古希腊、古罗马文化艺术为旗帜，重在打破中世纪虚伪、呆板、空洞、荒谬的封建禁锢。

1. 文艺复兴时期的家具

文艺复兴是指 14 ～ 16 世纪，以意大利佛罗伦萨、罗马、威尼斯等城市为中心，以工匠、建筑师、艺术家为代表，以人文主义和新文化思想为主流，以古希腊、古罗马的文化艺术思想为武器的一场反封建、反宗教神学的“文艺复兴”运动，其原意为“重新发现古代”。这是一场被恩格斯称为“人类从来没有经历过的最伟大、进步的变革。”这场变革激发了意大利前所未有的艺术繁荣，并从意大利传播到欧洲其他国家。欧洲文艺复兴家具是在古希腊、罗马家具文化基础上，吸收了东方中国家具文化内涵，并结合各国不同的历史背景、不同的经济社会结构以及不同的民族特性，形成了各个国家各自不同的艺术风格特征。如严谨、华丽的意大利文艺复兴式；稳重、挺拔的德国文艺复兴式；简洁、单纯的西班牙文艺复兴式和刚劲、质朴的英国文艺复兴式。这些特点又都融合到欧洲文艺复兴总的风格特征之中。

欧洲文艺复兴的精神实质在于人文主义思想的传播。体现在家具艺术上，则强调实用与美观相结合，以人为本，追求舒适和安逸，赋予家具更多的理性和人情，形成了实用、和谐、精致、平衡、华美的风格特征（图 2-26）。主要表现为：一是外观厚重庄严、线条粗犷，具有古希腊、罗马建筑特征（图 2-27）；二是人体作为装饰题材大量地出现在家具上（图 2-28）。

图 2-26　文艺复兴扶手椅

图 2-27　文艺复兴时期家具

家具的主要用材有栎树、胡桃木和桃花芯木。常以成套的家具组合形式出现于室内，同时还出现了箱形长塌，成为后来“沙发”的雏形。在家具表面常做有很硬的石膏花饰并贴上金箔，有的还在金底上彩绘，以增加装饰效果。此外，还善于用不同色彩的木材镶成各种图案，增加了诸多艺术情趣与内涵。到 16 世纪，则盛行用抛光的大理石、玛瑙、玳瑁和金银等，镶嵌成由华丽的花枝和卷曲的花饰，成为后来巴洛克艺术的先导（图 2-29）。

图 2-28　文艺复兴家具

图 2-29　碗柜——十六世纪家具

2. 巴洛克风格的家具

伴随着欧洲文艺复兴运动的不断深入与发展，出现了巴洛克艺术。它一反文艺复兴艺术静止、挺拔、理性的特征，强调造型的动势和运动感，追求空间的延伸和艺术品的感染力，给人以豪华、新奇、夸张的艺术感受，使建筑、家具、雕塑、绘画等艺术形式的风格浑然一体。它常以丰富多变的曲线、弧面为造型语言，如华丽的破山墙、涡卷饰、人像柱、深深的石膏线，以及扭曲的旋制件、翻转的雕塑，突出喷泉、水池等富有动感的造型元素，打破了古典建筑与文艺复兴建筑的“常规”。“巴洛克”原是葡萄牙语“Baroque”，意为珠宝商人用来描述珍珠表面光滑、圆润、凹凸不平、扭曲的特征用语，此后，“巴洛克”成为追求动感、尺度夸张的一种极富强烈、奇特的男性化的艺术风格。而与随后的“洛可可”女性化的细腻娇艳风格相对应。“巴洛克”艺术的阳刚之美与“洛可可”的阴柔之美交相辉映，成为 17、18 世纪流行于欧洲的两大艺术风格流派。

巴洛克艺术风格代表了当时人们，尤其是上流社会的艺术品位与追求。因此得以风靡一时，并且深深地影响着以后欧洲各时期的家具风格。事实上，从法国路易十四时期的巴洛克家具风格为标志，欧洲已经形成了以法国为中心的家具艺术发展运动，但是各国又有其独有的特点：如意大利的华丽（图 2-30），荷兰的典雅，法国的豪华（图 2-31），德国的端庄（图 2-32），英国的精细，美国的朴实，西班牙的单纯。当然，欧洲巴洛克家具文化艺术总的趋势是打破古典主义严肃、端正的静止状态，形成浪漫的曲直相间、曲线多变的生动形象，并集木工、雕刻、拼贴、镶嵌、旋木、缀织等多种技法为一体，追求豪华、宏伟、奔放、庄严和

图 2-30　五斗橱（意大利）
中间杉木彩绘油漆、镀青铜，洛可可式，有强烈威尼斯特征

浪漫的艺术效果。其最大特点是：将富于表现力的细部相对集中，简化不必要的部分，着重于整体结构，因而它舍弃了文艺复兴时期复杂的装饰，而加强整体装饰的和谐效果，使家具在视觉上的华贵和功能上的舒适更趋统一，与巴洛克建筑、室内的陈设、墙壁、门窗严格统一，创造了一种建筑与家具和谐一致的总体效果。

图 2-31 五斗橱（1708 年由法国家具设计师查尔斯为路易十四国王凡尔赛宫卧室所作）

图 2-32 巴洛克风格家具

3. 洛可可风格的家具

洛可可（rococo）一词来源于法语“rocaille”，意为贝壳形，意大利人称为“rococo”。由于这种装饰风格形成于法国波旁王朝国王路易十五统治的时代，故又称为“路易十五风格”。洛可可艺术是 18 世纪初在法国宫廷形成的一种室内装饰及家具设计手法，并流传到欧洲其他国家，成为 18 世纪流行于欧洲的一种新兴装饰及造型艺术风格。洛可可艺术的特征是以极其华丽纤细的曲线著称，相对于庄严、豪华、宏伟的巴洛克艺术而言，洛可可艺术则打破了艺术上的对称、均衡、朴实的规律，具有秀丽、柔婉、活泼的女人气质（图 2-33）。

图 2-33 雕刻精巧，比例典雅的洛可可式比赛桌

在家具造型手法上，洛可可家具流动自如的曲线和曲面的应用，是巴洛克艺术曲线造型的升华，从而成为一种在欧洲占据主流地位的家具艺术形式（图 2-34）。各国的洛可可家具艺术表现虽各具特色，但其整体坐椅风格特点是轻巧、舒适和线条协调。椅腿间的横档没有了，椅腿呈 S 形，造型醒目，扶手不再和椅腿成直角，而是稍往后缩，常呈喇叭口状，这是为了适应当时流行的带裙环的长裙。装饰花纹有：小花、棕叶、贝壳、卷边牌匾和叶涡旋饰等（图 2-35）。

图 2-34　洛可可式家具

图 2-35　洛可可装饰风格

图 2-36　洛可可风格坐椅

洛可可家具的最大成就是将优美的造型与舒适的功能巧妙结合起来，形成完美的工艺品。特别值得一提的是：家具的形式和室内陈设、室内界面的装饰完全一致，形成了一个完整的室内设计新概念，通常以优美的曲线框架，配以织锦缎，并用珍木贴片、表面镀金装饰（图 2-36），使这一时期的家具不仅在视觉上形成极端华贵的整体感觉，而且在实用和装饰效果的配合上也达到了空前完美的程度。不过，洛可可风格发展到后期，其形式特征走向极端，因曲线的过度扭曲及比例失调的纹样装饰而趋向没落。

4. 新古典风格的家具

进入18世纪60年代，前所未有的欧洲工业革命打破了家具制作传统手工业现状，资本主义经济的迅速发展，也为家具的设计制作带来新的契机。在此同时，以法国为中心产生了新古典主义运动。作为一种文化艺术思潮，新古典运动遍及建筑、雕刻、绘画等各个文化艺术领域。在家具上，对于古代严谨而典雅的风格与样式的模仿，更是表现得淋漓尽致。瘦削

图2-37 法国新古典风格路易十六式坐椅

图2-38 新古典风格家具

的直线为主要构成特色的新古典风格取代了以装饰而著称的巴洛克和洛可可风格。新古典家具的发展，大致可分为两个阶段。前一阶段是以盛行于18世纪后半叶（1760～1800年）期间的法国路易十六式为代表（图2-37～图2-39）；后一阶段流行于19世纪前期（1800～1830年），主要以拿破仑帝政式家具为代表（图2-40、图2-41）。复兴古希腊、古罗马文化为旗号的欧洲新古典家具，以其庄重、典雅、实用的古典主义格调代替了华丽脂粉气的洛可可风格。它不仅具有结构上的合理性和使用上的舒适性，而且还具表现出挺秀而不柔弱、端庄而不拘谨、高雅而不做作、抒情而不轻佻的特点，它在家具文化艺术史上是继承和发扬古典文化、古为今用的最好典范。

图2-39 英国新古典风格家具

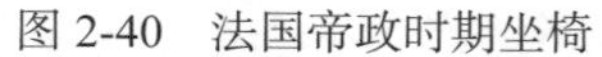
图 2-40　法国帝政时期坐椅

图 2-41　英国维多利亚女王式的坐椅

5. 英国震颤教派家具

震颤派（Shakers）是一个宗教团体，1747 年成立于英国。震颤教的宗教哲学，强调耶稣基督的第二次诞生，以及为其信徒准备的永久太平盛世，即“用你的手劳动，把你的心献给上帝”。震颤教宗教哲学在无形中指导着震颤教徒的设计，使他们的设计更贴近大众生活。他们中大部分成员来自于平凡的手工业劳动者，所提倡家具制作的简约、纯净与现代社会人们追求的轻松、简约的生活方式有异曲同工之妙。虽然许多震颤教社区都是自给自足，但他们却需要资金去购买农具及其他供应品。他们大范围生产多种简洁、功能优越的物品，逐渐使简洁的家具设计得到了大众的普遍认可，从 1852 年起，震颤派团体将成套家具以商品的形式出售，销售极为广泛。震颤教所有的建筑及其家具布置都是为围绕“功能性和永恒性”而设计。设计原则主要有以下几点：① 整齐就是美；② 最大的美在于和谐；③ 美起因于实用；④ 美源于秩序；⑤ 最实用的也是最美的。（图 2-42）

图 2-42　震颤教派家具

四、国外现代家具

一般意义上讲，现代家具泛指19世纪后期以来，以现代先进技术、新工艺、新材料为代表，以简洁的形体、合理的结构、多样的材料及淡雅的装饰，或基本不作装饰为特点。现代家具高度重视功能设计，具有某种规定内涵和外形结构特征的家具设计风格，如奥地利大量生产的曲木椅，在德国包豪斯理论指导下生产的钢管椅，以及二战后欧美各国应用新材料、新工艺、新技术生产的塑料、玻璃纤维材料制作的新型家具，均可称之为现代家具。现代家具大致可分为以下四个发展阶段：

（一）第一阶段：现代家具探索及产生时期（1850 ~ 1914年）

在这一家具发展过程中，存在两条平行的路线：一条是以英国威廉·莫里斯（William Morris）为代表的一批艺术家和建筑家，他们竭力主张艺术家和工程师相结合的路线，倡导和推动了一系列的现代设计运动。其中有著名的“艺术与工艺运动”，德国的“青年风格派”运动及在法国形成的“新艺术”运动。这些运动的目标是一致的，反对传统风格，寻求一种可以表现他们时代的新设计形式。其中的代表人物还有菲利浦·韦勃（Philip Webb）（图2-43）等。由于这些运动对传统保守观念的猛烈攻击，使得现代设计思想在理论上得以大张旗鼓的宣传。 另一条路线是奥地利的迈克尔·索奈特（Michael Thonet）提出的。他以其实干精神解决了机械生产与工艺设计之间的矛盾，第一个实现了工业化生产，将现代家具推向充满历史主义复兴色彩的社会，而赢得了极大的声誉。索奈特的主要成就是研究弯曲木家具，采用蒸木模压成型技术，并于1840年获得成功，继此又于1859年推出了最著名的第14号椅等家具（图2-44），成为传世的经典之作。威廉·莫里斯等艺术家，他们实际设计制作的家具尽管都是精品之作，但只是为上流社会少数人服务。而索奈特设计制作的家具为大多数人所使用，他的这些椅子，结构合理，用料适宜，价格低廉，从而满足了各阶层的大量消费需要。

图2-43　菲利浦·韦勃设计

图2-44　索奈特曲木椅

1. 艺术运动及学派

（1）工艺美术运动。“工艺美术运动”最早是英国的艺术运动，后来发展为一场国际运动。1888年主要由英国设计先驱、诗人和社会主义者威廉·莫里斯及文艺理论家约翰·拉斯金所倡导。他们对由于机械化、工业化大批量生产造成的设计水平下降感到痛恨，他认为速成的工业产品外形简陋，做工粗糙，跟传统的美的原则背道而驰。他主张恢复中世纪设计传统中构思考究，做工精致的手工艺传统，主张为少数人设计少数精华产品（the work of a few for the few）。工艺美术运动的整体艺术风格为：① 强调手工艺，明确反对机械化生产；② 在装饰上反对矫揉造作的维多利亚风格和其他各种古典、传统的复兴风格；③ 提倡哥特艺术和其他中世纪风格，讲究简单、朴实无华，功能良好；④ 主张设计诚实、诚恳，反对设计上的哗众取宠、华而不实的趋向；⑤ 推崇自然主义、东方装饰和东方艺术。

（2）新艺术运动。“新艺术运动”是1895年由法国兴起，至1905年结束的一场波及整个欧洲的革新运动。它致力于寻求一种丝毫也不从属于过去的新风格。“新艺术运动”是以装饰为重点的个人浪漫主义艺术，它以表现自然形态的美作为自己的装饰风格，从而使家具像生物一样也富于活力。主要代表人物有法国的海·格尤马特和比利时的亨利·凡·得·维尔德等。他们的作品虽然有些过于浪漫，而且因不适于工业化生产的要求最终被淘汰，但他们使人们懂得应当从对古典的模仿中解放出来，不断地探讨新的设计途径。

（3）维也纳装饰艺术学校。1899年，以瓦格纳为首的一些受“新艺术运动”影响的奥地利建筑师建立了维也纳装饰艺术学校。在该校任教的有欧布利希、霍夫曼和卢斯等。这些著名的维也纳建筑师们认为“现代形式必须与时代生活的新要求相协调”，他们的作品都带有简洁明快的现代感。他们的理论和实践不仅始创了奥地利20世纪的新建筑，而且对现代家具的形成具有深刻的影响。

（4）德意志制造联盟。这是一个由德国建筑师沐迪修斯倡议的，于1907年10月在慕尼黑成立的协会。成员有艺术家、设计师、评论家和制造厂商等。沐迪修斯曾到过伦敦，因而受到莫里斯公司及“手工艺运动”的深刻影响。他主张“协会的目标在于创造性地把艺术、工艺和工业化融合在一起，并以此来扩大其在工业化生产中的作用”。“德意志制造联盟”的实践活动在欧洲引起了相当大的反响，并导致了1910年奥地利工作联盟、1913年瑞士制造联盟和1915年英国工业设计协会的先后成立。“德意志制造联盟”曾于1937年被纳粹分子关闭，1947年重新恢复活动。

（5）瑞士制造联盟。成立于1913年，是和“德意志制造联盟”性质相同的协会。

2. 著名设计师及其作品

（1）迈克尔·索奈特（Michael Thonet，1796～1871）生于莱茵河畔的一个小村庄，父亲为比利时后裔，从事家具制造。受家庭影响索奈特年轻时就已熟练掌握了各种木工和细木镶嵌技术。1819年他开办家具厂，并开始探索一种能使当时的实木家具变得轻巧经济的式样。1830年他终于发明了单板模压技术和曲木工艺，设计并制成了第一把弯曲木坐椅。1842年索奈特应奥地利皇室邀请去维也纳设计家具。1851年他设计的“维也纳椅”在伦敦的世界家具博览会上获一等奖，此椅至今已售出达5千万件之多。索奈特作为现代家具设计的先驱，其成就标志着家具工业革命时代的到来，也标志着技术创新下新兴人类生活的时代需求（图2-44）。

（2）威廉·莫里斯（William Morris，1834～1896）生于英国的艾塞克斯。他是英国工艺美术运动的领袖。1861年他建立了拥有一大批艺术家和工艺师的“莫里斯、马歇尔（Marshall）、福克纳（Faulkner）公司”——世界第一个设计商行（简称MMF），推行反工业的哲学，认为不论社会地位如何，好的设计本质上应该是简朴的，对任何人都是有用的。希望恢复到中世纪的深思熟虑的技艺和简洁朴素的设计。他们经营墙纸、染色玻璃、家具及金属工艺品等多种业务。主要设计师是琼斯、罗塞蒂和莫里斯本人，他们的作品曾在1862年的伦敦世界博览会上获得两块金质奖章。1875年该公司改组为“莫里斯装饰公司”，不久，莫里斯便倡导了“工艺美术运动”。（图2-45）

图2-45　莫里斯设计

（3）查尔斯·伦尼尔·麦金托什（Charles Rennie Macki-ntosh，1868～1928）生于英国格拉斯哥，他是19～20世纪之交最成功地影响欧洲家具的英国设计师。1885年他在格拉斯哥艺术学校学习，随后与妻子等四人合作成立了著名的“四人”设计事务所，主要从事室内装饰和家具设计。麦金托什一生中设计了许多杰出的家具。他认为家具应主要表现出垂直和优美的特征，因而常采用直线和直角来强调个人的独特风格。1913年他迁往伦敦，并作为一名建筑师、画家和室内设计师，成了英国新艺术运动的领袖人物。（图2-46、图2-47）

（4）奥托·瓦格纳（Otto Wagner，1841～1918）生于维也纳。年轻时分别就学于维也纳工程技术学院、柏林工学院以及维也纳美术学院，于1894年成为母校的教授并随后被任命为院长。瓦格纳也是维也纳装饰艺术学校的创始人和20世纪现代建筑的先锋，在其周围形成了一个意识超前的设计流派——维也纳学派。他强调“现代形式必须与时代生活的新要求相协调”，并且从理论和实践上致力于从新古典主义的束缚中解放出来。他的学生约瑟夫·霍夫曼（Josef Hoffmann，1870～1956），阿道夫·卢斯（Adolf Loos，1870～1933）和约瑟夫·奥尔布利希（Josef Olbrich，1867～1908）等人都是大师级的现代建筑和家具设计师。1895年瓦格纳旗帜鲜明地宣称抛弃当时极为流行的“新艺术风格”，并出版《现代建筑》，在欧洲影响极为强烈。（图2-48）

图2-46　麦金托什设计

图2-47　麦金托什设计

图2-48　奥托·瓦格纳设计的凳子

（5）亨利·凡·得·维尔德（Henry Van de Velde，1863 ～ 1957）出生于比利时的安特卫普，1957 年在瑞士苏黎世逝世。早年他在安特卫普美术学院学习绘画。1898 年开办事务所，从事家具和室内设计。1906 年他创立魏玛工艺美术学校（即“包豪斯”的前身）。他也是 1907 年开办的德意志制造联盟的创始人之一，1926 年以后任布鲁塞尔装饰艺术学院院长。（图 2-49）

图 2-49　亨利·凡·得·维尔德设计

（6）埃利尔·沙里宁（Eliel Saarinen，1873 ～ 1950）是一位天才的艺术家，也是北欧现代设计学派的鼻祖。他在赫尔辛基艺术学院学习绘画，同时在赫尔辛基理工大学建筑系学习设计。他的设计风格受到英国格拉斯哥学派和维也纳分离派的双重影响，在设计学的各个领域都有突出贡献。20 年代后移居美国，1932 年担任美国匡溪艺术设计学院的第一任院长，为美国艺术设计的发展做出重要贡献。（图 2-50、图 2-51）

图 2-50　埃利尔·沙里宁设计

图 2-51　埃利尔·沙里宁设计

（7）弗兰克·劳埃德·赖特（Frank Lloyd Wright，1867 ～ 1959）出生于美国的威斯康星，1959 年在亚利桑那州逝世。他的长寿使其具有美国现代设计先驱及现代设计大师的双重身份，其创作过程经历了现代设计发展的不同阶段。赖特是一位勤奋而多产的著名建筑师，大学毕业后他在沙利文建筑事务所工作。他主张形式与功能合一，强调表现个性。他在 1904 年设计的办公椅，正是从实践上阐明了他自己的艺术设计观点。（图 2-52、图 2-53）

图 2-52 赖特设计

图 2-53 赖特设计

（二）第二阶段：现代家具形成和发展时期（1918 ～ 1938 年）

1919 年沃尔特·格罗皮乌斯（Walter Gropius）被任命为由“魏玛艺术院”和“魏玛艺术工艺学校”合并而成的“国立包豪斯学院”的院长，由此开创了著名的“包豪斯运动”。它不仅是一个新艺术教育的机构，同时又是新艺术运动的中心。它的宗旨是以探求工业技术与艺术的结合为理想目标，它决心打破 19 世纪以前存在于艺术与工艺技术之间的屏障，主张无论任何艺术都是属于人类的；它不仅为了满足人们在形式上、情感上的要求，同时也必须具有现实的功能。包豪斯运动不仅在理论上为现代设计思想奠定了理论基础，同时在实践运动中生产制作了大量的现代产品（图 2-54）；更重要的是培养了大量具有现代设计思想的著名设计师，开启现代设计的一个新时代。

图 2-54 沃尔特·格罗皮乌斯设计

1. 两次大战期间的艺术运动及学派

（1）风格派。1917 年在荷兰的莱顿组成的一个由艺术家、建筑师和设计师为主要成员的集团，并以集团的创始人万杜埃士堡主编的美术理论期刊《风格》作为自己学派的名称。“风格派”接受了立体主义的新论点，主张采用纯净的立方体、几何形及垂直或水平的面来塑造形象，色彩则选用红、黄、蓝等几种原色。1918 年里特维尔德加入这一运动，并设计了其代表作“红蓝椅”。1931 年该集团因中坚人物万杜埃士堡的逝世而解散。

（2）国际现代建筑会议（C. I. A. M）。1928 年在瑞士的洛桑市附近召开第一次会议，会议的目标是为反抗学院派势力而斗争，讨论科技对建筑的影响，城市规模以及培训青年一代等问题，为现代建筑确定了方向，并发表了宣言。从 1928 年到 1956 年国际现代建筑会议共召开 10 次，参加会议的建筑师中有勒·柯布西耶、阿尔托、格罗皮乌斯、布鲁尔和里特维尔德等。

（3）两次大战期间创办的有关刊物。《新精神》，是一本勒·柯布西耶和奥·阿梅代于1920年在法国创办的建筑评论性刊物。《今日建筑》，是安德烈、白劳克于1934年在法国创办的双月刊。《建筑设计》，是1930年在英国创办的关于建筑和工业设计的月刊。《Domus》，建筑装饰艺术杂志，1928年由吉奥·庞迪在意大利米兰创办。上述两次大战期间创办的刊物，在理论和实践上积极宣传现代主义的新思想，对现代建筑及家具的发展起了极大的促进作用。

2．两次大战期间的著名设计师及其作品

（1）吉瑞特·托马斯·里特维尔德（Ferrit Thomas Rietveld，1888～1964）出生于荷兰名城乌特勒支。父亲是当地一位职业木匠，7岁开始学习木工手艺，在夜校学习建筑绘图。在现代设计运动中，他是创造出最多的“革命性”设计构思的设计大师。他是荷兰“风格派”艺术运动的代表，他所设计的“红篮椅”、“Z”形椅均是现代家具设计史上的经典（图2-55）。

（2）密斯·凡·德·罗（Ludwig Mies Van der Rohe）1886年生于德国，1969年在美国逝世。密斯15岁就离开学校当了描图员。1908年他在贝仑斯事务所工作时遇到了格罗皮乌斯和勒·柯布西耶，并在那里担任设计师的工作。1926年他被任命为德意志制造联盟副理事，同年设计了挑悬式钢管椅（图2-56）。1929年他应邀设计巴塞罗那博览会中的德国馆，著名的“巴塞罗那椅”由此诞生。1937年他移居美国并于1944年入美国籍。

图2-55　吉瑞特·托马斯·里特维尔德设计的红篮椅

图2-56　密斯·凡·德·罗设计

（3）勒·柯布西耶（Le Corbusier）1887年生于瑞士，1965年逝世于法国。原名是查尔斯·吉纳里特，当他在1920年创办《新精神》时改名为勒·柯布西耶。早年他在法国的一所艺术学院学习。1929年他同贝里昂·夏洛蒂合作，为秋季沙龙设计了一套公寓的内部陈设，其中包括椅、桌和标准化的柜类组合家具。1930年入法国籍。从1942～1948年，他用了7年时间完成了著名的模数的研究工作。（图2-57）

（4）阿尔瓦·阿尔托（Alvar Aalto，1898～1976）生于芬兰。1921年阿尔托从赫尔辛基大学建筑系毕业，1923年开办事务所。1929年设计了他的第一件层积胶合木椅子，不过最初还带有木框镶边，直到1933年才制成不带木框的层积弯曲木椅。1931年创建阿泰克公司，专门生产他自己设计的家具、灯具和其他日用品。阿尔托的作品明显地反映出受到芬兰环境影响的痕迹。他是举世公认的20世纪最多产的建筑大师和家具设计大师。1940年他任美国麻省理工学院教授，对美国的建筑、家具设计产生巨大影响。（图2-58）

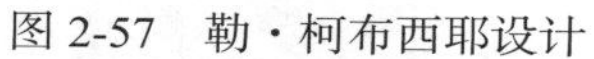

图2-57 勒·柯布西耶设计

图2-58 阿尔瓦·阿尔托设计

（5）马歇尔·拉尤斯·布劳耶（Marcel Lajos Breuer，1902～1981）生于匈牙利的佩奇。1920年他进入在魏玛的“包豪斯”学院学习工业设计和室内设计。1925年当“包豪斯”迁至德绍后，布劳耶已毕业并成了学院制作车间的主任。格罗皮乌斯院长指定他为学院设计家具，同时，他设计了他的第一把用钢管制作的“瓦西里椅”。1933年他设计的铝合金家具在巴黎获奖。1937年移居美国，1944年入美国籍。1946年起他在纽约开办了自己的事务所。（图2-59）

图2-59 马歇尔·拉尤斯·布劳耶

（三）第三阶段现：现代家具高度发展时期（1945～1970年）

战后的欧洲，急需恢复经济、重建城市，家具工业一时没有力量开发新的构思和研制新的材料。而在战时，一大批优秀的建筑师和家具设计师被迫自欧洲迁至美国，加上美国拥有的财力及在战争中飞快发展的工业技术，自然而然地使美国成为战后家具设计和家具工业发展的先进国家。随着新材料的不断产生和新工艺的研制，现代家具走上了高度发展时期，如胶合板、层压板、玻璃钢、塑料等新材料的产生及相应的新工艺，生产出了大量的概念全新的各式家具。20世纪60年代初，欧洲工业已经恢复了其失去的地位，进入高速增长的阶段，这种在美国完善及高度发展的现代家具之风，反过来对欧洲产生巨大影响，同时也推动欧洲家具工业的发展，北欧、德国、意大利都相继登上欧洲家具制造业的先导地位。

1. 第二次世界大战后的第二代现代家具设计大师代表

（1）阿诺·雅克比松（Arne Jacobsen，1902 ～ 1971）生于丹麦首都哥本哈根。1927 年毕业于哥本哈根美术学院。在其学生时代就已风华初露，他的椅子设计在 1925 年巴黎国际设计博览会上就曾获得银奖。之后受到勒·柯布西耶和密斯·凡·德·罗等人的影响。随着其设计观念的日益成熟，雅克比松成为战后北欧设计风格的典型代表，并赢得了国际声誉。50 年代他设计的“蚁椅”大获成功，成为丹麦学派的经典之作。在这之后他设计的“蛋椅”、“天鹅椅”、“牛津椅”等作品表现出一种神奇的力量，广为传播，成为现代家具设计的不朽杰作。（图 2-60）

（2）汉斯·维格纳（Hans Wegner）1914 年生于丹麦一个叫同德恩的小镇，早年接受木工训练，1936 年进入哥本哈根的一所工艺美术学校学习设计，后到雅克比松建筑事务所工作，主要负责室内和家具设计。他设计的家具曾在“丹麦木工协会”的展览上连年获奖，成为历史上这一展览获奖最多的设计师。他受中国明式及英国古典家具影响设计了著名的“中国椅”、“温莎椅”，这为其在国际上赢得了巨大的荣誉与商业成功。（图 2-61）

图 2-60　阿诺·雅克比松（丹）设计的蛋椅

图 2-61　汉斯·维格纳设计

（3）查尔斯·伊姆斯（Charles Eames，1907 ～ 1978）出生于美国圣路易斯。大学时在华盛顿大学学习建筑，并游历欧洲研究第一代家具设计大师的作品，回国后开办建筑设计事务所。受到老沙里宁的赏识在美国匡溪艺术设计学院学习并任教。1940 年他与小沙里宁合作设计的椅子在纽约现代艺术博物馆举办的竞赛中获奖。1946 年纽约现代艺术博物馆为其举办了个人设计作品展览，赢得了巨大的声誉。1950 年伊姆斯设计了一组玻璃纤维增强树脂薄壳坐椅。50 年后又成功设计了铝合金椅、层积弯曲木椅等作品。伊姆斯一生勤奋，设计无数，被誉为 20 世纪现代设计的卓越创造者。（图 2-62）

（4）埃罗·沙里宁（Eero Saarinen，1910 ～ 1961）出生于芬兰，是埃利尔·沙里宁之子，母亲也是一位设计师和雕塑家。小沙里宁由于受家庭环境的熏陶，自幼便显露出强烈的艺术天资。成年后先后就读于巴黎艺术学院、美国耶鲁大学建筑系。在美国和伊姆斯一起工作时，他们曾同时获得纽约现代艺术博物馆设计竞赛的一等奖。最著名的设计有 1946 年有机玻璃增强塑料的“胎”椅，1957年设计的铝制支架、塑料坐面的“郁金香”椅和圆桌。他把有机形式和现代功能结合起来，开创了有机现代主义的设计新途径，成为20世纪最著名的建筑设计师之一。（图2-63）

图2-62　查尔斯·伊姆斯设计

图2-63　埃罗·沙里宁设计

2. 第三代现代家具设计大师代表

（1）维纳·潘顿（Verner Panton，1926～1998）生于丹麦，曾在欧登塞技术学校学习，1951年毕业于哥本哈根学院。之后进入雅格布森工作室从事家具设计，并参与了其中许多重要设计。1955年成立独立设计室。他设计的“克隆”椅、“心”系列椅、“叠落”椅以及可叠放式坐椅，表现出他动人心魄的想象力，他始终以“革命”性的态度面对设计，以最新的技术、最新式的材料和充满戏谑调侃式的乐观心态对家具设计展开大胆创新。（图2-64）

图2-64　维纳·潘顿设计

（2）约里奥·库卡波罗（Yrjo Kukkapuro）1933生于芬兰，他自幼在绘画上就表现出非凡的天赋，考入赫尔辛基工艺美术学院后，更是以超群的才华反复获得设计竞赛的头奖。他作为第三代芬兰设计大师始终站在现代设计发展的最前沿，以令人难以置信的设计产量和质量，成为这个时代使用各种塑料进行家具设计的最杰出代表之一，又以其对人体工学的深入研究，设计出20世纪最舒适的坐椅，同时又是现代办公家具的主要代表人物。他几乎荣获过国际国内有关室内设计和家具设计的所有著名奖项，并于1988年被总统授予“艺术教授”这一最高艺术称号。其代表作品有“卡路赛利”系列家具，“阿代利亚”椅等。（图2-65）

（3）艾洛·阿尼奥（Eero Aarnio）1932 年生于芬兰，毕业于赫尔辛基工艺美术学院，1962 年开办设计事务所。其设计风格表现为高度艺术化倾向，在其作品中流露出对不同艺术语言追求的时代气息。他 20 世纪 60 年代设计的“球椅”在科隆家具博览会上一举成名。随后他同样以合成材料设计创作了“香锭椅”、“泡沫椅”和“番茄椅”等一系列作品。70 年代其作品有波普设计倾向，80 年代他成为第一批为电影设计家具的设计师，其设计作品充分体现出设计师独特的气质与国际流行思潮有机结合而形成的独特风格。（图 2-66）

图 2-65　约里奥·库卡波罗设计

图 2-66　艾洛·阿尼奥设计的球椅

（4）埃托瑞·索特萨斯（Ettore Sottsass），1917 年生于奥地利，后随全家移居意大利，毕业于都灵综合技术学校。他在五六十年代多次访问美国，并受尼尔森的影响，逐渐形成自己的风格。他是 20 世纪设计作品最多的激进主义设计师，可以说他在米兰设计界占据了统治地位。自 20 世纪 60 年代后期起，索特萨斯的设计从严格的功能主义转变到更为人性化和更加色彩斑斓的设计，并强调设计的环境效应。20 世纪 80 年代，他和 7 位设计师组成“孟菲斯”设计集团，“孟菲斯”反对将生活铸成固定模式，开创了一种无视一切模式和突破所有清规戒律的开放型设计思想与“新设计运动”。这个卡尔顿书架就是他的重要代表作，它暗示了设计的功能是具有可塑性的，它是产品与生活之间的一种可能的关系，不仅是物质上的，也是精神、文化上的。产品不仅要有实用价值，更要表达一种文化内涵，使之成为特定文化系统的隐喻。（图 2-67）

图 2-67　埃托瑞·索特萨斯设计

（5）里维奥·卡斯特罗尼（Livio Catiglioni，1911 ～ 1979）、皮埃尔·雅各布·卡斯特罗尼（1913 ～ 1968）及弟弟阿什尔常被称为卡斯特罗尼兄弟，他们是二战后的现代意大利设计运动的主要力量并享有最高声誉。他们以独特性的设计概念和视觉方法推崇纯功能性的设计原则，以严谨而毫不妥协的工作态度和创新精神对待每一件设计作品，赢得了国际设计同仁的尊重。

（6）乔·科伦布（Joe Colombo，1930 ～ 1971）在其短暂的设计生涯中，创作了无数的设计作品，成为 20 世纪五六十年代意大利现代设计中的关键人物，并建立了一整套将技术创新与功能性思维相结合的设计思想体系。他针对人类根本的生活习惯这一概念作了广泛的研究，认为设计师不仅仅是产品的创造者，也是我们生活环境的塑造者，他为家具设计引入未来派设计风格。他设计的“管椅”新颖别致，由一系列的半硬制塑料管组合而成，塑料表面又覆有塑料泡沫和织物，它可以将塑料管通过不同的方式连接在一起，组合出许多不同样式的坐具。（图 2-68、图 3-8）

图 2-68　乔·科伦布设计

（四）第四阶段：面向未来的多元时代

20 世纪六七十年代后，随着社会经济、科学技术的迅速发展，人类社会的物质文明展示出一个崭新的时代。新一代设计师基于对人类的反思，开始向理性主义设计即功能主义提出挑战。以沙利文的“形式追随功能”和密斯的“少就是多”为代表的早期现代主义设计理念，表现出诸多局限性，代表高雅文化的理性主义设计遭到战后出生的年轻一代的反叛。自 20 世纪 60 年代中期，兴起了一系列的新艺术潮流，这其中的“波普艺术”对家具设计产生了显著的影响。“波普艺术”是相对于纯抽象艺术而论的一种大众化的写实艺术，在机械化社会环境中，它的丰富色彩和天真的造型为人们带来会心的微笑。另外，来势凶猛的“后现代主义”更是一针见血地批判着现代主义的思维范式，家具设计也在这一大的思潮下趋向怀旧、装饰、多元化和折衷主义，充满着民族性和地方性特征。艺术形式表现出多元共生的丰富景观。 虽然，西方现代主义为代表的单一设计运动已经结束，现代主义思想在遭受人们各种质疑的同时，其设计作品仍以各种方式充实着人们的生活，解读着这一运动的有效性，国际式设计思想继续影响着各个设计领域。

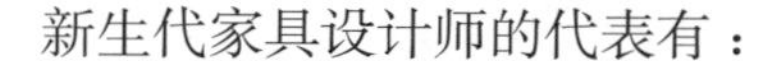

新生代家具设计师的代表有：

（1）菲利浦·斯达克（Philiooe Starck），生于 1949 年法国。自幼便显露出对设计所特有的天赋，1965 年赢得 La Vilette 家具设计竞赛的第一名，1968 年就读于巴黎卡蒙多（Camondo）学校。1969 年刚满 20 岁的斯达克被任命为著名的皮尔·卡丹事务所的艺术指导，不久便设计出数十种家具。进入 20 世纪 70 年代后，他推出了“Francesa Spanish”木制椅、休闲椅和 Von Vogelsang 博士沙发等作品，尤其是为 Cafe Costes 咖啡馆所做的室内设计获得巨大成功。80 年代以后，作为新生代设计巨星的斯达克先后推出一系列家具作品：“利斯先生”（Mr.Bliss）、“桑德巴博士”（Dr. Sonderbar）、Glob 压模塑料椅、“洛拉·蒙多”（Lola Mundo）和“弗瑞克小姐”（Mrs.Frick）等。他所做的设计都具有惊人的原创性，同时在利用能源和材料尽可能小巧、经济，尤其注重局部细节的处理。90 年代斯达克将精力转向机械化大规模的生产领域，并使产品更加贴近人类生活，用设计将“时代精神”诠释成物质形态，给消费者带来不尽的新奇。（图 2-69）

图 2-69　菲利浦·斯达克设计

（2）马里奥·博塔（Mario Botta，1943～）是瑞士著名少壮派设计师，他自15岁就在建筑事务所接受绘图训练，1961年入米兰艺术学院学习，1964年又考入威尼斯大学建筑系。毕业不久便建立了自己的设计事务所，从事建筑设计以及家具和灯具等工业设计。他最重要的家具设计作品是1982年完成的Seconda椅和1985年面世的Quinta系列椅，它们都源于70年代建筑设计中的高技术风格，是对以“孟菲斯”为代表的“反设计运动”过分装饰化倾向的对抗。博塔力求表现一种来自材料和技术的理性主义美感，体现出其“几何就是平衡”的设计理念。（图2-70）

（3）加维尔·马雷斯卡尔（1950～，Javier Mariscal）出生在瓦伦西亚，后来到巴塞罗那的ELISAVA设计学院学习。在1980年代迅速发展起来的、席卷整个巴塞罗那的现代设计运动中，他扮演了至关重要的角色。他是西班牙当今最著名的设计师，他为巴塞罗那奥运会所做的设计为他赢得了国际性的声誉。他于1980年为Duplex酒吧设计的“Duplex”凳，于1995年设计的“Alessandra”椅子，多采用明亮而富有表现力的色彩、不对称造型或大胆采用卡通造型，这成为其设计作品中极具特色的一面。他被邀请参加孟菲斯工作室，并设计了“希尔顿”手推车。长时间内他的设计作品已成为“新西班牙”风格的代表。（图2-71）

图2-70　马里奥·博塔设计

图2-71　加维尔·马雷斯卡尔设计

图2-72　鲍洛·德加尼罗设计

（4）鲍洛·德加尼罗（Paolo Deganello）1940年生于意大利的艾斯特（Este），费伦兹大学建筑系毕业。参与并组织了激进的设计集团Archizoom Associati，在开展设计活动的同时，被聘于多所大学任教。他推出的办公椅、AEO可拆装式休闲椅和Torso多功能休闲沙发系列构思巧妙新奇，从形式到材料都给人以耳目一新的感受。进入20世纪90年代他设计的Re椅在坐面和靠背上施用藤编和皮革两种截然不同的材料形成质感上的对比，表现出其对材料运用的新探索。（图2-72）

（5）安东尼奥·奇泰里奥（Antonio Citterio）1950年生于米兰北部的Meda。1972年毕业于米兰工艺设计学院的建筑系。奇泰里奥作品的吸引力在于通过简洁大方的外观突出对产品细节的关注。其作品将古典式样与刻板的新现代主义的造型和材料相融合，手工制作和大规模生产方式相碰撞，“高科技”与“自然”材料通过特殊的语言进行对话。各种对立意识的结合与再设计思想使奇泰里奥的作品在20世纪90年代一时名声大噪。（图2-73）

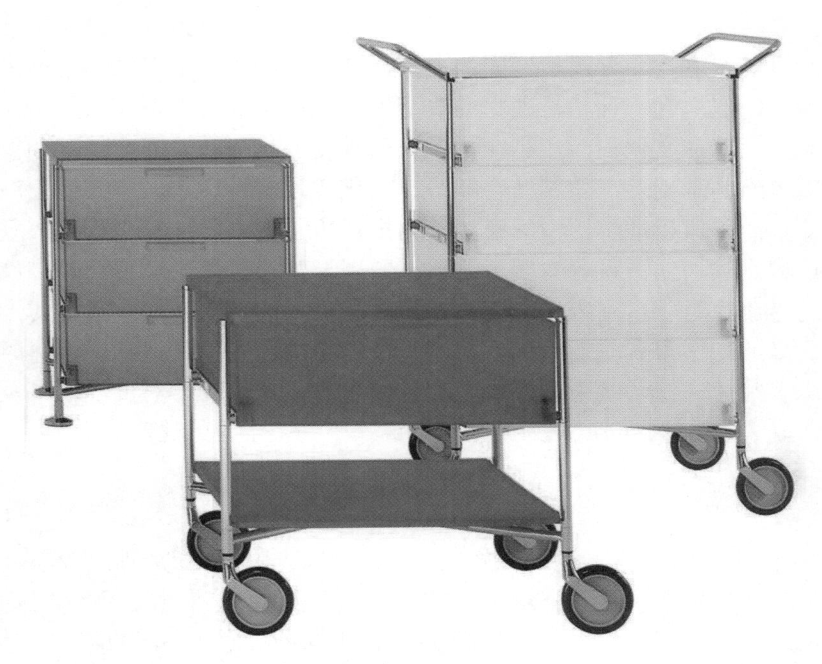

图2-73 安东尼奥·奇泰里奥设计

（6）隆·阿拉德（Ron Arad）是1951年生于伦敦的以色列设计师，1971～1973年他在巴勒斯坦耶路撒冷艺术学院学校建筑，1979年又在伦敦建筑学会继续进修建筑。后来他建立自己的建筑事务所和命名为One Off的展示厅。阿拉德真正成为一位著名的设计师是因为他在1981设计的“陆虎”（Rover）椅，他直接使用废弃的汽车驾驶座和建筑脚手架作为主体构件，是20世纪80年代“高技派风格”的一种体现，也是英国前卫设计的明显特征。他设计的著名“Schizzo”椅，俗称“二合一”，这一全新设计由两个视觉上分开的但又实际上统一为整体的胶合板构件组成，它们不论分开或合并都有明显的使用功能，同时富有隐喻和诗意般的象征。真正奠定阿拉德具备世界设计地位的是他的“金属艺术家具”，代表作品是1989年的Little Heavy椅和大休闲系列椅。（图2-74）

图2-74 二合一椅——雷·阿拉德（英）设计

第2节　中国历代家具的发展及风格演变

中国家具的发展历史伴随着中华文明史源远流长。由于我国幅员辽阔，资源丰富，历史悠久，又受到民族特点、风俗习惯、地理气候、制作技巧、社会体制、宗教思想等不同的影响，中国家具的发展走着与西方迥然不同的道路，具有独特的哲学观念和造型表现，在整个家具史上独树一帜，建立起一种相对独立的典型家具式样，形成了一种工艺精湛、风格独特的东方家具体系，无论在文化积淀还是在物质文明程度上，都有着博大精深和丰富多彩的内涵。在保持一贯风格的基础上，随着社会经济、文化背景及生活起居方式的发展，亦造成了相当丰富的演变。简单概括地讲，中国家具的历史经历了由“席地跪坐”到“垂足而坐”一个长期演化的过程。确切地讲可分为四个阶段：商周至秦汉时期的矮型家具；魏晋南北朝至隋唐五代时期的过渡家具；再到宋元时期高型家具的大发展，人们的生活方式由席地跪坐完全转变为垂足而坐的高型家具时期；最后明清时期的中国传统家具达到了鼎盛时期，这一时期在世界家具史上独树一帜、蜚声中外，其独特的东方艺术风格，对世界家具及当今世界室内环境艺术都产生了深远的影响，成为人类艺术宝库中一笔丰厚的遗产。

一、先秦家具

史前至夏商周时期为中国家具的萌芽发生时期。史前先民们构筑房屋，掌握木工修造技术及榫卯结构工艺的经历为家具的出现奠定了基础。当时起居方式为席地而坐，家具非常简陋，随用随置，无固定位置，以筵铺地，以席设位，根据不同场合而作不同的陈设，诸多器皿兼有家具、礼器的功能。这时家具总的特点是呈低矮格局，为低矮型家具的代表时期（图 2-75）。

图 2-75　河南安阳出土的石俎（商）

这种四足俎延至周朝，上部的俎面为倒置梯形，上宽下窄，四壁斜收。俎面为槽形，为后世出现的带拦水线之食案先驱。

1. 商周时期的家具（前 16 世纪～前 256 年）

我国商周时期是文化相当发达的奴隶制社会，尤其是周朝。当时手工业已有较大的发展，分工细致，号称“百工”。青铜技术达到了相当纯熟的地步，制作工艺精良，创造了在世界文化史上具有重要地位的青铜文化。从大量出土的青铜礼器俎、禁的基本造型特征，可以看出中国古代家具的雏形（图 2-76）。它们是后世桌、案、箱、橱、柜等家具之始祖（图 2-77）。从甲骨文字中推测当时室内铺席，人们跪坐于席上，家具则有床、案、俎和禁等（图 2-78、图 2-79）。

图 2-76 俎（商周）

此俎为青铜制成，俎面狭长，两端翘起，中部略凹、镂空。我们可以从这种板足俎的造型中看到后世桌案类家具造型的身影。

图 2-77 《三礼图》中的周俎

俎是古代的一种礼器，为祭祀时切割或陈列牲畜之用具。图中的俎为四条腿，前后腿下端加一横木，使俎腿不直接着地，由横木承接，这是后世家具“托泥”的始祖。

图 2-78 错金银青铜龙凤案（战国）

河北平山战国中山王一号墓出土。此案设计精美，层次复杂，最下层是鹿的造型，再上一层由飞龙盘曲，龙间又有凤鸟；龙头构成四角，架起四方形案面框，估计案面可能是漆木的。

图 2-79 青铜虎禁（河南淅川县出土的春秋青铜禁）

禁是承尊之器，如同箱形方案。其设计独特，工艺复杂。禁面中心素净无饰，禁面四周边缘及侧面，铸成相互缠绕的蟠螭，下铸十只虎形足，禁的四周铸成十二只虎昂首直立。从此禁中得知，这种家具已经摆脱了实用的单一功能，兼有装饰作用。也可以说，此禁是春秋时代的青铜工艺品。

这时期家具的特点是兼有礼器的功能，常在严格的规定下作为祭器使用，体现出奴隶社会的等级制度。家具在此时具有特殊的意义，如青铜俎，是奴隶主贵族在祭祀时用来切牲和陈牲的礼器，禁也是贵族在祭祀时的一种礼器，用来放置供品和器具。商周时期家具的装饰特点是威严、神秘、庄重、纹饰以饕餮纹为主，其次还有夔纹、蝉纹、云雷纹等，具有狰狞神秘的艺术风格，并带有浓厚的宗教色彩。这时期的漆木镶嵌家具已经崭露头角。新石器时代出现的漆木技术，为商周时期漆木器的发展打下了基础。商代漆器工艺已达到较高的水平，西周漆器工艺技术已相当成熟，出土的家具表明那时的家具已经开始采用镶嵌蚌钿材料作装饰（图 2-80 ～图 2-84）。

图 2-80　凭几（战国）
湖南长沙楚墓出土。此几的造型沿用至魏晋时期，是最典型的凭几。几面以黑漆为底，略绘彩色花纹。

图 2-81　湖北随州出土的彩绘书案（战国）

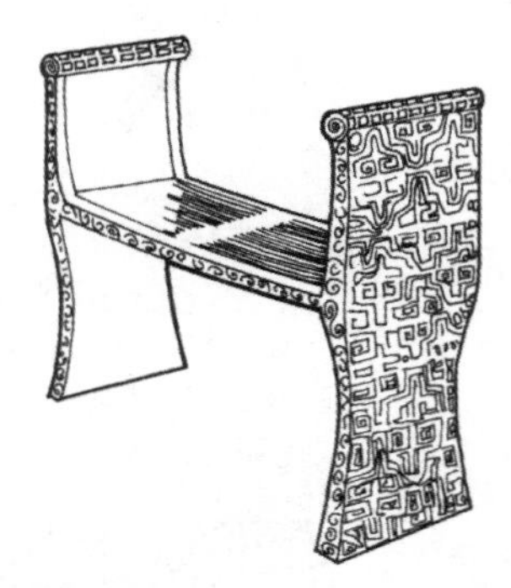

图 2-82　漆几（战国）
这是从湖北随县曾乙侯墓出土的彩绘漆几。由三块木板榫接而成，结构合理，竖立的两块木板为几足，中间横板为几面。立板侧面绘饰云纹，精美无比。

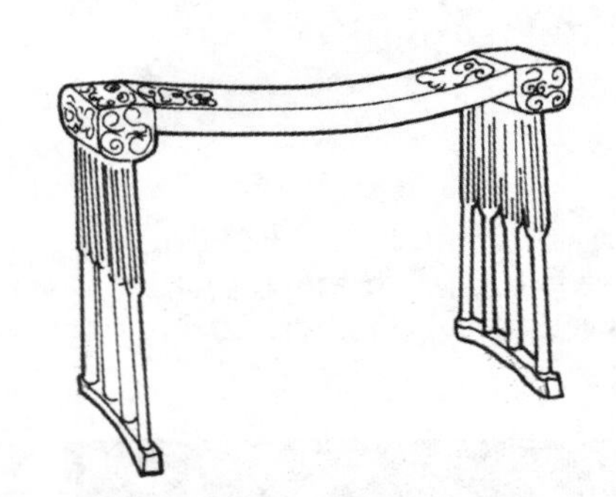

图 2-83　信阳楚墓出土的雕花几

图 2-84　黑漆朱绘三角纹木俎（战国）
造型古朴敦厚，绘饰有极精美的三角形几何图案。从这一时期的俎的造型来看，已经具备有桌案的雏形了。

2. 春秋战国时期的家具（前 770 ~ 前 221 年）

周朝末年，周天子失去了控制诸侯的能力，各诸侯国战争不断，中国历史进入了一个大动荡时期——春秋战国时期。这时期虽然战乱不止，但也是奴隶社会走向封建社会的变革时期，奴隶的解放促进了农业和手工业的发展，工艺技术得到了很大的提高。著名匠师鲁班便是这一时期出现的，相传他发明了钻刨、锯、曲尺和墨斗等。人们的室内生活，虽仍保持席地跪坐的生活习俗，家具呈低矮的格局，但家具的制作和种类已有很大发展。此时，尽管青铜家具在制作工艺上采取了更为先进的技术，但其生产开始衰落，大部分生活用具被漆器所代替，漆木家具已进入了一个空前繁荣时代。家具的使用以床为中心，还出现了漆绘的几、案、凭靠类家具。如河南信阳出土的漆俎，彩绘大床，这是现存古代床中最早的实物，见图 2-85。它们不仅有彩绘龙凤纹、云纹、涡纹等，还有在木面上雕刻的木几。反映了当时家具制作及髹漆技术的水平已相当高超。

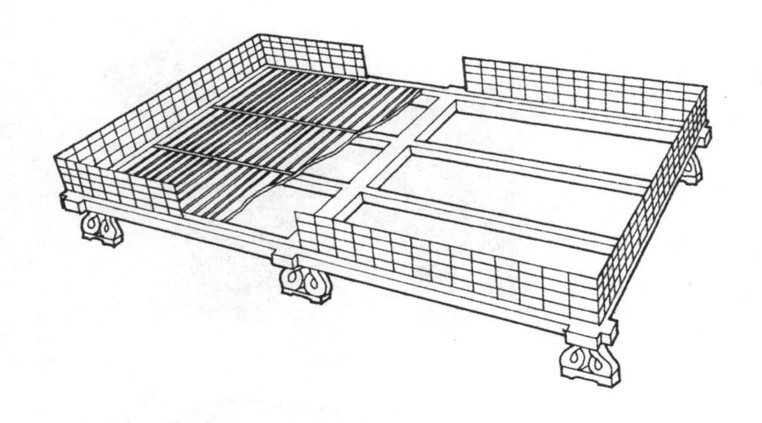

图 2-85　大木床（战国）

河南信阳战国墓出土，这是我们所能见到的最早的床形实物。该床长2120mm，四周立有围栏，两侧留有上下口，床面为活动屉板。通体饰有髹漆彩绘。

这个时期家具装饰艺术除继续保留商代中心对称、单独适合纹样和周代反复连续带状二方连续图案的传统装饰方法外，还产生以重叠缠绕、四面延展的四方连续图案组织。漆饰家具纹样一般以黑为底，配以红、绿、黄、金、银等多种颜料。雕刻手法也被广泛运用于家具装饰中，有浮雕和透雕等，有些家具往往髹漆、彩绘、浮雕、阴刻同时使用，雕刻技艺精湛，达到富丽堂皇的效果，开后世家具雕刻之先河（图 2-86 ～图 2-90）。

图 2-86　彩绘木雕小座屏（战国）

湖北江陵望山楚墓出土。长 518mm、高 150mm，楚国匠师将凤、鸟、鹿、蛙、蛇等五十五个动物交错穿插，回旋盘绕，栩栩如生。

图 2-87　彩绘漆器（战国）

图 2-88　彩绘虎座鸟架鼓（战国）

髹漆工艺虽然在古文献中早见记载，在西周墓中也见过漆俎，但是漆工艺得到较大的发展还是在春秋战国时期。此时很多漆器已经取代了青铜器，漆家具的品种有明显的增加。

图 2-89　战国彩绘漆俎与六博棋盘

图 2-90　战国木雕兽蟒座屏与矩纹彩漆竹扇

二、秦汉三国时期的家具（前 221 ~公元 220 年）

秦灭六国，于公元前 221 年建立了统一的中央集权的封建国家，结束了长期的战乱。虽然秦代历时较短，但国家的统一与一系列巩固政权的措施，为汉代的辉煌奠定了坚实的社会基础。尽管至今未发现秦代遗留下来的家具实物，但从举世瞩目的秦始皇兵马俑、秦长城及传说中的大型建筑“阿房宫”可以透射出秦代家具所具有的雄浑气魄和质朴之风。

汉帝国是中国封建社会的鼎盛时期，具有比秦更大的疆域，并开辟了通往西域的贸易通道，促进了与西域诸国的文化交流与商业经济的发展。经济的繁荣对人们生活产生巨大影响，家具的发展也进入一个高峰时期，品种以漆木家具、竹制家具、玉制家具（图 2-91 ～图 2-93）和陶制家具为代表，形成了供席地起居、组合形式完整的家具系列，可视为中国低矮型家具的代表时期。这一时期家具数量之多、品种之繁、工艺之精、生产地域之广，达到前所未有的水平，是中国古代家具工艺发展史的又一个鼎盛时期。汉时中央和地方都有专门机构和官员管理手工业生产。特别是由于汉代盛行的厚葬之风，大批墓室壁画、画像石、画像砖以及家具模型和家具实物留在地下，为我们今天了解 2000 多年前的汉代社会生活和家具情况，提供了大量可靠的形象资料。

图 2-91　秦彩绘变形鸟纹双耳长盒与鸟云纹长方盒

图 2-92　秦彩绘变形鸟纹卮与凤纹卮

以席地而坐的起居方式产生的床和榻是汉代人的主要家具，使用非常广泛。汉时的床体较大，具有兼作卧具和坐具的双重功能，有的床前设几案（或置于床上），供日常起居与接见宾客。床的后面和侧面多设有屏风，床上有幔帐，甚至有的还用珠宝装饰，体现了当时以床为中心的生活方式。汉时流行榻，体小轻便，有围屏的榻，也有独坐和连坐之分。独坐即一人坐榻，连坐即两人坐榻。这时的榻是为待尊者或客人所用，客去后可以将榻收藏起来，故而有“三尺五曰榻，八尺曰床”及“去则悬之”的记载。在这种低形家具大发展的条件下，也出现了坐凳与框架式柜等一些新型家具。几案合二为一，面板逐渐加宽，既能置放物品，又可供凭倚。同时逐渐出现了形似柜橱带矮足门向上开启的箱子，汉代家具有坐卧家具、置物家具、储藏与屏蔽家具等四类。形式相当完备，被视为垂足而坐出现前的中国家具的代表，而且其中有些样式为后世所沿袭，产生的影响亦较深远。

图 2-93　彩绘鸟云纹方平盘与双龙纹

汉代的青铜用具，已大部分被漆器所代替，漆器非常流行，达到了兴盛的高峰。汉代漆制家具在工艺制作方面有了更细密的分工，在制造技术、装饰手法、使用范围等方面，继承了楚文化的优良传统，又在新的条件下形成了自己的特色，特别工艺技法上除继承战国彩绘和锥画装饰方法外，装饰图案向着程式化、图案化发展。彩绘的漆家具色彩艳丽，黑、红两种颜色本已强烈夺目，有的还加上金银箔贴花与镶嵌工艺，更是华丽无比，体现出兴旺繁盛的汉代国风。汉代家具的装饰风格，集中反映了汉代文化的时代特点。家具上装饰的花纹主要是云气纹，流云飞动的装饰成为这个时代家具装饰最明显的时代特点，另外增加了绳纹、齿纹、三角形、菱形、波形等不同的几何纹样及其他动植物纹样。还出现了宣扬孝子、义士、圣君、羽化升仙、烈女故事等题材，反映了汉人尊崇儒家、信奉道教、"三纲五常"、"忠孝仁义"的伦理道德思想。东汉后期由于西北少数民族文化进入中原，带来了高型家具，给中国传统起居方式带来了第一次冲击，在少数人中间，出现了垂足坐的新习俗，家具制作出现了新的发展趋势（图 2-94 ～图 2-103）。

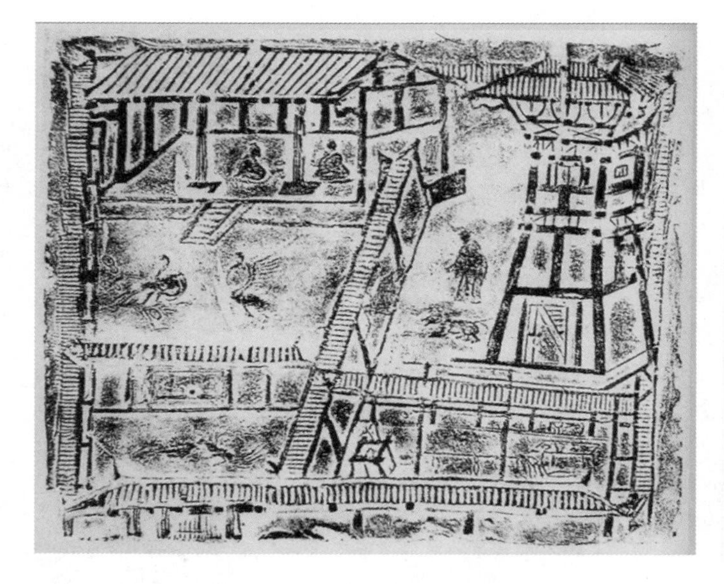
图 2-94　庭院（拓片）东汉　四川成都

图 2-95　六博（拓片）东汉　四川成都

图 2-96 宴集（拓片） 东汉 四川成都

汉画像砖之《宴饮图》，汉代盛兴厚葬，墓室中大量使用精美画像砖、画像石，以反映墓主人生前的生活场景。这无意间给后人留下了丰富的形象资料，使我们得以了解当时的家具使用情况。

图 2-97 庖厨（拓片） 东汉 四川彭县

图 2-98 《传经讲学》画像砖

席地而坐的汉代，床和榻都比较低矮。汉时的诸多活动，如读书、待客、宴饮、议事等，都在床、榻上进行，使用广、形制多。

图 2-99　汉画像砖《杂技乐舞》

这种汉代画像砖用影像式造型营造出生动的生活场景，非常清晰地描绘出榻、案、架等家具的形象。

图 2-100　汉代的食案如同后世的盘子，有很矮的案足

“举案齐眉”的故事中所说“案”，就是这种矮足案。图中的案出土于湖南长沙马王堆汉墓，长方形，矮足高 20mm。

图 2-101　汉代双面兽首屏风铜顶饰

高 16.7cm，宽 56.3cm，厚 4cm，两面造型一致，为双面兽形。双目圆突，高鼻，张口露齿，状若微笑。头顶出双角，两眉和耳后鬓发飘向两边，如三束飘带相互绞缠，正中和两侧各伸出一根圆。

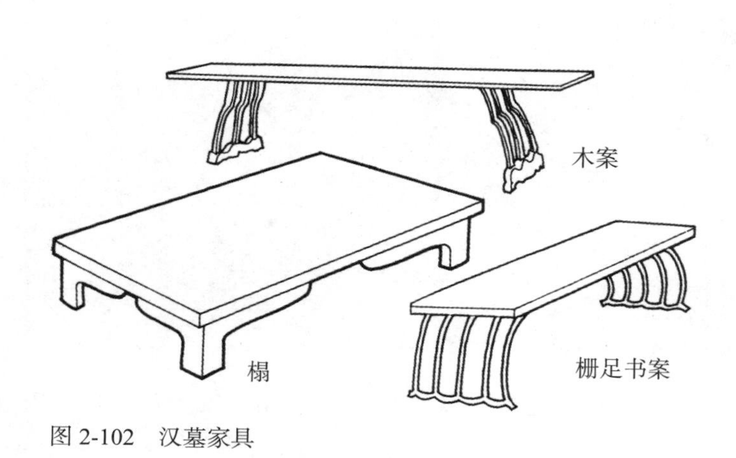

图 2-102 汉墓家具

图 2-103 琴几·汉

三、魏晋南北朝时期（265 ~ 589 年）

魏晋南北朝时期的中国战乱频繁，政权不断更迭，这为主张出世、寄托来生的佛教思想提供了丰富的发展土壤，自汉代传入中国的佛教得到广泛兴盛。另外，西北少数民族进入中原，各民族之间融合加剧。印度僧人和西域工匠纷纷来到中国，各民族之间的文化交流，促进了手工技艺的发展，创造出新的家具特点。这种社会大环境也导致了长期跪坐礼仪观念的转变以及生活习俗的变化，是继东汉时期胡床进入中原之后，给汉民族的起居方式带来了又一次大的冲击。从敦煌、龙门等石窟的造像和壁画中，可以见到一种新型的高型坐具涌进了生活。椅、凳、墩的出现，带来了新的起居方式，传统的席地而坐，不再是唯一的起居方式。这些高型家具与中原低型家具进行融合，使得中华大地出现了许多渐高家具，如矮椅子、矮方凳、矮圆凳等；睡眠的床在逐渐增高，上部加床顶，设顶帐、仰尘，可以坐在床上，也可垂足坐于床沿，床周边围置可拆卸的矮屏，床榻之上出现了置于身侧腋下可倚靠的长凭几、隐囊（软靠垫）和弯曲的凭几，以适应贵族阶层随心所欲的箕踞式平坐，侧身向后侧倚的生活方式。床体下的壶门装饰，是附于结构构件上的装饰线，形成高形家具腿部的轮廓线，成为后世各式嵌板开光和牙条装饰的范例。这时期的家具装饰常体现出浓厚的宗教色彩，一改前代的孝子、祥瑞四灵等纹样和内容，代之而起的是与佛教有关的莲花、飞天、缠枝花以及火焰、卷草纹、缨络、狮子、金翅鸟等纹样，一展魏晋南北朝时代的崭新面貌。

总之，这时期的家具制作艺术，上承战国、秦汉时代家具制作的优良传统，吸取各民族的文化特长，并借鉴外来佛教文化形式；下启隋唐，为后来隋唐家具制作的壮大成熟奠定了基础（图 2-104 ～图 2-111）。

图 2-104 床榻

东晋著名画家顾恺之的《女史箴图》(局部)中的床体很大，四面设屏，前面留有活屏可供上下出口。上为幔帐，下为箱体，四周封闭，比前代的床榻有了很大发展。

图 2-105　列女仁智图卷围屏

这是东晋画家顾恺之的《列女仁智图》(宋摹本)局部。图中榻为无足落地式，三面围屏上绘有山水图，很是讲究。

图 2-106　屏风床

《维摩诘像》中的坐榻，见于敦煌壁画，是217窟内《得医图》中的家具，也是箱形体为床座，前沿箱板上镂出三个扁圆形。床上左右无屏，仅在后部设四扇高屏，光洁无饰。

图 2-107　扶手椅

这把扶手椅，是敦煌285窟西魏壁画上“山林仙人”所坐的椅子。据现在所知，这是中国历史上最早的椅子形象，也可以说是中国家具史上的第一把椅子。这把椅子两边有扶手，后面有较高的靠背，搭脑出头，如后世的灯挂椅。座屉是用绳编的软垫，椅腿并不高，椅座比较宽大，僧人是跪坐其上的。而在同一时期的壁画中也出现了带脚踏的扶手椅(西魏敦煌壁画)，菩萨呈垂足而坐状，从此时起，垂足坐姿产生。

图 2-108 束腰形圆墩（北魏）
河南洛阳龙门石窟中的北魏菩萨像。椅、凳、墩等高型坐具都是随着佛教的传入而传入中原的。

图 2-109 莲花墩（北魏）

图 2-110 《校书图》（局部）中的床榻
北齐画家杨子华所作。现藏美国波士顿美术馆。

图 2-111 龙门石窟宾阳洞维摩洁浮雕像
隐囊是放在床上，供人后靠垫背之物。

四、隋唐五代时期的家具（581 ~ 907 年）

隋朝的建立结束了国家长期分裂的政治局面。大运河的开凿贯通为经济的发展奠定了基础，促进了南北地区的物产与文化交流。从历史的角度看，隋代家具虽然存世较少，风格特征并不明显，但它在延续前代的基础上孕育着又一次家具发展的辉煌。唐朝是中国封建社会发展的顶峰。农业、手工业取得极大的发展，同时，也带动了商业与文化艺术的发展。唐初实行均田制，兴修水利扩大农田，使农业、手工业、商业日益发达，对外贸易也远通到日本、南洋、印度、中亚、波斯、欧洲等地，致使唐代的经济发达，国际文化交流频繁，思想意识活跃、文化艺术空前繁荣，这一切大大促进了家具制造业的发展。其造型和装饰风格（尤以初唐和盛唐为突出）与博大旺盛的大唐国风是一脉相承的，在用材用料、装饰方法、品种样式等方面都有新的成就和突破，在历史上具有重要的地位和明显的风格特征。其主要表现在：

第一，造型浑圆丰满。像月牙凳、腰鼓墩等唐代家具造型，体态敦厚、圆润，多运用大弧度外向曲线，装饰富丽华美，与唯美的唐代贵族妇女的丰满体态相协调一致。从床榻的轮廓到凳椅的足，一改前朝的古朴之风，总能体现出大唐丰润、庄重的华贵气派。

第二，家具品种、类别应有尽有，名目繁多，高、矮型家具并存，呈现出两种起居方式交替时期的一派繁荣兴旺景象。如，坐具出现凳、坐墩、扶手椅和圈椅，床榻有大有小，有的是壶门台形体，有的是案形结构。在大型宴会场合再现了多人列坐的长桌长凳，此外还有柜、箱、座屏、可折叠的围屏等。

第三，装饰纹样生活化。唐代家具装饰纹样开始面向自然和生活，富有浓厚的生活情趣。大量应用自然界的植物纹样，主要有牡丹花、卷草、宝相花和各种禽鸟纹，组成了极富生活情趣的一幅幅画面。

第四，装饰技术多种多样。运用多种装饰方法追求富贵华丽的效果，如镂雕、螺钿、金银绘、木画等（木画是唐代创造的一种精巧华美的工艺，它是用染色的象牙、鹿角、黄杨木等制成装饰花纹镶嵌在木器上）。多种装饰手法的并用，大大丰富了唐代家具工艺的艺术表现力，使家具装饰呈现出千姿百态的艺术魅力。

第五，家具所用的材料广泛，由于国际贸易发达，唐代用于家具制作的木材有紫檀、黄杨木、沉香木、花梨木、樟木、桑木、桐木、柿木等。此外，还应用了竹藤等材料。

图 2-112　带幔帐床（初唐）

箱形床架，前沿镂有壶门形装饰，帐幔富丽华贵，坠以彩穗装饰，精致的编制坐垫，既美观又舒适。而在屏风上绘以山水花草也是一种风格。

总之，唐代尤其是初唐和盛唐，通过发达繁荣的社会经济，开明清新的社会风气，以及兼容并蓄外来文化的博大胸怀，在家具制作及工艺上，呈现出兴旺、华彩的大唐国风（图 2-112 ～图 2-121）。

图 2-113　周昉的《宫乐图》中壶门案、腰圆凳

图中表现出盛唐贵族妇女宴乐景象。食案体大浑厚，装饰华丽；腰圆凳也称月牙凳，符合人体功能。

图 2-114　宫凳（唐）

这种出现在唐画《挥扇仕女图》中的宫凳在其他绘画作品中也经常出现，说明在上层社会中比较流行。这种凳也被称为“腰圆凳”、“月牙凳”。

图 2-115　圈椅（唐）

这种圈椅也是唐代的新兴家具，极其罕见。见于唐画《挥扇仕女图》，椅腿雕花，与身着华贵服装的贵族妇女协调一致。

图 2-116　卢楼伽《六尊者像》中的家具

图 2-117　卢楼伽《六尊者像》(局部)

图 2-118　腰鼓形圆墩唐三彩坐俑

出土于西安王家坟。这种坐墩与南北朝时北魏菩萨像坐墩极为相似。沈从文先生认为这种圆墩是由战国以来妇女为熏香取暖专用的坐具发展而来。

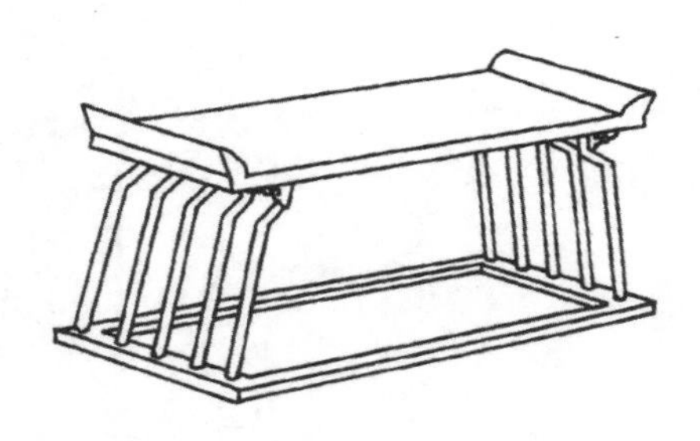

图 2-119　燕尾翘头案（唐）

这类案为书案，体型较矮，坐在地上或床上书写，“伏案疾书”就指这种案。

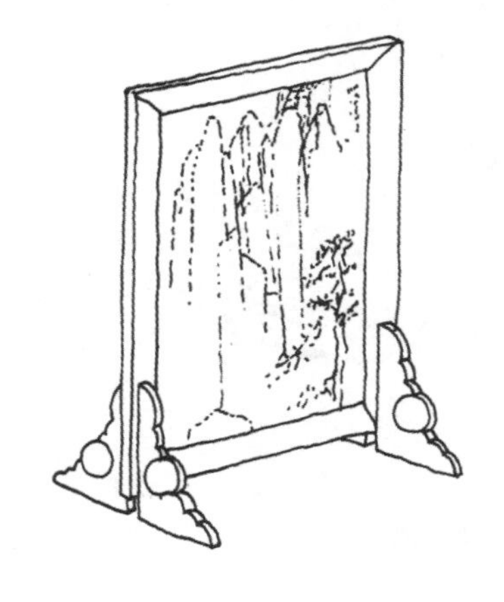

图 2-120　屏风（唐）

敦煌 217 窟唐代壁画。唐代屏风以立地屏风为多，木制骨架上以纸或锦裱糊。士大夫比较喜欢素面。而在屏风上绘以山水花草也是一种风格。

图 2-121　隐囊和琴几
见于唐代孙位的《高逸图》，图中出现的隐囊和琴几是当时常见的家具。大部分人仍有席地而坐的习惯。

五代时期的家具（907 ～ 960 年）。五代十国是中国历史上一个纷乱割据的时期，各地军阀之间战争连绵不断，政治非常黑暗，尤其北方战争极为频繁，而在南方战争规模小，相对比较安定，所以经济仍有所发展。虽然，五代时期也算是高型家具和矮型家具并存的历史时期，但高型家具比唐代更为普及，并逐渐形成新式高足家具较完整的组合，并创新出圈椅等新的家具形式。从南唐画家周文矩的《重屏会棋图》（图 2-122）和顾闳中的《韩熙载夜宴图》（图 2-123）等画中可以反映出当时各类高型家具颇为齐备，装饰风格趋于朴素无华，不太追求花饰。韩熙载，当时为中书舍人，其府中的家具，应是当时上层社会的典型代表，但观画中床、桌、椅、案等家具，式样大都简洁素雅，不作过多雕饰。《重屏会棋图》在家具造型、装饰方面，也一改唐的浑圆、厚重之风，不作大的弧线弯曲，在家具腿部大都作直线处理，不加花饰，素洁为主。只有描写宫廷生活的《宫中图》家具才有花饰，保留着唐代遗风。这期间各类家具功能的区别也日趋明显，家具陈设由不定式变成相对固定的陈设格局。高型家具初显成熟的端倪，并为宋代家具步入成熟时期奠定了基础，是宋代家具简练、质朴新风的前奏曲（图 2-124、图 2-125）。

图 2-122　五代画家周文矩《重屏会棋图》床、案、榻、棋桌、屏风
画中所表现的是五代时期家具，有趣的是画中的屏风上绘着的是另一幅屏会棋图。

图 2-123 《韩熙载夜宴图》摹本局部　顾闳中（五代）

图 2-124　长桌和长凳（五代）

此为敦煌 473 窟壁画，亦有认为它是唐代壁画的。这种供多人餐饮用的长桌凳，是当时某种公共场所的家具。

图 2-125　坐椅（五代）

可视作早期"四出头扶手椅"的典型，搭脑为直线形，前后枨落地。见于南唐画家王齐翰的《勘书图》。

五、宋（辽、金）、元时期的家具

1. 宋（辽、金）代的家具（960 ~ 1279 年）

宋、辽、金、元时期家具是中国高型家具大发展时期，垂足而坐的生活方式已成为社会的普遍现象，并向居住环境的纵深扩展，结束了历时千年为适应跪坐习惯的矮形家具。两宋时期由于北方辽、金不断入侵，形成连年战争的对峙局面，但在经济文化方面，宋朝仍具有先进的优势地位，手工业、商业、国际贸易仍很活跃，其工艺技术和生产能力代表了时代水平。两宋（辽、金）历时三百余年，家具的发展，可谓史无前例。高型家具的品种基本齐全，桌、椅、案、几、床、榻、柜、箱、橱、凳、墩，以及架、台、屏风等，可谓一应俱全。而且每个品种又是变化多端、形式多样。还创造了抽屉橱、琴桌、折叠桌、高几、交椅等新形式。同时，可以看出着意于对家具的美化，出现了多种不同于前代的装饰手法。在家具结构上突出的变化是梁柱式的框架结构代替了唐代沿用的箱形壶门结构。大量应用装饰性线脚，极大地丰富了家具的造型，桌面下采用束腰结构也是这时兴起的，桌椅四足、腿子的断面除了方形和圆形以外，另有多种变化，如有马蹄脚、弯腿、高束腰、矮老、托泥下加龟脚，以及各种形式的雕花腿子等。宋代家具，一反唐时的浑圆与厚重，变圆形体为矩形体，继承和发展了五代的挺直、简洁与秀气，在装饰上，也趋于朴素，不作大面积的雕镂、装饰，只求画龙点睛的局部装饰效果，可谓明式家具高峰期的序曲（图 2-126 ～图 2-143）。

图 2-126　桌和椅（宋）

河南禹县宋墓出土。这种搭脑两头挑出的椅子又名“灯挂椅”，因其形状好似灶前挂灯用的灯挂而得名。

图 2-127　木桌（宋）

出土于河北巨鹿，桌面长方，圆腿，前后单枨，左右双枨，有牙子。结构合理，牢固耐用，是典型宋代风格的家具。

图 2-128　宋画闺房中的家具及陈设品

图 2-129　交椅

宋画《蕉荫击球图》中所绘。交椅由胡床发展而来，加上了靠背和脚踏，因而当时也称太师椅。

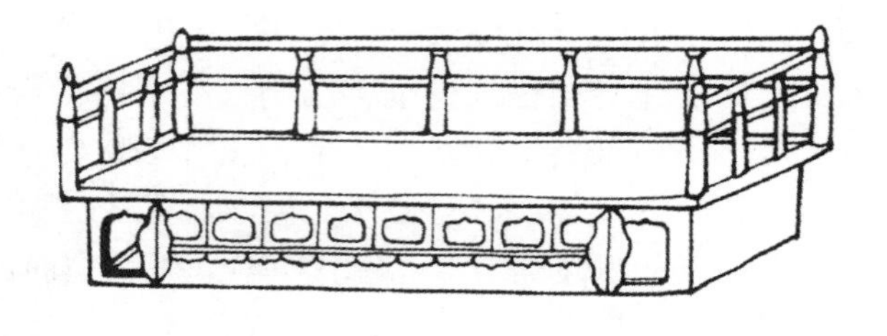

图 2-130　木床（辽）

这件围子床长 2370mm、宽 1120mm，床上有围栏，有雕饰的柱头。床下部为长方形底座，底座正面床沿上装饰着桃形图案。

图 2-131　赵佶（宋）《听琴图》局部

图 2-132　桃形沿面雕木椅

辽内蒙辽墓出土。椅子靠背为横向水平，搭脑呈弓背形。前沿护板雕有桃形装饰，与同墓出土的木床装饰相同，可见当时辽国的"组合家具"。

图 2-133

从辽代墓室壁画中可以看出，由辽至金虽经一百多年，但家具风格变化极小。木桌类家具只是在帐子上略有区别。长条餐桌的腿为云板形，侧面设帐，方桌的边缘突出，流行于内蒙、辽宁等东北地区。

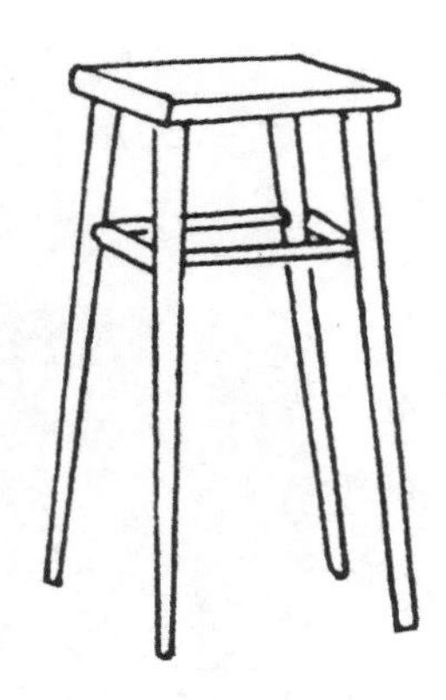

图 2-134　高几（金）

宋代开始，形式多样的高几不仅见于宫廷，普通百姓也广泛使用。此几为杏木制作，山西大同金墓出土。

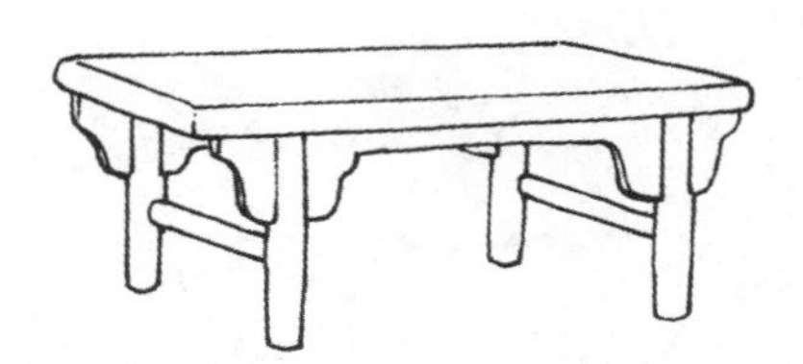

图 2-135　炕桌（金）

山西大同金墓出土。此桌为杏木制作，厚实端正，前后两面有替木牙子饰板。

图 2-136　方桌、方凳、长凳

画中的家具造型比较复杂。墩在宋代贵族、士大夫家中是必备之物，有木质、藤质，形式多样。

图 2-137　榻和足承

宋画《槐荫消夏图》。床面为四框中间镶板，八只如意脚下有托泥承接，托泥之下又有八只小足接地。

图 2-138　刘松年　补纳图

图 2-139　宋画中的箱柜

图 2-140　宋代画家苏汉臣《秋庭婴戏图》（局部）

从比例上看，两个顽童的玩耍处应为一个成年人的坐墩。墩在宋代贵族、士大夫家中是必备之物，有木质、藤质，形式多样。

图 2-141

图 2-142　藤墩

宋画《五学士图》中绘有此墩，藤条编造，十分精致，四季皆适用，冬季可以织物覆盖其上。这种藤墩沿用至今。

图 2-143　王诜

宋画（局部）榻有壶门装饰，如意脚下承有托泥，风格简洁挺拔。

2. 元代的家具（1206 ~ 1368 年）

元朝是由蒙古族建立的统一政权。元帝国幅员辽阔，国力强盛，发达的海陆交通与频繁贸易，密切了海内外各民族的文化交流，促进了各项手工业的发展。虽然元代历时较短，但家具风格在延续前朝的基础上也显露出迥异的风格变迁。元代统治者尚武，习惯于游牧生活，他们勇猛善战，追求豪华享受，崇尚的是游牧文化中豪放无羁、雄壮华美的审美趣味。反映在家具制作上一改宋代家具简洁俊秀的风格，形成了元代家具造型上厚重粗大、装饰上繁复而华美的艺术情趣。当然这种发展也比较滞缓，地区间差别较大。有些特点如桌面缩入的桌案，因缺乏科学性而遭时代淘汰。此外，家具的装饰图案多用如意云纹，高束腰圆形家具的使用，罗锅枨、霸王枨的出现以及桌、案侧面牙条的安置，也是当时家具的重要特征（图 2-144 ～图 2-150）。

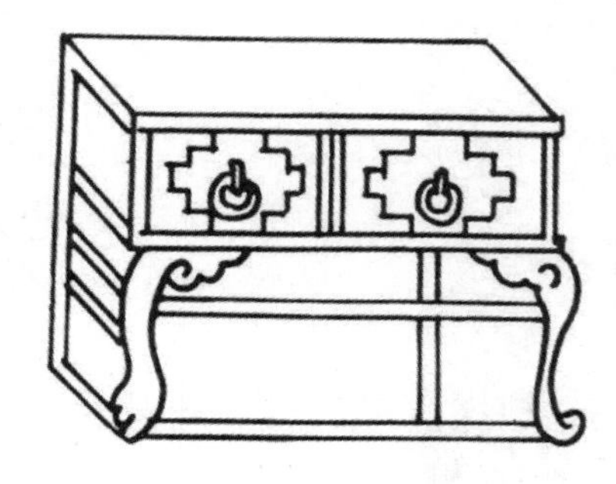

图 2-144　抽屉桌（元）

见于山西文水元墓壁画。这种带抽屉桌是元代的创新，其造型在此以前未曾出现。此桌装有两个抽屉，有金属装饰配件和拉手。

图 2-145　黄花梨圆后背交椅（元）

通高 948 mm。这是一件极其罕见的元代交椅实物，脚踏及椅背转折处包有铁质加固件。靠背板上的云纹浮雕较为精致。

图 2-146　交椅（元）

元代刻本插图。交椅在宋代时一般用于郊游，为便于携带。元代时期已在厅堂中广泛使用，也是一种地位的象征。

图 2-147　罗汉床（元）

刻本《事林广记》插图。床体硕大，围栏上镶有装饰面板，床脚有牙头装饰，床前配有脚踏。

图 2-148　榻、桌、屏风、足承

元代画家刘贯道《消夏图》。元代立国时间较短，历时九十几年。家具形式沿袭宋辽金，变化不大。

图 2-149　釉里红瓷床（元）

釉里红是元代始烧的著名瓷器品种。此模型为陪葬品，可见当时围屏床的形式。

图 2-150　烛台、圆凳、屏风（元）

元代王实甫《西厢记》明代刻本插图。图中圆凳上覆盖有柔软织物，腿和脚都有雕饰，脚下有托泥。

综观宋（辽、金）、元时期的家具发展，是在大批新型家具不断出现的基础上，直接导致室内陈设范围的扩大，家具配套的概念也应时而生，形成较系统的家具布置与营造理论体系。如北宋黄伯思写的《燕几图》，介绍了桌的组合形式，以三种规格七张长方形桌为单元，可组合成25件76种布局的组合桌。北宋李诫编写的《营造法式》的刊印，是北宋政府为了加强对建筑设计、结构、用料、施工等管理，在总结前人的基础上制定的“规范”，其中有对木作、石作、砖作、雕作、竹作、泥瓦作、彩画作等13个工种的如何按等级、用料、比例、尺度，以及艺术加工方法等操作制度的规定，是我国古代木结构建筑的重要文献。在室内家具格局方面，也大体形成对称和不对称两种方式，一般厅堂用对称式，在屏风前正中置椅，两侧各有四椅相对，或在屏风前置一圆凳，供宾主对坐。书房、卧室采用了对称方式，对于宴会等大型室内家具布置也出现了若干变体，这一切标志着家具形制已逐渐走向完善。另外，在技术结构与艺术处理的结合上，在家具外形尺寸和结构与人体关系上，取得显著成就。如家具的壶门结构常被框架结构所替代，壶门也被充作嵌板开光的空灵装饰，着重于辅助构件的改善，使其有助于构架刚性和稳定性的加强，并求得审美心理对结构线条的视觉补偿，为中国木构建筑造型的变异；家具构件之间大量采用割角榫、闭门不贯通榫结合，并十分重视榫接部位的细节处理；柜、桌等较大家具的平面构件常采用“攒边”的做法，既可控制木材的收缩，也起到装饰作用。总之，所有这些造型结构特征，为后来明、清家具的进一步发展打下了基础。

六、明、清时期的家具（1368 ~ 1911年）

中国传统家具发展至明、清时代，经历了自席地而坐的矮型家具到垂足而坐的高型家具的漫长过程，最终创造了以“明式家具”为代表的辉煌成就，形成了独特而完整的发展体系，并对世界家具艺术的发展产生了重要影响。

1. 明代时期的家具（1368 ~ 1644年）

（1）明式家具的形成环境。

明朝统治者通过各种政治、经济的措施，兴修水利，鼓励垦荒，使遭到游牧民族破坏的农业生产得以恢复和发展。生产力水平有了较大的提高。先进的冶炼技术，生产出锋利的工具。工具的改进既提高了工效也更适应于打造质地坚韧的硬木家具。由于工匠们继承和发扬了先辈们精湛的工艺技术，加之先进工具的利用，为制作精良的明式家具创造了有力保证。明代中后期，统治阶级采取的“以银代役”的政策，使得手工业者在为官方服役的同时，也获得了一定的人身自由，可以个人的名义从事手工业劳动，从而更加推动了手工业的向前发展。当时的建筑业、冶煤油、纺织、造船、陶瓷等手工业均达到相当水平，明朝所著的《园冶》，便是长期造园艺术经验的总结，也是建筑业发展的重要标志。至明朝中叶，商品经济已初现资本主义的萌芽状态。

随着手工业的振兴，对外贸易也得到迅速发展，海外贸易远到朝鲜、日本、东南亚、南亚、中亚、东非及欧洲等地。明朝具有世界最发达的航海业。郑和七下南洋，使我国和东南亚各国交往密切，贸易往来频繁，许多细腻、坚硬的名贵木材，如，花梨木、紫檀、红木、杞梓（也称鸡翅木）、楠木、铁力木、乌木、榉木、樟木等源源输入中国，被广泛用于家具制作。这些优质的硬木材料，既可采用较小的构件断面制作精密榫卯，也可进行精细的雕饰和线脚加工，这与娴熟的手工艺一起，为明式家具风格的形成创造了必要的物质和技术条件。致使明式家具用材特别考究，强调材质本身的生长肌理和天然色泽，不作大面积的雕饰，只作磨光打蜡或涂透明大漆的表面处理。使紫檀的沉静、红木的雅艳、花梨的质朴、楠木清香、乌木的稳重得以充分体现，映衬出明代文人追求古朴雅致的审美情趣。当时，文人雅士对家具设计的参与也是明式家具品位提升与风格形成的重要因素。伴随着时代的进步，思想的解放，有一大批文化名人摆脱了以往“百工、六艺之人，君子不齿”的思想羁绊，热衷于家具造型、工艺的研究和家具审美的追求。他们玩赏、收藏并不时著书立论。如，万历年间常熟人戈高写了《蝶几谱》，书中介绍了组合桌的设计，以形似蝶的直角等边三角形、直角梯形、等腰梯形平面为单元，组合成8类150种各种形状和不同尺寸的组合桌及几案。他们站在一定文化高度上，强调家具形式上的古雅与简约，崇尚远古的质朴之风，追求大自然的朴素无华，在制作方面强调家具造型的精美、结构的严谨。这无疑对明代家具风格的成熟，起到巨大的推动作用。

（2）明式家具的种类。

中国家具发展到明代，已经是品种齐全，造型丰富，按功能分，可概括为以下六大类。

① 椅凳类：有官帽椅、灯挂椅、靠背椅、玫瑰椅、圈椅、交椅、杌凳、圆凳、春凳、方凳、条凳、坐墩、鼓墩、马扎等。

② 几案类（承具类）：有炕桌、方桌、条桌、抽屉桌、琴桌、供桌、八仙桌、月牙桌、茶几、香几、书案、平头案、翘头案、架几案、条案等。

③ 柜橱类：有圆角柜、方角柜、竖柜、四件柜、闷户橱、书橱、书柜、衣柜、顶柜、亮格柜、百宝箱等。

④ 床榻类：有架子床、罗汉床、拔步床、平榱等。

⑤ 台架类：有灯台、花台、镜台、面盆架、衣架、承足（脚踏）等。

⑥ 屏座类：有插屏、围屏、座屏、炉座、瓶座等。

（3）明式家具的特点。

明式家具多少世纪以来一直受到人们的赞誉和世界的瞩目，它以严谨科学的制作工艺和古雅简洁的艺术风格成为世界家具艺术宝库的精品。明式家具的独特之处是多方面的，正如工艺美术家田自秉教授所概括的四个字，即“简、厚、精、雅”。简，是指它的造型简练，不繁琐、不堆砌，比例尺度相宜、简洁利落，落落大方；厚，是指它的形象浑厚，具有庄重、质朴的效果；精，是指它的做工精巧，一线一面，曲直转折，严谨准确，一丝不苟；雅，是指它的风格典雅，耐看，不落俗套，具有很高的艺术格调。另据我国明式家具研究的著名学者杨耀先生在其著作中写道：明式家具的特征，一是由结构而成立的式样；二是因配合肢体而演出的权衡。从这两点着眼，虽然它的种类千变万化，而归综起来，它始终维持着不太动摇的格调，那就是“简洁、合度”，但在简洁的形态之中，具有雅的韵味。这韵味表现在：一是外形轮廓的舒畅与忠实；二是各部线条雄劲而流利，并顾全到人体形态的环境，为适用功能，而做成随宜的比例和曲度。我国当代另一位研究明式家具的著名学者王世襄先生对明式家具则用“品”来评述。“品”，一方面为家具自身固有的品质，另一方面为他人对其的鉴赏。王世襄先生对明式家具研究得有“十六品”即：“简练、淳朴、厚拙、凝重、雄伟、圆浑、沉穆、裱华、文绮、妍秀、劲挺、柔婉、空灵、玲珑、典雅、清新”，这些都是对明式家具的结构构件所形成的装饰神态的高度概括。

明式家具的具体特点另外表现在如下方面：

明式家具以线造型、比例严谨。严格的比例关系是家具造型的基础。明式家具局部与局部的比例，装饰与整体形态的比例，都极为匀称而协调。其造型多采用直线与曲线相结合的

形式，集中了直线与曲线的优点，柔中带刚，虚中带实，刚柔相济，线条挺而不僵，柔而不弱，并且与功能要求极相吻合，没有多余的累赘，整体感觉就是线的组合。其各个部件的线条，均呈挺拔秀丽之势。表现出含蓄、圆润、简练、质朴、典雅、大方之美。

明式家具的结构极富有科学性、制作精良。在结构处除非绝对必要，一般是不用钉和胶的，主要运用卯榫结构，在不同的部位运用不同的卯榫，全凭卯榫的左右连接，既符合功能要求，又使之牢固，其攒边做法非常具有特色。结构与装饰的完美结合，是明式家具的一项伟大成就。合理地运用各种结构部件，使它们既起装饰作用，又起加固作用。如各种形式的圈口、券口、挡板、矮老、卡子花、罗锅枨、霸王枨、托泥等，它们在支撑家具的同时，也对家具起到了很好的美化作用。

明式家具装饰适度，繁简相宜。明式家具的装饰手法，可以说是多种多样的，雕、镂、嵌、描都为所用。装饰用材也很广泛，珐琅、螺钿、竹、牙、玉、石等，样样不拒。但是，决不贪多堆砌，也不曲意雕琢，而是根据整体要求，作恰如其分的局部装饰。如椅子背板上，做小面积的透雕或镶嵌，在桌案的局部，施以矮老或卡子花等。虽然已经施以装饰，但是从整体来看，仍不失朴素与清秀的本色，可谓适宜得体，锦上添花。

明式家具是中国传统木框架建筑结构的浓缩与延伸。明代中国城市园林建筑发展迅速，木框架结构体系已相当完备。这为家具式样的演变起到积极的推动作用。当时的家具配置与建筑有了紧密的联系，在厅堂、书斋、卧室等有了成套家具的概念。一般在建造房屋时既要把握建筑物的进深、开间和使用要求，又要考虑家具的种类、式样、尺度等因素进行成套配制。人们已将房屋、结构、装修、家具、字画、工艺美术品等各种陈设品作为一个整体来处理，不同功能的室内空间有相应配套的家具与之适应。另外，明式家具装饰、卯榫与中国古典建筑一脉相承，有着异曲同工之妙。在制作中依据造型的需求创造了明榫、闷榫、格角榫、半榫、长短榫、燕尾榫、夹头榫以及“攒边”技法，霸王撑、罗锅撑等多种结构，既丰富了家具的造型，又使家具坚固耐用。虽经几百年至今我们仍能看到完好的实物。总之，明式家具概括起来具有造型简练、结构严谨、装饰适度、纹理优美等风格特征。明代家具制造业的辉煌成就已跨越了时空的沧桑，为当代各国家具设计师所敬仰，成为世界家具史中的经典之作（图 2-151 ～图 2-166）。

图 2-151　檐顶架子床、平头案、足承、木圆盆、小方凳（明）

此图是明代方汝浩《禅真逸史》刻本插图，天启年间制。图中较为全面地表现出当时一个中等家庭的家具情况，大床上有檐顶下有底座。

图 2-152 明式家具中的圈椅、交椅

图 2-153 明式闷户橱

图 2-154 明代家具中的春凳与条凳

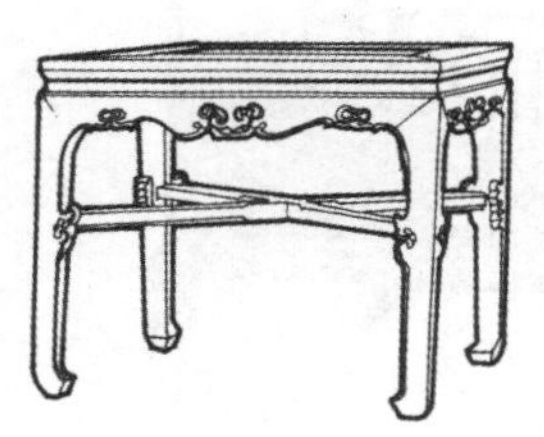

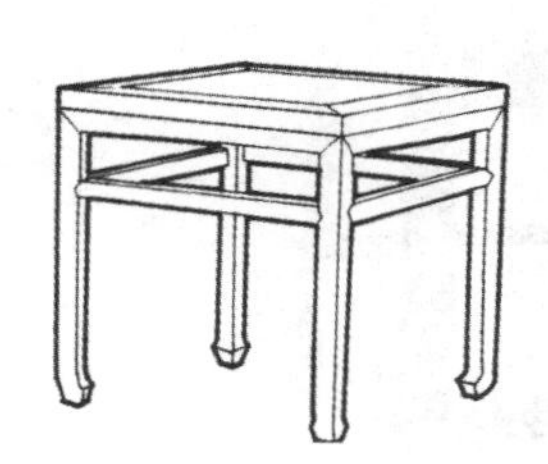

图 2-155 明代家具中的凳

图 2-156　明式内翻、外翻马蹄炕桌

图 2-157　黄花梨矮靠背文椅（明）

图 2-158　明式家具中的灯挂椅、四出头官帽椅

图 2-159　黄花梨高靠背官帽椅（明）

图 2-160　步步高横撑紫檀扇面形官帽椅

图 2-161　明式架子床

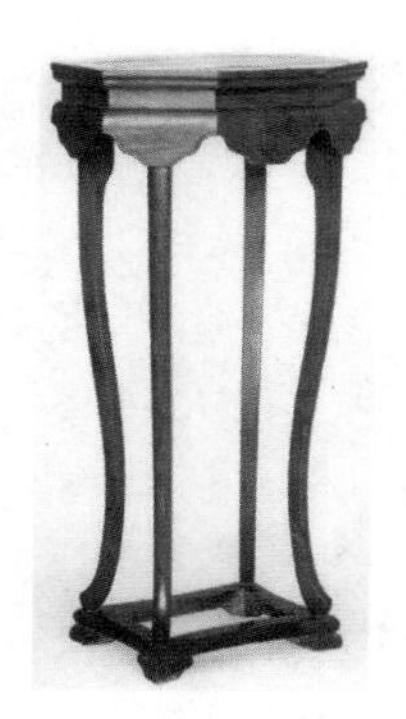

图 2-162　黄花梨四足八方香几

图 2-163　老花梨木圆梗直背玫瑰椅（明）

此种形式为苏式家具中年代较早的一种。通体材料均取圆梗形，鹅脖、联帮棍、靠背都挺直不弯，造型简洁，隽永耐看。

图 2-164　方桌、内翻马蹄凳、首饰盒、镜架（明）

图中所展示的是一个普通的丫头室内情况，方桌无枨无牙子，质朴无华；桌上的镜架也极为简洁。

图 2-165　明式连二橱

图 2-166　黄花梨高面盆架

2. 清代的家具（1616 ~ 1911 年）

清朝是我国历史上最后一个封建王朝。清初尤其是康熙后，由于统治阶级采取了一系列恢复发展生产的措施，使得农业、手工业、商业、对外贸易等都得到了全面的恢复与发展。出现了康乾盛世，在这种经济繁荣的历史背景下，皇宫开始修建宫室御苑，皇亲国戚，满汉的达官显贵们，也竞相建造府邸花园，这些对家具的发展起到了很大的推动作用。清代家具继承和发扬了明代家具的传统，并在此基础上形成了自己的风格，造型趋向复杂，风格华丽厚重，线条平直硬拐，雕饰增多，并间以牙、角、竹、木、瓷、玉、琅、螺钿等镶嵌装饰，不再强调家具结构的合理性和人体使用功能的协调性，而是注重显示财富、地位的雄伟气派，显得家具尺度大而型重。围绕着太师椅所设计的一系列家具，从结构方法、装饰技巧，到造型风格所追求的气势、体量，代表了清代家具的风格特点。太师椅外形尺寸大于一般椅子，腿部断面为方形或类似方形，有束腰，分上下两部分，下部是一个独立的杌凳，上面则安装垂直于椅面屏风式的靠背和扶手，靠背采用木雕嵌云石，扶手则施雕、描绘、嵌螺钿，用料考究，制作精细，极精美富丽，具有陈列观赏的价值，所以广泛流行于宫廷、王府并为富商们所收藏（图 2-167 ～图 2-170）。

图 2-167　紫檀太师椅（清・乾隆）

靠背板雕有“福庆有余”图案，祥云朵朵飘浮其间，寓意吉祥。其他雕饰愈加华丽。

图 2-168　真漆戗金梅花几(清)

戗金是一种特殊的装饰工艺，在光漆或罩漆完成的漆器表面，采用特制的针或细雕刀，刻划出较纤细的纹样来，在刻划的花纹中上漆，然后填以泥金或金箔，花纹露出金色的阴文，如花纹中填入银色。

图 2-169　红木嵌大理石太师椅（清・晚期）

此椅特点为搭脑两端下弯，端头雕云头如意纹。椅坐面为大理石板心，框沿均起圆角，工艺规范。束腰凹凸线，凸线起洼，形成双阳线，是清代线角的常见形式。

图 2-170　清式紫檀方角四件柜

清代家具从历史发展的角度来看，大致可分为三个阶段：第一阶段是从清初到康熙初。家具基本上保留了明式家具的风格，其形制仍保持简练质朴的结构特征。第二阶段是从康熙中后期至雍正、乾隆、嘉庆年间。这段时间是清代经济繁荣盛世之时，家具风格转向追求雍容华贵、繁缛雕琢的风尚。清代中叶以后，家具用料宽绰，体态凝重，体型宽大，装饰上求多求满，追求富丽华贵。多种材料结合，多种工艺并用，充分利用雕、嵌、描绘等手段，对家具进行精雕细作，家具制作技术达到炉火纯青的程度，并吸收了外来文化的长处，变肃穆为流畅，化简素为雍容的家具格调，被后世称为“清式风格”。第三阶段是从道光以后，经历了鸦片战争等一连串的丧权辱国事件，中国开始进入半殖民地半封建社会，国势开始衰微，外来影响日益扩大，外来家具也不断输入，传统的家具风格，受到了冲击，中国传统家具开始走向衰落，同时也受到外来文化的影响，造型出现中西结合的意趣（图 2-171）。

图 2-171　清末民初的太师椅

清代家具造型的主要表现形式有：

一是构件断面大，整体造型稳重，有富丽堂皇、气势雄伟之感，与当时的民族特点、政治色彩、生活习俗、室内装饰和时代精神相呼应。其体量关系与气势同宫廷、府第、官邸的环境气氛相吻合。

二是雕工繁复细腻，装饰手法多样。应用在家具制作方面有木雕、漆饰、镶嵌等三大类。木雕是清代家具应用较广泛的装饰手段，作法有线雕、浮雕、透雕、立体雕等。漆饰家具有雕漆、漆绘、百宝嵌三种作法。镶嵌是用一种或多种材料，对家具表面进行嵌饰，用于镶嵌材料有十几种，如木嵌、竹嵌、骨嵌、牙嵌、玉嵌、瓷嵌、螺钿嵌等。清代家具装饰是采用综合多种类型手段进行加工的，有时一件家具既有雕刻，又有镶嵌，且表现手法多样，因而形成富丽堂皇的风格特点。

三是成套组合家具更加完善，与建筑室内装饰融为一体。清代家具的类型和式样及组合方式除了满足生活起居的需要外，与建筑、室内装饰也有了更密切的联系。家具布置大都采用成组的对称方式，如，临窗迎门的桌案布局中，常配以一几二椅或二几四椅的对称组合形式；柜、橱、书架等也常成对地对称布置摆列。在大房间分隔处做书架或多宝格（多宝架）。有时一连几间横置多宝格，在正中或一侧开设方形、圆形、瓶形门洞，形成与建筑相融合的固定家具形式。

另外，清式家具又一重要特征就是形成了地域性的特点，不同的制作地点有其不同的风格，这一时期苏州、扬州、广州，宁波等地成为制作家具的中心。各地形成不同的地方特色，依其生产地分为“广作”、“京作”、“苏作”等。

“广作”是指以广州为中心生产出来的家具，制作者多为惠州海丰艺人。当时广州是我国对外贸易和文化交流的一个重要门户。在清代中叶，广州商业机构的建筑已大多模仿西洋样式，与建筑相适应的家具也逐渐形成时代所需要的新款式，于是大胆吸取了西方洛可可家具的风格特点，讲究雕刻装饰，重雕工，追求女性的曲线美，用料粗大，体质厚重，过多装饰，甚至堆砌，形成了雕刻繁缛的艺术风格特点。

“京作”家具一般以清代制作的宫廷家具为代表，制作者多冀州艺人。清代康、雍、乾三代盛世时，经济繁荣，清代满族统治者为了显示其正统的地位，对皇室家具制作、用料、尺寸、雕刻、摆设等极为重视，在造型上竭力显示其威严的气势。在家具装饰纹样上，追求繁琐的装饰，利用陶瓷、珐琅、玉石、象牙、贝壳等做镶嵌装饰。特别是宫廷家具，吸收工艺美术的雕漆、雕填、描金等手法制成漆家具，并巧妙地利用了皇宫收藏的商周青铜器以及汉代画像石、画像砖的装饰为素材，使之显露出一种古色富丽的艺术形象和庄重威严的皇家气派。为迎合清皇室的爱好，甚至名流学士也参与设计，加之四方能工巧匠汇集于京，设计出了前所未有的“京式”家具。

“苏作”家具是以苏州为代表生产制作的家具，制作者多为扬州艺人。苏式家具形成较早，是明式家具的主要发祥地。苏式家具大体继承明式家具的特点，在造型和纹饰方面较朴素、大方。但进入清代中叶以后，随着社会风气的变化，苏式家具多少也受其影响。苏式家具制作形体较小，常用包镶手法。包镶手法就是用杂木为骨架，外面粘贴硬木薄板，一般将接缝做在楞角处，使家具木质纹理保持完整，这种包镶技艺已经达到炉火纯青的地步。由于硬质木料来之不易，用料精打细算，常在看面以外处掺杂其他杂木，所以家具制作大多油饰漆里，起掩饰和防潮作用。

总之，清式家具在继承历代传统家具制作工艺和装饰手法上有所发展和创新，以造型浑厚稳定、装饰手法雍容华贵而著称，所形成的家具制作新风尚与清代康乾盛世的国势与民风相吻合，为世人所称赞。

通过东西方家具的发展演变可以看出：家具是采用物质材料和技术手段构成的人类生活所使用的器具，然而，这个定义却未能涵盖家具的许多社会文化属性。应该说家具不仅仅是满足人们物质生活的对象物，也必须满足人的种种精神活动需要，如心理的、伦理的、宗教的、审美的等。不仅如此，家具还表现人自身，这种表现不是人制造家具的目的，而是家具制作完成后，以其形象反过来表述着人和社会，或者说“无意识”地表述着制造者和使用者的一切，这正是家具的文化性。因而家具本身代表着一种文化类型，是一种社会文化现象，体现了一定时期、一个国家、地区或民族的生产力发展水平，是技术进步和艺术特色的综合反映。综观世界家具发展的历程，千百年来，古今中外各民族创造了光辉灿烂的家具文化，反映出丰富多彩的文化内涵。

第3章　家具造型设计

第1节　家具造型与形态分析

一、什么是造型

现实生活中的物体都是有形的，物与形是不可分离的。自然界中万物生长也都按其遗传特性及自然规律进行造物活动。自从人类与动物区分的时代开始，人类社会便进入一个崭新的造物时代，开始在主观意识支配下制造最简单的器具、用品。人类发展至今，创造了无穷无尽的物品，但从本质上来讲，仍然离不开造物的基本含义。在造物工作中包含着造型，即指创造出来的物体形象，是看得见、摸得着的。人类最初的造物形象是由物质材料及其基本的功效产生的，在此基础上，提炼出物的形象，经过长期生产造物过程，总结出物象形成的基本规律，也即“造型”的美学法则，也是人类审美心理的根本反映。当人们在接近一个美的形体的时候，就会不自主地产生喜爱的情感并由此引起情绪波动，因此在造物过程中，形的成型既有自身的法则，同时也离不开物质材料特性和物体的基本使用功能，这就是造型的基本含义。简单讲“造型”即创造物体形象，创造具备艺术价值的形体或物叫做艺术造型，也简称造型；把谋求造型实现的过程叫造型设计。“造型”一词有两层意思，一是作名词解释，“造型”即被创造出来的物体形象；二是作动词理解，“造型”即创造物体形象的艺术活动。

造型主要有两大类：一类是审美的造型，是指雕塑、绘画、工艺美术品等不受功能制约的具有独立性的艺术欣赏品；一类是实用与审美相结合的造型，是指建筑、家具、家用电器、交通工具、日用品等在内的受功能效应制约而又以美的形象来体现的物质用品或造型物。在造型的内涵中，形是重要的因素，所谓“形”就是物的形状实体，是视觉上可见的，触觉上可感知的物，除了形以外，还有色彩、肌理和质感等造型因素，成为现代造型形态理论的研究内容。

二、家具造型及方法

家具是一种有物质功能与精神功能的工业产品，在满足日常生活使用功能的同时，又具有满足人们审美心理需求和营造环境气氛的作用，另外，家具又是一种通过市场进行流通的商品，它的实用性与外观形象直接影响到人们的购买行为。而造型最能直觉地传递美的信息，通过视觉信息，对形体的感觉，激发人们愉快的情感，使人们得到美的享受，从而产生购买欲望。因此家具造型设计在商品流通的环节上成为至关重要的因素，一件好家具，应该是在造型设计的统领下，将构成材料及其使用功能完美统一结合的结果。家具造型是体现功能、材料、结构特征和工艺技术水平的艺术形象，是通过点、线、面、体、色彩、肌理、质感、装饰等要素按一定的方式构成的，并依据形式美法则、时代特征、民族风格等多方面的要求

综合处理，构成完美的家具形象。家具造型不同于绘画与雕塑等纯粹的艺术品，必须同时满足人的直接使用用途，并受材料、结构与工艺技术等因素所限制。在影响家具造型的各种因素中，功能是目的，材料和结构以及相应的工艺技术是达到目的的手段，而家具形象则是体现实用功能和审美功能的综合形式。

家具造型是一种在特定使用功能要求下，自由而富于构想的创造活动，它无法以某种固定模式概括各种可能的途径，但是，根据成功的设计经验与家具演变的时代要求，应有效地把握以下几种家具造型方法。

（1）理性造型方法。

理性造型方法是以现代理性美学为出发点，以功能、材料与结构为依据，多采用纯几何形态为主所设计的家具造型，这其中不管是采用抽象的还是具象的造型，只要在构成法则或表现形态上合乎理性的意识，皆属于理性造型方法。它具有明晰的条理、严谨的秩序和优美的比例，流露出明确、率直的心理意识。它符合现代材料和结构力学标准，顾及生产加工工艺，是现代家具造型的主流。它不仅适应多种功能需求，在空间效应和经济效益上也具备实际价值，同时，在视觉上表现出浓厚的现代精神。

以几何形为主的理性造型方法，将家具赋予不同线形和形体，呈现出多种性格表现：水平线有宽广、平衡、宁静、安定感，垂直线有向上、端正、挺拔、力量感，斜线有突破、上升、运动、变化感。正方形的端庄、长方形的变化、三角形的安定、倒置三角形的不稳定等各具情态的家具造型或构件，起到了既严谨又生动活泼的作用。当然，作为理性造型的家具，既要避免盲目追求变化而形成各种不同几何形的堆砌，又要禁忌家具造型中几何形的反复重复而导致的呆板。同一空间或同一组家具造型如采用相同或相类似的几何形作反复处理时，应在统一中采取适当的变化，使其取得完整融洽、变化统一的效果。如在方形成套家具的局部或装饰部位，加入一些曲线，便可获取方正浑圆而明朗的快感。在一套有对比作用的几何形家具造型中加入相互关联的形体，可以消除导致冲突矛盾的成分，寻求一些统一因素，取得和谐的效果。

（2）感性造型方法。

感性造型方法是以现代情感美学为依据，以自由而富于想象的思维意识为出发点，将意念通过有机形体为主要形式所设计的家具造型。这一造型方式往往是即兴的偶然产物，更富有美感情趣，是由浮现在意识之中的影像所孕育，而丰富的影像是由敏锐的造型感觉所带来，这种造型感觉则是来源于自然形象，由某种外形而引起心理上的暗示，也是由生活经验和自然环境所形成的一种联想。特点是在于自由意念的发挥，往往在不拘理法之下形成恣情奔放的律动，虽然，有机形是用自由弧线为主构成的，不能像几何形那样可用数学方法求出来，但它也并不违反自然形态法则。

在理论上，感性造型涵盖广泛，并不限定在自由曲线或直线所组成的形体狭窄范围之内，可以超越于抽象的表现范围，将具象造型同时作为空间塑造的媒体，采用仿生与模拟的手法，借助生活中遇见的某种形象及仿照和模拟生物各种原理进行加工创造来完成造型设计。事实上，具象造型充满感性的意识，在满足使用功能前提下，灵活应用在家具造型之中，能够体现一定的情感与趣味，给使用观赏者有一定的联想，对于环境气氛将有意外的表现。现代艺术家喜欢大自然中寻找灵感，采用仿生与模拟手法进行家具造型设计，各种现代材料如柔软的泡沫塑料或充气薄膜也为各种造型提供了可能，一些构思巧妙的作品表现出较高的艺术性和实用性。

（3）传统造型方法。

传统造型方法是在继承和学习传统家具的基础上，将现代生活功能和材料结构与传统家具的特征相结合，设计出既富时代气息又具传统风格式样的新型家具。照搬传统风格自然是复古，如果我们对其用现代思维、现代技术进行再创造，就是对传统文化的继承与发扬。丰富的家具史为现代家具设计奠定了坚实基础，作为设计师必须了解传统家具丰富多彩的造型形式，鉴赏历史上保存下来的优秀家具式样，研读家具文化的风格变迁，以提高造型感受力，培养的审美能力，这是家具设计师不可或缺的发展过程。也就是说，必须了解家具过去、现在的造型变迁，才能把握现代家具造型的方法及流行的趋势，并做到不断地发展和创新。

中国明代家具圈椅是功能与造型完美结合的典范，它的后背和扶手一顺而下，坐在上面不仅肘部有所依靠，腋下一段臂膀也得到支持，使人得到更好的休息，造型圆润、流畅，各部分线条雄劲而流畅，更加上它顾全到人体处处功能，做成适宜的比例和曲度，因而使世界各地不同时代的设计师得到启发，设计出符合时代的各式坐椅。随着现代技术的发展，西方设计师应用蒸汽技术来处理木材的弯曲，吸收了中国圈椅的优点设计出严谨而简洁的弯曲扶手椅。1944 年丹麦家具大师维格纳也设计出一种可批量生产的“圈椅”，因渊源于明式圈椅，也称“中国椅”（图 3-1）。之后，世界各国家具设计师受明式圈椅的启迪，设计生产出丰富多彩的各式现代圈椅。

图 3-1　汉斯 · 维格纳 设计

上述三种造型设计方法各有特点，出发点虽然不同但目的都趋向一致。从现代设计发展潮流来说，理性造型计划性强，符合时代发展要求，适应现代材料结构特点，而感性造型手法却活泼自由，更趋人性化。两种方法虽各有所长，现实设计中，需要将理性条理和感性意识巧妙地结合，运用情理并重的表现方法，才能适应现代生活品质对家具设计的要求，创造理想的人文环境。传统造型方法是在上述两种基本造型方法外的一种辅助造型方法，在传统家具的基础上继承和发扬，被赋予新的含义和内容后又重新升华，充实现代家具单调贫乏的内涵，唤起人们对人类绚丽多彩的文化记忆，使家具造型赋予了传承文明陶冶性情的意义。

通过对家具造型及方法的认识可以看出影响家具造型设计的三大因素：

（1）功能。

家具作为人类生活和活动不可缺少的生活器具，它的实用性是第一位的，设计的家具制品必须符合它的直接用途，任何种类的家具都有使用的目的，如果使用功能不合理，造型再美，也不能使用，只能当作陈设品。但家具又有艺术性的功能，因此单有功能合理而缺乏艺术美的家具只能作为器具使用。在家具设计中，大量的形式美是通过功能的合理性来实现的。即使最优美的坐椅造型，也要根据人体的坐姿确定其尺度、倾斜角度及靠背的曲面形式，要能体现“物为人用”的思想。因此，形式由功能而生但又高于功能，形式美中蕴含着功能的因素，美的形式必定是合理的。

（2）材料与结构。

材料与结构是家具构成与造型设计的物质技术基础。各种不同材料由于其理化性能不同，因此成型方法、结合形式及材料尺寸形状都不相同，由此而产生的造型也决然不同，如木制家具的稳重舒适，钢制家具的光滑、简约，塑料家具的轻便、艳丽等。设计者必须了解材料的性能及其加工工艺，才能充分利用材料的特性，创造出既新颖而又合理的家具造型。每当一种新的材料出现，必将带动新的工艺和结构形式的革新。

结构合理是家具造型设计的重要因素，并直接影响家具的品质和质量。家具的结构必须保证其形状稳定和具有足够的强度，适合生产加工。家具设计与工艺结构紧密结合，结构的方式、制作的加工工艺都要适应目前的生产状况，零件和部件在加工安装、涂饰等工艺过程中，便于机械化生产。在一定意义上讲家具设计除造型之外，实际上是家具的结构设计、家具的工艺流程设计，另外，在家具设计的过程中要有节省资源的意识。为了达到物美价廉的要求，设计的家具制品，首先，应便于机械化、自动化生产，尽量减少所耗工时，降低加工成本。同时，还要合理使用原材料，在不影响强度和美观的条件下，尽量节约材料，降低原料成本。因此，在设计中，零件的尺寸应与毛料或人造板的尺寸相适应，或成近似倍数关系。

（3）美观。

美观的家具造型是将家具功能和材料结构，通过一定的艺术法则构成完美统一的形体的过程。在这一过程中，除了满足使用功能、结构合理、便于加工外，还要满足人们视觉上的审美要求。功能是目的，材料和结构是手段，而美的造型是建于二者之上的综合体，是最后的结果。

三者之间虽然物质属性常常是首要的，但美的形式也是不可缺少的。为了使家具设计达到既实用又美观，长期以来人们不断地探索各种艺术处理手法，设计和制作了大量家具造型式样，虽然每个时期都有自己的艺术特点，但就其形式处理来看都有共同的艺术规律，即形式美观必须与功能、材料、生产技术联系在一起，否则就起不到应有作用，也不可能为人们所接受。由此可以看出三种要素虽然性质不同目标各异，但却密切相关且相互影响。较为综合有效的设计方法即：先寻求合理的功能形式，再根据功能形式要求寻求正确的结构形式，之后再根据功能形式和结构形式的共同基础去寻找完整的美学形式，最后综合三者的优点，使造型得到完美。另外，从功能形式出发的设计程序合乎功能主义创造法则；从结构形式出发设计程序则含有强烈的技术表现意识，多成为构成主义的表现方法；从美学形式出发的设计程序则富于浓厚的形式美感。无论从何入手进行家具造型设计，其最终目的和要求是一致的。

三、形态分析

人们对造型设计的形体都具有视觉感受，而人们视知觉所接触到的东西总称为“形”，而形又具有各种不同的状态，如大小、方圆、厚薄、宽窄、高低以及所引发的感受等，总的称之为“形态”。这里的“形态”概念包含两层意义：一是“形”就是通常所说的物体“形状”、“外形”，而“态”则是蕴含在物体内的“神态”，或称“精神状态 ”，也就是包含在物体形中的精神。从这种意义上讲形态是物体外形与神态的结合体。“形者神之质，神者形之用”便是它们相辅相成的、辩证而统一的关系。家具是人类结合自身的需要而设计出来的特殊物体，与自然界中的其他物体形态不同，人们对家具形态有着特殊的“控制”能力，这种“控制”便是设计。

为了对家具造型设计有更深入的研究，必须对人类生存环境下可感知的所有形体状态（形态）有所认识，在理论上，根据形态的成因大体可分为两大类：一类是自然形态，一类属于人为形态。从本质上讲，自然形态是人为形态的基础、源泉与依据。人为形态是对自然形态的延伸、概括与升华，人为形态的创造必须从自然形态的研究入手。

1. 自然形态的启示

自然形态蕴涵着许多令人惊奇的奥妙，它是人类所有艺术、创造的源泉，人为形态中的具象与抽象形态的灵感都源于自然形态。但对自然形态的研究与自然科学的研究角度有所不同。自然科学对形态的研究，是对已知形态进行求解、确定成因的过程；而设计上的人为形态的创造，则是从已知目的反向确定形态的过程，而且这种形态的创造要超越实用功能、环境的限制而达到知觉和心理的和谐。这种双向的研究有着共同的指向，即对自然形态的研究。因为任何学科都是在探索自然、改造自然的实践中诞生的，设计上对形态的研究也毫无例外地从自然形态入手，了解形态的成因，以便掌握形态生成和创造的必然规律。

从对自然形态的观察、分析中，可知自然界形态和现象的产生，是不同事物的相互作用所形成的结果，不同生物的形态也是由自身生命力和外界环境的相互作用与适应所形成的。

在生物界中，鹦鹉螺按对数螺旋的曲线生长规律形成单纯、美丽的盘绕形态。外形曲线的延伸，是连续扇形的几何相似形状（如等差涡线、等比涡线），同时这种旋转是根据黄金比例的长宽而增加的。这种形态又是随着贝壳容积的改变而改变，整齐有序，坚硬的外壳既是自我保护的小屋也是鹦鹉螺生长的记录，其反映了生物生长进化与自然形态的内在规律。由此可以得出启示：形态与机能是造型的基础，同造型存在着内在的有机的联系（图3-2以花为形态的家具形式）。通过感受丰富的自然形态可为人为形态提供有益的借鉴（图5-27）。

图3-2 月光花园扶手椅 梅田正德设计

2. 机能与造型

形态与机能是物体造型的两个方面，彼此之间存在着不可分割的密切关系。一个造型的完整，除了具备形、质、色等基本要素之外，机能所发挥的功能，也是主要的目标。

从广义的角度来看，造型并不是单指外观的形态和色彩等媒介所创造出来的视觉效果，同时还包括机能形式、结构形式、美学形式。例如一把椅子能否坐得舒适是属于机能形式的范畴；椅子由何种材料构造，则属于结构形式的领域；至于椅子造型是采用直线或曲线，是什么色彩等，则属美学形式的范畴。虽然三者各有不同的追求目标，但是就造型对象而言，三者却是相互影响、互为作用的。在设计中如果能同时以一种形式来解决这三项相互关联的问题，这个造型自然是最理想和完美的。如果无法同时兼顾，就必须设法选定合理的程序来进行，即由机能形式出发，求结构形式，再求美学形式的过程，因为造型物的形态与功能是密不可分的。

在自然形态中有诸多机能、形态完美结合的完美典范。例如自然界中的蛋，虽然是一个单纯的形态，但却蕴含着造型上的许多精妙：①蛋的外形一头大，一头小，使母鸡生产时容易将蛋排出体外；②蛋的形态，又便于母鸡孵蛋时，蛋不易因滚动而散失。如蛋滚动时，也会因其一边大一边小的造型，不会呈直线滚动，而会在原地打转，或按回归路线再度返回；③蛋壳厚度恰到好处，足以保护卵内生命，当幼雏出壳时，幼雏的喙尖又足可将其啄开，破壳而出；④蛋壳构造最合乎力学要求，也是最牢固的形态。例如，将数个蛋竖立排成正方矩阵，它可以承受人体的重量，这足以证明其结构性的完美；⑤蛋壳是以最少的材料达到最大

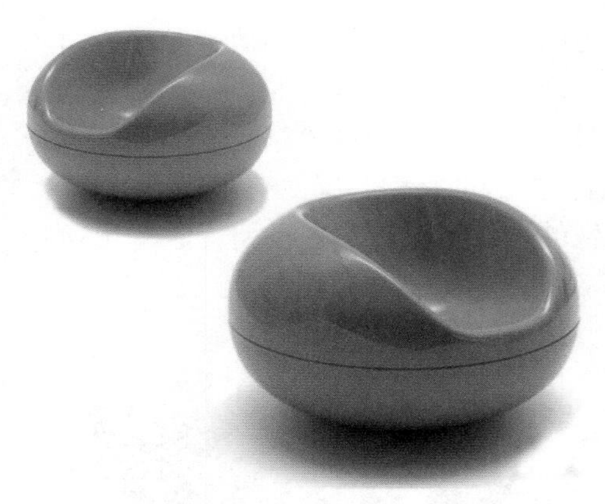

图 3-3　艾洛·阿尼奥设计的“香锭椅”设计

空间的结构；⑥蛋的形态与线条柔和优美。

从以上对蛋的六点特性的分析，可以归纳出造物者在造物的过程中，所兼顾的以下几点法则：第①、②、③项属于机能性；第④、⑤项属材料与结构；第⑥项则属于审美性，这些法则把形态的创造法则全部包容了，足以证实蛋的造型是合理、完整和优美的（图 3-3 艾洛·阿尼奥设计的蛋形“香锭椅”）。

由此可见，机能是判定形态存在价值的根本，可以将机能归纳成三种基本表现：物理机能、生理机能、心理机能。

（1）物理机能。形态的物理机能是指构成形态的有关材料、结构等方面的因素。形态本身因材质的不同，其结构也不同，因此在造型上对于材质必须做深入的研究，顺应材质的特性并加以利用。选择何种材质，物理机能是首先要考虑的要素。

（2）生理机能。形态的生理机能要素，是指所构成的形态与人在使用上的舒适度，以及应用功能等条件的发挥。形态要获得充分和良好的生理机能，应该具备符合人体工程学的要素，才能达到安全、舒适、方便的多重需求。虽然生理机能是客观的，但还必须根据个别生理条件的差异，加以适度调节。例如桌椅高度的尺寸要配合人的形体，使人坐下之后，能感觉舒服、便利，否则就得修改调整。早期的椅子偏重实用性，对人体工程学缺乏系统研究，现代的椅子在设计上从造型、材料、尺度以及舒适性、安全性方面更注重考虑人的生理机能的要素，如埃罗·沙里宁所设计的最舒适的椅子（图 3-4）。

图 3-4　埃罗·沙里宁所设计的最舒适的椅子

（3）心理机能。心理机能要素是指形态所体现的视觉美感，透过艺术的手法，赋予形态优美和谐的特质，不仅给人以视觉感受，也能引发其心灵的共鸣，属于审美的、心理的范畴。其中包含历史文化、传统习俗、流行风格等要素。这些要素是造型应该考虑的心理因素，是实现形态心理机能的前提。

上述三种基本机能，虽然各有不同的性质和作用，但并非各自孤立，而是彼此之间存在着相互依存的关系。实质上，形态是综合物理机能、生理机能及心理机能的共同需要而形成的。例如在自然形态中叶子的造型，在叶形的结构中，脉络组织虽繁密但不错乱，主脉、支脉交织有致，有主从之分，既可增强其结构的稳固性，又符合物理机能的条件。叶面的宽窄也是应本身生长环境的需要而有所差别，寒带针叶树的叶形呈针状，可适应寒冷气候的环境；热带雨林的阔叶树，叶形宽大，以利进行光合作用，以满足其生理和机能的表征。叶形的外貌及其鲜艳的色彩，充分显露出叶子的特征，也呈现出自然形态美好的视觉效果。

作为人为造型的家具，上述三种机能更显而易见，如在椅子造型的演变历史中，因不同时期所重视的机能侧重点不同，所创造出许多不同的样式，不仅促进了物理机能在材质结构上的不断革新，更追求其生理机能的要素及心理机能的视觉美化，因而创造出不同时期的不同风格造型。

3. 形及形态的意义

形为元素性的基本形状，也可称为是纯粹数学或几何学上的单元，因此它的视觉性格固定而单纯，如点、直线、曲线、三角形、方形、矩形、圆形、椭圆形、球体、圆柱体、圆锥体等，至于不规则形状，仍然保留原形的象征。而平常所说的型为普遍性的视觉特征，它的形成有一定的意义，除了形表面特征外，会使人产生联想与幻觉。因此，可以把它当作一种形式或典型来看待。形与型有极密切的关联，型以形为表现的基础，而形的作用，必须在一定的形式之中才能显示出来。

人们在自然环境或人为空间里，视线所及都是形。由于形的存在而构成了人们对形态的意识概念，也引导人们对形态进行价值判断。形态的美与不美，必须与其他物体作比较，人们常说的形态很自然，形态很美等，都是形态的质的表现方式。形态的形成受两个主要因素的影响，即机能和技术。有机能的因素，才能使形态合理化；有技术的表现，才能再作有机的组合。

基本形态是一切造型设计的基础。自然万物的形态，不论其如何复杂不同，都可以归结为点、线、面、体四种基本的形态。通过对基本形态的组合构成平面与立体的设计表现，是基础设计研究的重要课题。

虽然作为设计所涉及的形态都是人为的形态，但是通过对自然形态的观察、分析、研究，可以获得对人为形态创造的启迪。这是因为无论自然形态还是人为形态，都可以分解为形态基本的组合要素，都有其形态生成的根据。而且，这些形态构成的原则、原理又都是相通的。形态的基本要素是有形的，形态的构成原则是无形的。与形态的构成原则相比，形态的基本要素带有基础性。所以，对形态的讨论就必须从形态的基本要素开始。

第2节 家具的造型要素及应用

一、形态的基本要素在家具造型中的应用

在自然环境和人为空间中，视线所及的都是“形”，“形”的大小、方圆、厚薄、轻重等各种状态通称为“形态”。世间万物的形态，不论其如何复杂多变，都是由抽象的点、线、面、体构成的，它们是构成形态的基本要素。从几何学的意义上讲，点、线、面、体都是只能感知而无法触及的，所以点只有位置而没有大小，线只有长短而没有粗细和厚薄。在立体造型活动中，为了把握这些基本要素，就必须将抽象概念直观化，变成视觉形象，既要赋予这些要素以位置、长短、厚薄，还要赋予其大小、粗细、体积等，这才能为形态的构成所应用。同时，这些元素所呈现的是一种相对概念，必须是在特定的空间环境中相互的体现。例如在无垠的天空上的点点繁星，虽然每一颗星的质量都非常的大，但与浩渺无际的天空相比，给人们的感受却只是一个个的点；一个几何长方形，如果延伸它的长度，它给予人们的视觉感受则变为线的特征。可以看出，在造型学上，点、线、面、体的视觉特性是建立在生活经

验基础之上，更多体现、归纳为视觉所引起的心理意识。当其呈现出三维空间的立体特征后，再进行巧妙地组合设计，就可以产生丰富多彩而难以数计的形态变化。

形态的基本要素如下。

（1）点。

“点”是形态构成中最基本的或是最小的构成单位，是一种具有空间位置的视觉单元。在造型设计中，点必须具有一定的大小、方向或面积、体积、色彩、肌理、质感等特征，是具有空间意义的形体，否则就失去了存在的意义。对点的判断完全取决于它所存在的空间，设计形态关系中所呈现出的比较小的局部，或在整体空间中被认为具有集中性或较小的视觉单位，都可以被理解成是点的造型。同样大小的点，在大背景下可作为点，而在小背景下就可能作为面的形态出现。在家具造型中，柜门、抽屉上的拉手、锁孔、沙发软垫上的装饰包扣、沙发椅上的泡钉，以及家具的小五金装饰件等，相对于整体家具而言，它们都以点的形态特征呈现，是家具造型设计中常用的功能附件。在较大环境的室内设计中，小件家具往往也能成为点的一种形式，形成强烈的装饰效果。

点单独存在给人视觉凝固的效果，它的作用往往会汇集视觉注意力，构成空间力的中心。它可以通过对视线的引力而导致心理的张力，使注意力完全集中在这个点上。如果有两个相等的点同时存在时，视线将会在这两点之间来回反复、互相吸引，使视觉保持平衡，而在心理上产生线的感觉。如果同时并存的两个点大小不相等时，视觉方向常遵循由大到小或由近而远的顺序，在心理上产生移动的感觉。当三个以上的点同时存在时，就会在点的围合内产生虚面的感觉。点的数量越多，周围的间隔也就越短，虚面的感觉也越强，有时也会出现规则或不规则的排列、秩序或韵律感。

由此可看出，点的连续可以产生线，点的集合可以构成虚面。由点连成的虚线，不仅有着空间上的连续感和扩张感，同时，在结构上通过细腻和富有韵律的变化给人以通透和空灵感。另外，由于点的形体变化也存在不同的情感特征，曲线点（如圆形）饱满充实，富于运动感；而直线点，如方点则表现稳定、严谨，具有静止的感觉。从点的排列形式来看，等间隔排列会产生规则、整齐的效果，具有静止的安详感；变距排列（或有规则地变化）则产生动感，显示个性，形成富于变化的视觉效果。在家具造型设计中，可以借助于点的各种表现特征，巧妙地加以运用，取得良好的艺术表现力（图 3-5 乔治 · 内尔森由点及面所设计的家具）。

图 3-5　乔治 · 内尔森由点及面所设计的家具

（2）线。

从几何学的概念，线是点移动的轨迹。点的移动方向一定时就成为直线；点的移动方向不断变化时就成为曲线；介于两者之间的是折线，它是经一定距离后改变点的运动方向而形成的间隔变化的线（每一部分都是直线）。立体设计中的线是在空间中的形体，以方向性和长度为主要特征，具有弹性和运动感。与"点"和面的关系一样，线和面的关系也是相对的。如长宽之比相差悬殊的面就可称作线，反之则成面。线又是面的界线或面与面的交界，以及点与点的连接，因此线是构成一切物体轮廓形状的基本要素，其表现特征主要随线的长度、粗细和运动状态而异。由于现实生活中的形象皆由直线、曲线或由二者共同组成，线便是构成和决定形象的基本要素。线的形态主要有直线和曲线两大类，根据线的方向、位置、粗细等因素，直线还可分为垂直线、水平线、斜线、粗线、细线、子母线等；曲线则有几何曲线（弧线、抛物线、双曲线、螺旋线和高次函数曲线等）和自由曲线（C形、S形和蜗形等）。在家具造型中，线即表现为线型的零件，如木方、钢管等；也表现为板件、结构的边线，如门与门、抽屉与抽屉之间的缝隙，门或屉面的装饰线脚，板件的厚度封边条，以及家具表面织物装饰的图案线等诸多方面。

线的表现特征主要随线型的长度、粗细、状态和运动的位置而异，不同的线型在视觉心理上产生不同的心理感受。线在造型设计中是最富有表现力的要素，其丰富的变化，对动、静的表现力极强，最富心理效应。

直线：直线一般表示静态，给人以单纯、简朴、明了、直率、严格、强劲、有力，具男性美感。其中垂直线显得挺拔、高耸、向上、庄严、端正之感；水平线显得沉着、宁静、平稳、宽广、舒展之感；斜线具有散射突破、活动、变化、上升以及不稳定、方向性的动感。

曲线：曲线表现一种动感、富于变化的特性，在造型设计中是最富表现力的要素。具有流畅、优雅、活泼、轻快、柔美、圆润的感觉，以及缓慢的运动感和波浪起伏的节奏感等。曲线因长度、粗细、形态的不同而给人的感觉也不同。几何曲线规律性强，给人以饱满、柔软、弹性、理智、明快之感。自由曲线婉转、优美、轻松、流畅，具有奔放、自由、华丽之感。古典家具中的曲线，如法国洛可可式家具、阿尔托的弯曲胶合椅、沙里宁的有机家具等，具有圆润、丰富、柔和的特点，给人以流动奔放或轻快闲适的感受，是曲线美造型家具中的典范。

另外，细线表现轻快、敏捷、锐利的性格。粗线表现厚重、强健与力量，同时显示钝重、粗笨的特征，具有粗犷的力度美。在家具设计中，无论是刚劲有力的直线，还是柔和、优美的曲线都是构成家具不同风格造型的重要要素。家具中的部件之间缝隙、装饰的图案外形、立边、横撑等部件本身都属于线的范畴。它们依据不同家具造型设计的要求，以优美的线型特点创造出家具造型的各种不同的造型式样和风格。线成为家具造型设计的重要表现形态和造型要素（图 3-6 曲线金属家具）。

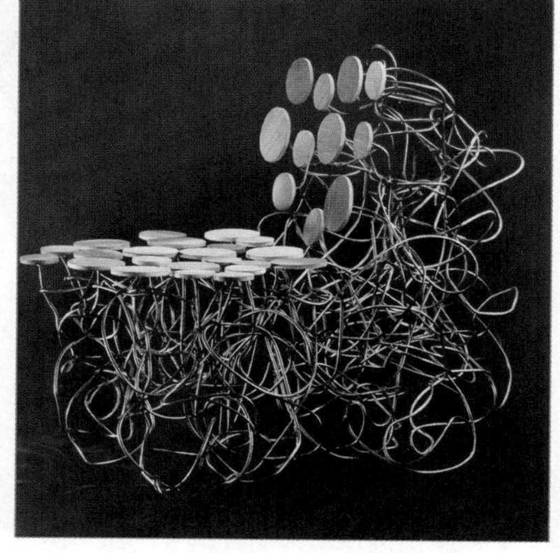

图 3-6　曲线成型的家具

（3）面。

从几何学的角度，面是由点的扩大或者密集，线的移动、加宽、交叉、围合而形成的，是由长度和宽度共同构成的二维空间。按线移动的不同轨迹，可出现不同面的形状。直线平行移动形成矩形面，直线回转运动形成圆形面，直线倾斜移动形成菱形，直线的不同支点摆动则形成扇形与双扇形等平面图形。同时按线的排列和交叉点的密集，也可形成面的感觉。通过体的剖切或面的分割还可以形成更多的不同形状的面。

在立体造型中，面的确定主要是依据具体形态在整体空间中所发挥的作用，它是相对于三维立体而言，具有比较明显的二维特征，是以面积较大且薄为主要形体特征，面的形状呈现出一种轻薄感与延伸感，赋予造型轻快的感觉。

面主要有平面和曲面两大类。平面有垂直面、水平面与斜面，曲面有几何曲面与自由曲面。其中平面在空间常表现为不同的形，主要有几何形和自由形两大类型。几何形是以数学的方式构成的，包括直线形（有正方形、长方形、三角形、梯形、菱形等多边形）、曲线形（有圆形、椭圆形等）和曲直线组合形。自由形则是无数学规律的图形，包括有机形和不规则形。有机形是以自由曲线为主构成，它不如几何图形那么严谨，但也并不违反自然法则，它常取形于自然界的某些有机体造型；不规则形是指人有意创造或无意中产生的平面图形。另外，根据表示方法可分为两种不同的面：一种为实体的面，在整个形中布满颜色，是个充实的面，也是积极的面。另一种是空虚的面，只勾画出轮廓线，或用点、线聚集形成的面，这种面属于消极的面。如果聚集的点或线越密集，点和线就会渐渐失去本身的意义，这个面就转化为积极的性质。

不同形状的面，给人的感觉不同，也具有不同的情感特征。几何学构成的外形，由于它们的周边“比率”不变，具有确定性、规整性、构造单纯的特点，一般表现为稳定、安静、严肃和端庄的感觉，具有简洁、明快、秩序、条理之美感。

不规则形能根据人的思维概念，将情感形象化、个性化，其形态轻松活泼、温暖，富有亲近感。在家具设计中采用不规则形与仿生手法相协调，会使家具形象丰富，性格突出。

曲面温和、柔软，具有动感及亲切感。几何曲面显示出理性，而自由曲面则显得性格奔放，具有丰富的抒情效果。因此，曲面在软体家具、壳体家具和塑料家具中有广泛的应用。

家具造型设计中，恰当运用各种不同形状的面、不同方向面的组合，可以构成不同风格、不同样式的家具造型。另外如能结合材质、肌理、颜色的特性，便能在视觉、触觉上产生更加丰富的变化（图 3-7 通过面的连接所设计的家具）。

图 3-7　通过面的连接所设计的家具

（4）体。

在造型设计中，体是由点、线、面围合起来所构成的三维空间（具有高度、宽度及深度）。按几何学定义，体是面移动的轨迹，所有的体都是面的移动、旋转、叠加或包围而占有一定的空间所形成的。由于立体的形态是指实体占据的三维空间，所以无论从任何角度都可通过视觉和触觉来感知它的客观存在。体的主要特性在于体积感、空间感和重量感的共同表现。体根据空间构成形式不同又可分为实体与虚体，一般由线构成或由面、线结合构成的，以及具有开放的空间的面围合而成的部分称为虚体，而由面与面封闭或由立体块组合而成的立体叫实体。虚体和实体给人心理上的感受是不同的，虚体使人感到轻快、通透、空灵，具有透明感，而实体则给人以重量感，具有稳固、坚实，围合性强等特点。体的虚实是产生视觉上体量感的重要因素，所谓体量感是指形体给人在视觉上感受到的分量。体量大使人感到形体突出，产生力量和重量感，体量小则使人感到小巧玲珑，有亲近感。因此，这种体量感又可分正量感和负量感两种形式，正量感是实体的表现，负量感则是虚体的存在。

体的虚实处理会给造型设计带来强烈的性格对比的同时，也成为丰富家具造型的重要手法之一，凡是实体突出的家具都会有非常稳定、庄重、牢实之感；凡是各部分之间体量虚实对比明朗的家具，会感到造型轻快活泼、主次分明、式样突出，有一种亲切感。当然，决定家具体量大小和虚实程度需要对功能、尺度、材料、结构形式进行综合艺术处理。

体的类型复杂，通常可分为几何体和非几何体两大类。几何体有正方体、长方体、圆柱体、圆锥体、三棱锥体、球体等形态，家具造型设计中，正方体和长方体是应用最广的形态，如桌、椅、橱柜等。

非几何体一般指一切不规则的形体。非几何体中的仿生有机体也是家具经常采用的形体。

从体的构成特性来看，一般可通过如下方法构成：在平面基础上，将其部分空间立体化、浮雕化的半立体；线材空间组合的线立体构成；面与面组合的面立体构成；块体之间的块立体构成；面材与线材、块立体的综合构成。体的切割与叠加还可以产生许多新的体。

以上是体的不同造型特性，由于各种立体所采用的成形法则不同，其表现的特色也不同，在设计上应根据所创造的形体功能来灵活应用，以创造出各种不同的视觉效果。家具是由多种形、体组合而成的复合体，它是凹凸、虚实、光影、开合等手法的综合应用。体的结构方式是家具造型的最主要手法之一，具体家具设计应在充分利用体块虚实处理的丰富变化的同时，还应综合运用立体形态的各种要素，结合不同材质、肌理、色彩以拓展家具造型空间（图 3-8）。

图 3-8　乔·科伦布通管状形体组合所设计的管椅

二、造型的其他要素在家具设计中的应用

家具艺术的形态要素除了以上形态的基本要素外，还要通过色彩、质感、装饰等要素来构成。它要通过各种不同的形状、不同的体量、不同质感和不同的色彩及装饰来取得造型设计的表现力，因此造型要素是学习家具设计必须掌握的基础知识。下面归结为三个方面加以简述。

1. 色彩

色彩是家具造型设计构成要素之一。由于色彩本身的视觉因素，具有极强的表现力。色彩本身不能存在，它必须附着于材料，在光的作用下，才能呈现。如木材本色，皮革和织物的染色等。从一件完美的家具来看，通过造型、材质、色彩的综合形象，传递着视觉信息，

而色彩往往是视觉接受的第一信息，在造型设计中，常运用色彩以取得赏心悦目的艺术表现力，并带有各种不同的情感效果。因此家具的色彩配置及家具与环境之间的色彩配置，显得相当重要。色彩是一门独立的科学知识，它涉及色彩本身构成的理化科学，人眼接受色彩的视觉生理科学及人脑接受色彩产生情感的心理科学。

（1）色彩的基本知识。

色彩的形成：物质色彩的产生是由于光照射到物体上，被吸收或反射的结果。我们知道日光是由红、橙、黄、绿、青、蓝、紫等七种不同波长的色光组成。如果一物体的分子结构具有吸收上述光中的六种色光而反射其中某一色光，这物体就呈现该色光的颜色，如果全吸收，就呈黑色，全反射则呈白色。随着物质本身吸收和反射光的各种比例大小，物质就会呈现出各种不同的色彩。

色彩的基本知识：色相、明度、纯度是色彩的三要素，是色彩学中最基本的知识，也是色彩艺术最本质、最活跃的因素。

色相——是指各种色彩的相貌和名称。如红、橙、黄、绿、蓝、紫、黑、白等，我们也常以自然界色彩类似物加以命名，如玫瑰红、橘红、藤黄、土黄、草绿、天蓝、茶褐、象牙白等。根据颜色相互的关系，科学家研制出色环，更形象地说明了颜色的相互关系。以红、黄、蓝三原色位于色环的三等分处，并以此标准将色环分成十二等份，红黄之间为橙色（红 + 黄 = 橙色），黄蓝之间为绿色（黄 + 蓝 = 绿色），红蓝之间为紫色（红 + 蓝 = 紫色）。即橙、绿、紫是红、黄、蓝三原色相互调配成的间色，也可称为二次色。在色环上形成轴向对应的补色关系，即红与绿、黄与紫、蓝与橙是相应的补色。在原色和间色之间调配，又生成复色，也称三次色，如红与橙之间生成红橙，红与紫之间生成紫红，如此类推，形成闭合的色环。除了上述基本有彩色外，还有黑、白称为无彩色及金、银等金属色。无彩色可以和任何有彩色搭配，取得调和的色彩效果。

明度——也称亮度，即色彩的深浅或明暗程度。明度有两种含义，一是指色彩加入黑或白之后产生的深浅变化，如同一色彩加入黑则愈加愈暗、愈浓；加白则愈来愈明亮；二是指色彩本身的明暗区别，如红、橙、黄、绿、蓝、紫中，黄色最为明亮，明度最高，而紫色最暗，明度最低。橙与红和绿与蓝的明度则比较接近，另外颜色受光照的影响，也会出现亮与暗的差别。

纯度——也称彩度，是指色彩的鲜明程度，即色彩中色素的饱和程度的差别。原色和间色是标准纯色，色彩鲜明饱满，所以在纯度上亦称“正色”或“饱和色”。如加入白色，纯度减弱（成“未饱和色”）而明度增强（成为“明调”）；如加入黑色，纯度同样减弱，但明度也随之减弱（则为“暗调”）。

为了便于设计和生产的要求，各种色彩极需要有统一的标准度以利于交流、选用。由此科学家根据色彩三要素的特性研制出定性、定量的科学方法，其中最通用的是美国的孟赛尔色彩体系（图 3-9）。孟赛尔色彩体系是以色环立体将色相、明度、彩度三要素形象地显示出来，并可由数码符号方便地确定其色彩的要素特征。孟氏色立体以明度作为中心轴，将其分为 11 个等级，自下而上由黑、1、2、3、4、5、6、7、8、9、白为止，其中 1 ～ 9 为由深至浅（−L ～ +L）的灰色（图 3-10），然后由中心轴向外做层层放射状的圆环，圆环也自轴向外分成等级，靠轴的内环为 1，依次向外为 2、3……圆环的内外表示色彩的纯度，1 表示纯度最低（即靠近立轴加入的灰色最多），越向外环表示纯度逐渐升高，其圆环水平周边的各个角度的位置则表示不同色相的各种颜色。在孟氏体系的色环中，将色环先分成红、黄、绿、蓝、紫五个主色，再在五个主色之间相互配成五个间色（图3-11），这样色环上就有红（R）、红黄（YR）、黄（Y）、黄绿（GY）、绿（G）、蓝绿（BG）、蓝（B）、蓝紫（PB）、紫（P）、红紫（RP）等十种色相的颜色，然后再将每种颜色分成十等份，按1至10编码，中间的5号为该颜色的正确色相。通过上述的设计，在孟氏色立体模型中，就可方便而正确地定出颜色的标号。如5R4/14是标准红色，其中5R为色相，分子4是明度的等级，分母14是纯度的等级。值得注意的是这一模式并非是对称图形。如果将纯度以渐增的等间隔均分为若干等级，我们会发现：每一色相在不同明度刻度里相对应着不同的纯度等级数，并且在达到极限纯度时的明度刻度值也各不相同。黄色的纯色相为高明度色相，在明度渐变的第8阶达到最高纯度。蓝色的纯色相属低明度，在明度渐变的第4阶到达最高纯度。而紫色的单色相同样属于低明度，在明度渐变的第3阶已经到达了最高纯度。

图3-9 孟赛尔 munsell 色彩树

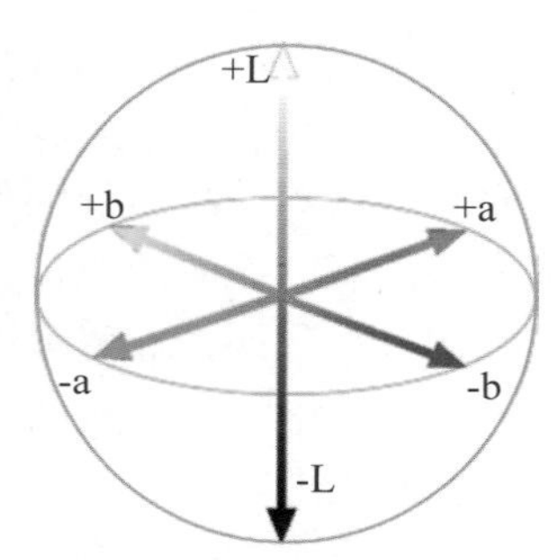

图3-10 孟赛尔色彩树轴线图

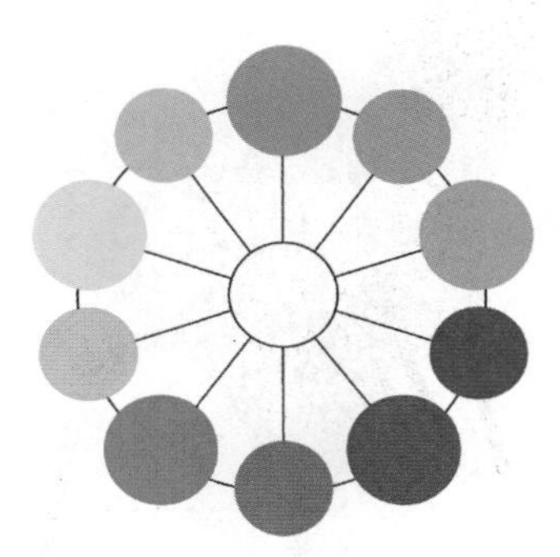

图3-11 孟赛尔色环中的五原色十间色

（2）色彩的感知与心理作用。

“色彩是人类大脑对于各种客观存在的有着特定波长光线物质的主观感知”。当然，我们所看见的色彩并不单是简单的有着不同波长光线的物理作用，而是人类的感知系统对视觉刺激所作出的复杂反应的结果。整个过程包括视觉对色彩的感知和归纳，并将此种信息传送给大脑以及大脑对此种信息进行解码的过程。

事实上在我们现有的科学知识中，关于人类色彩感知具体过程的解释仍然停留在理论阶段，没有人能够确切知道人类是如何看见色彩的。另外有的时候，大脑也会忽视其所获得的信息。随着人类对色彩感知过程了解的进一步深入，很多人对色彩的感知并不只限于视觉，他们甚至可以通过听觉和触觉来感知色彩的存在。

人类的情感影响着人类对色彩的感知，色彩的差异也同样对人类的心理产生作用，影响着人类的情感。色彩的感觉是人的视觉生理机能经过反复的视觉经验而形成的心理感受。如色彩的冷暖感觉、重量感觉、软硬感觉、胀缩感觉、远近感觉等。色彩的不同视觉感受对人们施加的心理作用主要表现在：冷暖、象征、个人喜好、情感反应以及生理反应。

① 色彩的冷暖。红、橙、黄色有温暖感觉，因为自然界中的太阳、火焰、血液等是呈红、橙、黄色，因此我们将这一类色称为暖色；而天的蓝色和水的深绿则具有寒冷感，统称为冷色。明度高的色彩使人感到轻快，而明度低的色彩使人感到沉重。中等明度和中等纯度的色彩显得柔软，而明度低或纯度高的色彩显得坚硬。所谓对比与调和是指色相、明度和纯度的对比与调和。从色相看，两种原色调配出来的间色是第三种原色的补色，亦称对比色，如红与绿、黄与紫、黑与白等，其等量并列，表现为鲜明、强烈等感觉。如含有共同色素的色彩

在色相上相似，我们称为调和色，如橙与黄、红与橙、蓝与绿等，表现为沉静、含蓄和协调的感觉。此外，明度的浓淡、纯度的强弱，分别表现为色彩的对比与调和。

大自然赋予人们一种色彩的视觉感受和联想，以表现各种不同的色彩感情。如对于红、黄、橙等色彩，常使人联想到太阳、火光等而使人感到温暖，就把这类色称为暖色；对蓝绿、蓝、蓝紫等色彩，使人联想到月亮、海水等，给人以冷的感觉，这类色就称为冷色；冷暖之间的色，称为中间色。

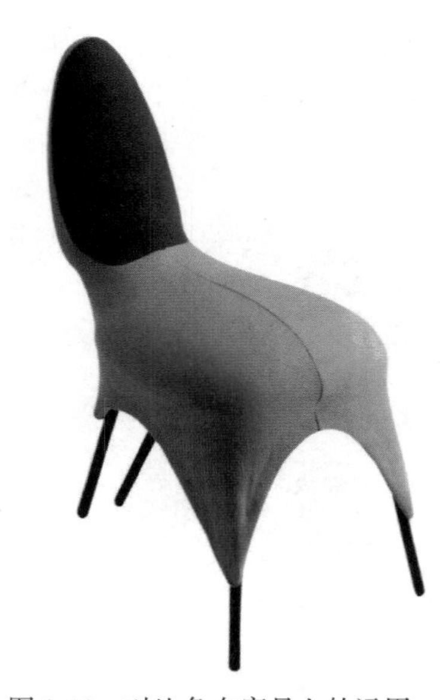
图 3-12　对比色在家具上的运用

暖色和明度高的色彩会有实际位置前移的感觉，或扩张感；而冷色和明度低的色彩会有实际位置后退的感觉，或收缩感。另外色彩在人的情感上会产生强烈的心理效应，如产生兴奋与沉静、活泼与忧郁、华丽与朴素等精神反映。红、橙、黄等纯色给人以兴奋感，我们称兴奋色；而蓝、绿的纯色给人带来沉静感，称沉静色。同样的颜色，其彩度高的色彩给人以紧张感，有刺激兴奋作用，而彩度低的颜色会给人以安静舒适感，有镇静的作用。明度高的颜色会使人感到活泼开朗，明度低的颜色使人感到忧郁。一般彩度、明度高的颜色，显得华丽，而彩度、明度低的颜色显得朴素。金属色和白色属性华丽，而黑色和灰色属性朴素（图 3-12 对比色在家具上的运用）。

② 色彩的象征。色彩在人类生活环境中往往具有特定的含义，如红绿灯在道路交通中被广泛运用，人们会将红色与停止、绿色与前行自动联系在一起。当然，在一个看不到汽车，没有任何交通设施的社会环境里，这种联系与象征意义也不复存在。

在西方的工业文化中，黑色象征着死亡：哀悼者穿着黑衣，而逝世者的灵柩也是由黑色轿车负责运送的。然而在古老的埃及，冥神奥西里斯的雕像被涂成黑色，用来表示种子还在土里萌芽的孕育阶段，在古埃及人的眼里，黑色是与准备迎接新生联系在一起的，而不是俗世生命的结束。西印度群岛的人们使用鲜艳的色彩来纪念死亡，因为这实际上是庆祝死者的灵魂进入了一个更好的世界。在中国和印度，死亡的颜色是白色，穿着未经染制的衣服是一种谦卑的表示，同时白色是与平和、宁静联系在一起的，在美洲某些土著部落里，黑色和反省联系在一起，白色则是冬天的颜色，代表纯洁和新生。

同一色相的不同变化可能会有不同的象征联系。在天主教的宗教艺术中，蔚蓝纯净的天空通常被用来象征天堂。圣母玛丽亚的长袍通常也为蓝色，一种纯度很高的蓝色，用来象征她平静的力量。可如果她的长袍用的是一种深藏蓝色，那么暗示了她为失去儿子所感到的悲伤。

尽管存在着地域、文化、宗教的差异性，人类对某些颜色会赋予相同或相近的含义。如红色在很多文化中都和旺盛的生命力联系在了一起。

（3）色彩的个人喜好。

我们不但根据社会文化对色彩做出反应，同时也会根据自身的喜好对色彩做出反应。

心理学研究已经揭示了人类个体之间对色彩的不同反应，我们会像孩子一样对令人愉快的纯粹的色彩做出反应。从我们的孩童时代起，我们就会对有着醒目色彩的物体情有独钟。

在成人中，那些敏感的人们喜欢红色，保守的人们更为喜欢蓝色，年长的人们会更偏爱淡色，虽然他们极不喜欢黄色。研究发现患有某些精神疾病的人们，对那些无色彩的颜色有特别的偏好（白色、黑色、棕色、灰色）。性格外向的人喜好暖色调，性格内向的人则喜欢冷色调。然而作为一种平衡，人们可能会被能代表其性格中所缺乏特质的色彩所吸引。例如，某些充满生机、外向的、生气勃勃的、冲动型的人们通常喜好红色，可是胆小的人们也有可能喜欢红色。另外，红色也有可能帮助那些绝望或是愤怒的人们平息他们不快的情绪。

个体对色彩的喜好是如此独特，瑞士心理学家麦克斯·卢舍尔因此而发明了卢舍尔色彩测试法被广泛应用于：职员的心理测试、老年疾病的治疗和诊断、各种心理疾病的医疗等。他认为一个人对于特定颜色的喜恶传递了他或她心理性格的各种信息。在测试中，需将一系列彩色卡片按照他最喜欢的、很喜欢的、比较喜欢的……到不喜欢的顺序依次排列下去。完整的实验包括73种色卡，最常用的色卡是：深蓝色、蓝绿色、绿色、橙红色、黄色、棕色、黑色和灰色。一般认为，喜欢蓝色的人们的性格一般趋向于被动、敏感、细腻和忠实；喜欢橙红色的人表现出活跃、争强好斗和精力充沛的特性。当人体内部4种心理原色（红色、绿色、蓝色和黄色）达到一种恰当的平衡，那么就会产生一个快乐的、适应环境的个体。当然，实验中所使用的色卡不是一成不变的，对色彩偏好和人类性格之间的联系，也不存在确定的统一的结论。不过，色彩的选择对于艺术家们有着巨大吸引力，特别是对应用设计的艺术家们。

人类个体对色彩的喜好与选择不只是性格影响的结果，这其中往往具有区域的共性。地理因素也对色彩的选择有着一定的影响。如，那些来自强烈日照国家的人偏爱明亮、温暖的颜色；而那些来自日照不强的国家的人们则喜爱平和的颜色。这是因为在强光环境中，人们的眼睛已经适应了这一强光，所以在心理上形成了对这些暖色调的偏爱。而在那些弱光区域，人们的眼睛适应了平和的光线，所以在心理上形成了对平和色彩的倾斜。又如，斯堪的纳维亚人表现出了对蓝色和绿色的偏好；而地中海人则对红色情有独钟。色彩的喜好对人类个体来说是相当重要的，往往左右着人们心理健康及情绪变化，对于设计师来讲便是其作品成功的关键因素之一。

（4）色彩的情感作用。

人类长期生活在多彩的世界里，根据自己的生活经验，对不同色彩就会产生联想，可以引起人们不同的情感，当看到蓝色时会想到水或天空，令人有气势磅礴的联想；看到红色时会想到烈火或血，让人感受到兴奋、喜庆、热情。像奶油色、象牙色、咖啡色都会使人有温馨的感觉。蓝色表示庄严、肃静，黄色表示尊贵，白色表示纯洁。而现今流行的环保色，即是大地绿色或原木色等。另外，除了色彩本身的实际名称外，大多数用于色彩中被普遍接受的形容词，都带有强烈的感情含义，这说明色彩具有感情的表现力量。不同色彩对人类心理产生影响，并引起情感反应。尽管没有完善、统一的规则，但色彩与情感之间却存在普遍性的关系：

红色：活力、力量、温暖、肉欲、坚持、愤怒、急躁

粉红：冷静、关怀、善意、无私的爱

橙色/桃色：喜悦、安全、创造力、刺激

黄色：快乐、思维刺激、乐观、担心

绿色：和谐、放松、和平、镇静、真诚、满意、慷慨

青绿色：思维镇定、集中、自信、恢复

蓝色：和平、宽广、希望、忠诚、灵活、容忍

深紫蓝色 / 紫罗兰色：灵性、直觉、灵感、纯洁、沉思

白色：和平、纯洁、孤立、宽广

黑色：温柔、保护、限制

灰色：独立、分离、孤独、自省

银色：变化、平衡、温柔、感性

金色：智慧、富足、理想

棕色：世俗、退却、狭隘

虽然，以上联系比较常见，但它们也不是绝对的。如白色对于墙壁来说是最好的色彩，因为它是中性的，可以和任何色彩搭配。但是，从另一种意义上讲，白色又是所有视觉感知中最凄冷的一种色彩。如果白色使用太多，会有令人可怖的感受，并且白色也会损害你的眼睛并会让你感到无趣和缺乏安全感。白色的过度使用会让餐馆失去它所有的客人，即使医院也会令病人感觉不适。所以，色彩的运用需要把握色彩与情感的关系，需要对色彩在不同条件下进行综合搭配。

（5）色彩在家具上的应用。

色彩是表达家具造型美感的一种很重要的手段，是家具设计的主导因素之一，如果运用恰当，常常起到丰富造型、突出功能，表达家具不同气氛和性格的作用。强烈的家具色彩炫耀而奢华，具有积极而兴奋的刺激效能，对于娱乐性的动态活动空间来说颇具助长情绪的效应，但不适用于长时间静态的活动空间；纯度较弱的色彩含蓄而朴实，具有沉静的效能，对于休闲、工作的静态空间较为适宜；单纯统一的色彩较为温柔抒情，适宜私密性和静态活动的家具；鲜明对比的色彩较为强烈主动，适宜动态活动的家具。一般来讲，色彩在家具上的应用，主要包括两个方面：家具色彩的整体调配和家具造型上色彩的安排。具体表现在家具的整体色调、家具的色彩构成和色光的运用（图 3-13 家具设计中的色彩运用）。

图 3-13　儿童坐椅

1）色调。

家具的设色，很重要的是要有主调（整体色调），也就是应该有色彩的整体感。通常多采取以一色为主，其他色为辅，突出主调的方法。常见的家具色调有调和色和对比色两类，若以调和色作为主调，家具就显得静雅、安详和柔美，若以对比色作为主调，则可获得明快、活跃和富于生气的效果。但无论采用哪一种色调，都要使它具有统一感。既可在大面积的调和色调中配以少量的对比色，以收到和谐而不平淡的效果；也可在对比色调中穿插一些中性色，或借助于材料质感，以获得彼此和谐的统一效果。所以在处理家具色彩的问题上，多采取对比与调和两者并用的方法，但要有主有次，以获得统一中有变化，变化中求统一的整体效果。

① 调和色调设计。调和色彩设计包括单色相设计和类似色设计两种基本方法。单色相设计是根据环境综合需要，选择一种适宜的色相，充分利用明度和彩度的变化，可以得到统一中微妙的变化，特点是具有统一的易于创造鲜明的色彩感，充满单纯而特殊的色彩韵味，适

用功能要求较高的公共建筑分区布置的家具，及小型静态活动空间家具的应用。类似色设计是根据空间环境综合需要，选择一组适宜的类似色，并应用明度与纯度的变化配合，适当加入无彩色，使一组色彩组合在统一中富有变化效果。这种类似色设计可以创造出较为丰富的视觉效果，也可以用于区别使用功能的分区家具，适用于中小型动态活动空间家具。

② 对比色调设计。对比色彩设计包括补色设计和等角设计两种基本方法。补色设计是在色环上选择一组相对的色彩，如红与绿、黄与紫、蓝与橙等，利用对比作用获得鲜明对比的色彩感觉。在此基础上加以变化，又可得出分裂补色设计和双重补色设计两种方法。分裂补色设计是在补色的基础上将其中一组改为类似色共同对比，从比较的角度来看，它的对比性较补色略小，而统一性与变化性却较大，这种基于对比和谐的色彩设计，具有强烈而丰富的视觉效果，适于大型动态活动空间家具的应用。双重补色设计是两组类似色共同对比，形成四种色彩对比，其强烈程度小于分裂补色，变化性与统一性却大为增加，因为它包含着冷、暖色相，而有着浓重而丰富的变化，使之富于华丽的效果，也适用于大型动态活动空间的家具选用。等角设计分为三角色设计和四角色设计。三角色设计是在色环上选择一组成正三角关系的三角色，如红、黄、蓝三色，在组合上较富于灵活性，有华丽而喧闹的效果，适于娱乐性和儿童环境的家具应用。四角色设计是在色环上选择一组成正方形关系的四角色，可产生四种色相相互对比，较双重补色设计更具鲜明强烈，有华丽多彩的特征，主要表现在装饰织物面料上和应用在功能分区的成组家具上。

③ 无彩色调的运用。从物理学的观点，黑、白、灰不算颜色，理由是可见光谱中没有这三种颜色，故称无彩色（或称非彩色），以便和光谱中的各种彩色区别。无彩色没有彩度，且不属于色相环，但在色彩组合搭配时，常成为基本色调之一，与任何色彩都可配合。从心理上看，它们完全具备颜色的性质，而且起色料必须的作用。黑鱼的表面能吸收所有光线而不产生反射现象，心理上和夜或黑暗相关，有情绪低沉的感觉。然而，由于其消极性能使相邻的色显眼，当它与某个色彩相处一起时，可使这个色彩显得更为鲜艳。所以，无彩色的恰当运用能提高和增强同一空间内的色彩彩度。白色的固有感情既不是安静，也不是刺激，根据所处色彩环境的不同，可变为暖色或冷色，白色的家具给人以干净、纯洁的感觉。灰色是黑白相间的中间调无彩色，具有黑白两色综合特性，对相邻任何色彩没有丝毫影响，无论哪一种色彩都能把固有的感情原样表现出来，它不像黑色那样使别的颜色突出，也不像白色那样使别的颜色鲜明，显得比较中性，是理想的背景色，可用于衬托强烈色彩，能冲淡、中和、协调各个色相之间的关系，一些对比强烈的色彩，可借助灰色而调和。灰色一般是由黑白混调而成，但也可以白色环上的色相采用不等量的混调而出，可产生偏重某色相的灰色，这种带有色相的灰色可打破单调，看起来有生气和装饰意味，在家具中颇为实用（图 3-14 灰色家具）。

2）色光。

色彩在家具上的应用，还须考虑色光问题，即结合环境、光照情况。如处于朝北向的室内，由于自然光线的照射，气氛显得偏冷，此时室内环境多近于暖色调，家具的色彩就可运用红褐色、金黄色来配合；如环境处于朝南向，在自然光照射下，显得偏暖，这时室内多近偏冷色调，家具的颜色可使用浅黄褐或淡

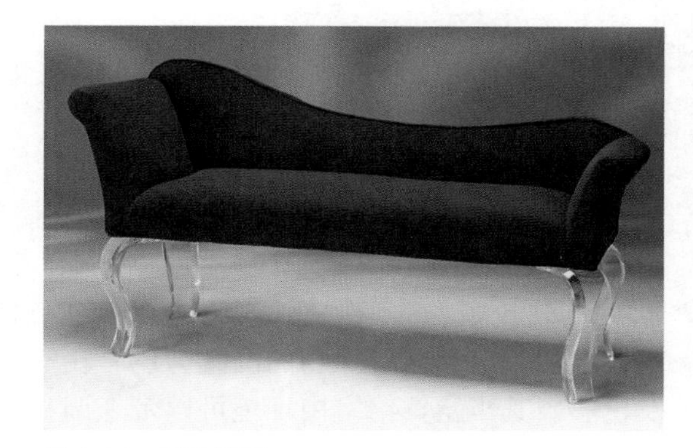

图 3-14　灰色家具

红褐色相配合，以取得家具色彩与室内环境相协调统一。除此，在日光下，色彩的冷暖还会给人一种进退感，如同样的家具，在自然光照射下，暖色调的家具比冷色调的家具显得突出，体量也显很大些，而冷色调则有收缩感，因此在家具造型上，有时就运用了这种色彩的进退表现特征，如家具常通过运用浅色、偏冷色的艺术处理，来获得心理上较大的空间感。家具的照明往往更依赖于人工光源，我们所熟悉的白炽灯光就要比正午的阳光更偏红，而日光灯的光线色彩取决于灯管上所覆盖的荧光性化学物质的多少。由于普通的日光灯是偏蓝色的，那么一根有着暖橙色的日光灯就可以与一根偏蓝色的日光灯混合使用，以达到白色的灯光效果。较为昂贵的全光谱日光灯可以制造出近似太阳光的光线，而在白炽灯光下的普通色彩在自然光线中会显得更为艳丽。

色彩在家具设计的具体应用上，决不可脱离实际，孤立地追求其色彩效果，而应从家具的使用功能、造型特点和材料、工艺等条件全面地综合考虑，给予恰当地运用。家具的设色，必须充分考虑在不同光照下的效果，兼顾不同光源和环境的配合，另外，也要与各种使用材料的质感相结合。因为各种不同材料，如木、织物、金属、竹藤、玻璃、塑料等所表现的粗、细、光、毛等质感，由于受光和反光的程度不同，反过来也都会相互影响色彩上的冷、暖、深、浅。现代家具十分讲究运用木材的自然本色，以它质朴的材料质感，赢得了很好的艺术效果。

（6）家具色彩与材料的选用。

家具色彩主要体现在木材自身的固有色，保护木材表面的涂饰色，覆面材料的装饰色，金属、塑料所有的工业色及软包家具的织物色。

① 木材固有色。在我们的日常生活中，有相当多的家具是木制的。木材是一种天然材料，它的固有色成了体现天然材质的最好媒介。木材种类繁多，其固有色也就十分丰富，有淡雅，也有深沉，但总体上是呈现暖色调。常用透明的涂饰以保持木材固有色和天然的纹理，具有亲切、温柔、自然高雅的情调，因此被广泛的应用。

② 保护性的涂饰色。木家具大多需要进行保护涂饰。一方面为了避免木材受大气影响，延长其使用寿命；另一方面经涂饰的家具在色彩上起着美化家具和环境的作用。涂饰分两类，一类是透明涂饰，另一类是不透明涂饰。透明涂饰本身又有两种，一种是显露木材的固有色；另一种是经过染色处理，改变木材的固有色，但纹理依然清晰可见，使低档的木材具有高档木材的外观特征。不透明涂饰是将木材的纹理和固有色完全覆盖，使人感觉不到其木材木质的高低，涂饰色彩极其丰富，常受青年人和儿童的喜爱。

③ 人造板覆面装饰色。在现代家具的制作中，有大量的部件是用人造板来制作的，因此人造板的覆面材料装饰色就决定了家具的颜色。人造板覆面材料及其装饰色极其丰富，有高级珍木夹板覆面，也有低级夹板面上覆高级珍木照相纸板的，有各色 PVC 塑面板覆面的，也有仿制各式木材的装饰板覆面。这些饰面板对家具的色彩及装饰效果起着重要作用（图 3-15 人造板家具覆色）。

④ 金属、塑料的工业色。工业化生产的金属、塑料家具体现了现代家具的风韵，富有时代感，金属制作中的电镀工艺，既保护了钢管，又增添了金属的光彩。而塑料鲜艳的色彩点拨了人们的生活情趣。

⑤ 软包家具的织物色。软包家具常指软椅、沙发、床背、床垫等，往往在室内家具中占有较大面积，因此其织物的图案与色彩在室内环境中具有相当重要的作用。由于织物的种类及色彩极其丰富，给室内环境可以带来调和或对比的色彩，特别是一些靠垫，它可以不同的色彩织物适应种种环境色调而取得画龙点睛的艺术效果。有了上述色彩应用于家具的物质条

图 3-15　人造板家具（覆色）文丘里设计

件外，家具的色彩设计还必须考虑下述因素——家具的色彩设计离不开室内环境的整体氛围，不能单件孤立地考虑，它必然是成组家具与室内环境色彩的配置设计。往往室内四周的界面色彩成为家具的背景色，在设计时有调和及对比两种色彩设计的方法。若以调和的手法，则整个室内、家具与各界面之间的色彩和谐统一，显得幽雅、宁静；若以对比的手法，则家具色彩明快突出于环境的背景色，使室内环境显得活跃而有生气。无论采用调和或对比哪一种手法，都离不开运用色相、明度、彩度三要素的色彩构成原理。如选用调和为主调时，在色相上可运用相近的色系，在明度上则级差不能太大，彩度上也以较低的不饱和色为主，以得到柔和沉稳的感觉。在设计对比主调时，方法较多，它可以用色相的对比，也可用明度和彩度的对比。除此以外，色彩设计要注意色彩的面积效应，即面积大时，色彩的明度和彩度都有提高的现象。根据这一特性，设计色彩时，小面积的色彩可以彩度高，而大面积时应避免高彩度的设计。总之，家具的色彩设计必须和室内环境及其使用功能作整体统一考虑。

2. 质感

家具的设计制作要通过丰富的材料来实现，每一种材料都具有独特的材质（肌理、质地），材质便是物体表面材料产生的一种特殊品质，包括粗糙、平滑等组织构造及其他物理特性，人们通过触觉、视觉器官对其感知形成不同的感觉与情感，即是材料的质感，它是人们对材质的粗细、软硬、冷暖、轻重等综合特性的集中感受。质感有两种基本类型，一是触觉质感，在触摸时可以感觉出材质（肌理）的粗细、疏密、软硬、轻重、凹凸、糙滑、冷暖等，触觉质感是真实的；二是视觉质感，用眼睛看到的暗淡与光亮、有光与无光、光滑与粗糙、有纹与无纹等，视觉质感可能会是一种错觉，但也可能是真实的。通常，触觉质感均能给人以视觉质感，但视觉质感是无法通过触摸去感受，而是由视觉感受引起触觉经验的联想来产生触觉质感。因此，质感是人们触觉和视觉紧密交织在一起而感觉到的，图 3-16 即为解构主义设

计师弗兰克·盖里通过对结构肌理强调所设计的椅子。

在家具的美观效果上，质感的处理和运用是很重要的手段之一。不同的材料有不同的材质、肌理，即使同一种材料，由于加工方法的不同也会产生不同的质感。虽然家具材料的质感丰富多彩，但总体可从两方面来理解：

一是材料本身所具有的天然性质感，如木材、玻璃、金属、大理石、竹藤、塑料、皮革、织物等，由于其材料本质的不同，人们可以轻易地区分和认知，并根据各自的品性在家具中加以组合设计，搭配应用，可以获得各种不同的家具表现特征。木制家具由于其材质具有美丽的自然纹理、质韧、富弹性，给人以亲切、温暖的材质感觉，显示出一种雅静的表现力。而金属家具则以其光泽、冷静而凝重的材质，更多的表现出一种工业化的现代感。至于竹、藤、柳家具则给人以柔和的质朴感，充分的展现来自大自然的淳朴美感，如图 3-17 所示。

二是指对材料进行不同方法的加工处理而显示的质感。如对木材不同的切削加工，可以得到不同的纹理效果，如径切面纹理通直平行、均齐有序、美观；弦切面纹理由直纹至山形纹渐变，较美观；旋切面纹理呈云形纹，变幻无序，美观性较低；从径切面、弦切面至旋切

图 3-16　弗兰克·盖里设计

图 3-17　国外家具设计

面，轻软、温暖、弹性等质感渐次降低。对木材进行不同的涂饰装饰，也具有不同的表面质感，如不透明涂饰不露木纹，呈现较冷、重、硬、实之感；透明涂饰显现木纹，展现木材温、软、韧、半透明之感；亮光涂饰光泽明亮，呈现偏硬、偏冷、反光之感；亚光（消光）涂饰，光泽柔和，具有温暖感。对玻璃的不同加工，可以得到镜面玻璃、毛玻璃、刻花玻璃、彩色玻璃等不同艺术效果，如竹藤采用不同的缠扎和编织，都可获得极佳的图案肌理质感效果。对金属施以不同的表面处理，如镀铬、烤漆等，效果也各不相同。再如竹藤的不同编织法，表达了不同的美感效果。这一切，都对家具的造型产生直接影响。

在家具设计中，除了应用同种材料外，还可以运用几种不同的材料，相互配合，以产生不同质地的对比效果，有助于家具造型表现力的丰富与生动，但要注意获取优美的质感效果，不在于多种材料的堆积，而在于体察材料质地美的鉴赏力上，精于选择适当而得体的材料，贵在材料的合理配置与质感的和谐运用。如设计大师密斯·凡·德罗设计的“巴塞罗那”椅（图 1-1），支架以光亮的扁钢，坐靠垫以黑色柔软的皮革制成方块凹凸的肌理，坐椅充满弹性，舒展大方；又如著名设计师伊姆斯设计的休闲“伊姆斯”椅，以可变的金属支架支撑着上部用花梨木胶合板和皮革软垫合成的坐靠垫，使整个坐具具有一种雕塑感（图 3-18）。

一般来说，家具造型设计并不利用表面质地处理来掩饰材料，而是注重突出材料的原状或本质特性。例如露木纹的暖色木质、光亮的大理石等，尽可能保持材料本质原状和体现自

然美，这种做法较为尊重材料的质感。现代家具生产工艺水平的提高，更加开拓了材料质地的表现形式，为发掘材料本身的质地美提供了更大的便利，以材料质地美代替各种费工费时的掩饰材料的虚假装饰，利用材料对比的表现手法尊重材料的质感，已成为现代家具造型设计的新时尚。

图 3-18 查尔斯·伊姆斯设计

3. 装饰

家具作为科学技术与文化艺术相结合的具有实用价值的艺术品。其所具有的艺术观赏性能起到美化环境、陶冶性情、传播文化等诸多美的享受。其艺术性主要表现在造型、色彩和装饰等方面，这其中的装饰要素是最富文化价值的表现手段。它包括对家具形体表面的美化、局部微细的艺术处理和增加特殊的装饰部件等。好的装饰能够恰如其分地融合于功能所主导的形体之中，能赋予家具美观的色泽、质感、纹理、图案，增强家具主体的印象与美感，使其形、色、质得到充分完美的结合，给人以舒适的感受，同时，也能保护产品的性能质量，以便延长其使用寿命。增加与建筑、室内环境艺术的统一协调性，弥补由于使用功能与造型之间的矛盾。家具装饰一般在视线容易停留之处进行，家具形体的尽端、正立面、侧立面或桌台面等都是人们视线最容易停留之处，加上装饰更易使人注目，可获得很好的视觉效果。

家具装饰的形式和装饰的程度，应根据特定家具而定。对于现代家具而言，主要是通过色彩和肌理的组织对家具表面进行美化，达到装饰的目的。对于古典家具而言，主要是应用传统工艺，根据风格特征对家具的特殊部位进行装饰，体现出艺术特色。家具装饰要把握好局部和整体之间的关系，装饰要服从造型，为造型服务，造型与装饰都必须统一在功能要求之下，组成有机统一的整体，不能破坏家具的整体形象。

根据家具装饰的特点一般可分为：面层装饰、构件装饰和艺术装饰。

（1）面层装饰。

家具面层装饰一般指美化家具面层，防止直接受外界环境影响的各种表面加工处理。

面层装饰除了美观之外，还有保护家具本身构造的作用。家具构成材料直接暴露在外，受外界影响很快会发生损坏，因湿度变化而胀缩或锈蚀，从而引起翘曲、开裂或生锈；因阳光的作用而变色；因尘土等不洁之物而脏污，这样未经面层装饰处理的家具，不仅缩短使用寿命，而且还会影响卫生和美观。家具的面层装饰一般要根据材料的属性进行处理。

如用于木材面层装饰方法一般有两种：涂料装饰和贴面装饰。涂料装饰主要有两种形式：一是透明漆装饰，能保留木材自然纹理和色彩，并能使之格外清晰明显。年轮细密、管孔细小、纹理优美的高贵硬质木材多用此种方法；二是不透明油漆装饰，可完全遮盖木材纹理，用于纹理不悦目或纹理配列不正常的木家具。它的优点是可根据设计选用各种颜色和根据材料取得亮光和亚光等效果。贴面装饰是将片状或膜状的饰面材料，如刨切薄木（天然薄木或人造薄木）、印刷装饰纸、树脂浸渍纸、树脂装饰板（防火板）和塑料薄膜等面层材料粘贴在家具表面上而进行的装饰。

在家具设计中，除利用涂饰与贴面的功能性装饰以外，还可以根据不同材质进行雕刻、压花、镶嵌、烙花、绘画和贴金等艺术性装饰手法，对家具方材或板件等零部件表面（面层）及其局部进行装饰处理，都属于家具的面层装饰（图 3-19 中国传统家具中的浮雕工艺）。

（2）构件装饰。

构件装饰是直接利用家具构件本身将其进行艺术化处理，使构件装饰化，它与艺术装饰不同，往往自身具有很强的功能作用。如传统家具中的线型与线脚，对家具的整体结构或个别构件进行艺术加工，既丰富了家具边缘轮廓线的韵味，又增加了家具艺术特征的感染力，是一种饶有趣味的装饰手法。中国明式家具，就十分强调运用简洁线型与线脚装饰，表现出简朴中见浑厚，挺拔中求圆润的独特风格。传统家具多在局部构件上进行装饰，在横竖支架角点之间装有替木牙子、托角牙子、云拱牙子、云头牙子、弓背牙子、棂格牙子、悬鱼牙子。在四周边框之间有壶门卷口、鱼肚卷口、海棠卷口等，这些装饰构件构成了中国传统家具的特点。另外，家具主体的附属部分也是构件装饰的重点，如五金配件、装饰配件、织物、灯具、商标、玻璃（镜子）等，它们既起到一定的功能作用又对家具形体的表面或局部进行了点缀装饰处理（图 3-20）。

（3）艺术装饰。

为增加美观效果，在家具面层或特殊部位进行富有艺术性的附加装饰称为家具艺术性装饰，它是家具的有效补充，类似绘画、镶嵌、薄木胶贴、雕刻、压花、喷砂和贴金等。这些

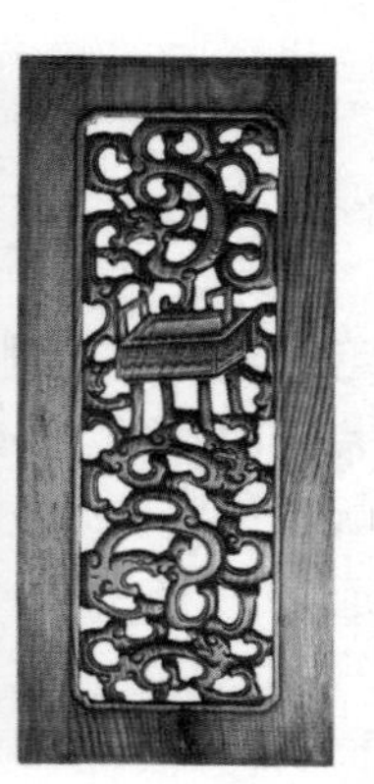

图 3-19　中国传统家具中的浮雕、透雕工艺（明）

图 3-20　明式家具中的双环卡子花

装饰处理手法只要运用合理、恰当，可使家具获得良好的装饰艺术效果。如家具上的绘画装饰可直接画在家具上，也可烙烧在木板上，与家具有机地组成整体，使其富有文化气息与艺术品位。 镶嵌装饰是用一种或多种材料，在家具面层进行嵌饰。根据使用材料不同，可分为整体嵌饰和工艺嵌饰。整体嵌饰材料如大理石、装饰瓷片常见于清代家具。大理石是整块的，用在较大面积桌面、靠背心板等处，在石料选择上，追求绘画的意境，体现烟云，风景趣味的“泼墨”和“晕染”的效果。工艺镶嵌是吸收工艺美术的方式，采用螺钿、象牙、牛骨、彩石、金银丝等多种材料制成图案嵌入硬木家具上，经打磨后用大漆、髹漆完成。利用木材自然纹理的薄木进行纹样拼贴，是欧洲近代家具常用的手法，既节约了贵重木材，又增强了家具装饰艺术的感染力。在具体处理方法上，其形式是多种多样的，可用同一形状的纹理作连续排列，也可拼装成连续图案和构成单独、适合图案。 木雕装饰是中外传统木家具常用的一种手段，雕刻形式有线雕、浮雕、透雕等，题材广泛，内容丰富，从动植物到人物故事，从日常生活到神话传说等（图 3-21）。

图 3-21　黄花梨山水人物浮雕（明）

不论运用何种装饰方法，都要考虑布局，讲究章法。处理好局部装饰和整体造型之间的关系，要避免装饰过分，要恰如其分对整体家具起到画龙点睛的作用。如中国明代家具以素雅为主，从不滥加装饰，偶尔施用局部木雕，也与功能、结构浑然一体相得益彰。

第 3 节　家具的造型法则及应用

家具设计在掌握了造型基本要素之后，还要将这些要素进行综合设计，巧妙地运用艺术上的构图法则及形式美的一般规律。家具造型构图法则是创造家具美感形式的依据，即是艺术原理在家具造型设计上的直接应用。艺术原理是人类经过长期的艺术实践，针对自然和人为的美感现象加以分析和归纳而获得的共同结论，也是概括提炼的艺术处理手法，适用于所有的艺术创作。家具是艺术领域中一部分，由于审美标准含有浓厚的普遍性，只要能充分把握共同视觉条件和心理因素，就能衡量相对客观的审美价值，虽然这些艺术原理并不是绝对规律，但它具备了人类审美的共同要素，学好并运用好它们是家具艺术设计的基础。当然，家具又具实用的属性，并受到使用功能、材料、结构、工艺等具体因素的制约，因此在运用这些艺术法则的同时，应遵循不违背材料的特性和结构的要求，不违背使用功能的实用性和工艺技术的可行性等原则。

造型的构图法则是形式构图的原理，或者是形式美的一般规律。它是形式构图原理或形式美的一般规律在家具造型设计中的应用和艺术处理手法。家具造型设计所遵循的构图法则主要有比例与尺度、统一与变化、韵律与节奏、均衡与稳定、模拟与仿生、错觉的运用等。

一、比例与尺度

任何形状的物体，都具有长、宽、高三维方向的度量。我们将各方向度量之间的关系及物体的局部和整体之间形式美的关系称之为比例，因此良好的比例是获得物体形式上完美和谐的基本条件。对于家具造型的比例来说，它具有两方面的内容：一方面是家具整体的比例，它与人体尺度、材料结构及其使用功能有密切的关系；另一方面是家具整体与局部或各局部之间的尺寸关系。和比例密切相关的家具特性是尺度，比例与尺度都是处理构件的相对尺寸，比例是指一个组合构图中各个部分之间的关系，尺度则特指相对于某些已知标准或公认常量对物体的大小。家具尺度

图 3-22　家具设计中比例与尺度的夸张运用 麦金托什设计

并不限于一个单系列的关系，一件或一套家具可以同时与整个空间、家具彼此之间以及与使用家具的人们发生关系，有着正常合乎规律的尺度关系。超过常用的尺度可用以吸引注意力，也可以形成或强调环境气氛（图 3-22）。

二、统一与变化

统一与变化是客观世界存在的，是艺术造型中最普遍的规律，也是最为重要的构成法则之一。在艺术造型中从变化中求统一，统一中求变化，力求变化与统一得到完美的结合，使设计的作品表现得丰富多彩，是家具造型设计中贯穿一切的基本准则。统一是指性质相同或形状类似的物体放在一起，造成一种一致的或有一致趋势的感觉。而变化是指由性质相异和形状不一的物体放在一起，造成显著对比的感觉。统一产生和谐、宁静、井然有序的美感，但过分统一就会使人感到贫乏、呆板、单调乏味。变化则产生刺激、兴奋、新奇、活泼的生动感觉，但变化过多又会造成杂乱无序，刺激过度的后果。只有做到变化与统一的结合，才能给人以美感。家具是人类直接使用的众多器具的统称，由一系列的零部件通过一定的结构形式与连接方法，构成了丰富多彩的式样。另外，由于功能要求及材料结构不同导致了形体的多样性，在设计中，不但要求单件家具本身要统一，也要考虑一组家具的统一，以及与室内外环境统一，求得家具各部分的联系和整体性便是家具造型中的统一，而家具各部分的区别和多样性就是家具造型的变化。统一与变化是矛盾的两个方面，它们既相互排斥又相互依存。统一是在家具系列设计中的整体和谐，形成主要基调与风格。变化是在整体造型元素中寻找差异性，使家具造型更加生动、鲜明、富有趣味性。统一是前提，变化是在统一中求变化（图 3-23）。

图 3-23　家具设计中统一与变化的运用 约瑟夫·霍夫曼设计

家具设计的统一性从本质上讲是以一种理性的组织规律在形式结构上所形成的视觉条理，有秩序地创造出事物的共性，有规律地组织空间形式，并产生井然有序的美感，赋予统一的意念。具体到家具设计就是指把若干个不同的组成部分（如家具与家具之间以及家具各部分之间）按照一定的规律和内在联系，有机地组成一个完整的整体，造成一种一致的或具有一致趋势的感觉。对称、均衡、整齐、重复、协调（调和）、呼应等都倾向于稳定的状态，都近于统一的要求。统一在家具中的最简单的表现手法是协调和重复，将某些因素协调一致，将某些零部件重复使用，在简单的重复中得到统一。即要求家具中的不同线条、形状、色彩、材料质地、结构部件、表面装饰以及线型（型面）、脚型、拉手、五金配件、装饰件等服从于同一基调和格式，使各种家具造型要素互相协调、呼应、融洽。

家具设计的变化是指将性质相异的要素并置一起，形成对比感觉，是一种智慧、想象的表现，显示种种因素中的差异，造成视觉上的跳跃，在单纯呆滞的状态中，重新唤起活泼新鲜的韵味。以变化手法进行造型设计，可收到丰富别致的构图效果。这一规律应用到家具的造型设计上，表现为大与小的对比、横与竖的对比、虚与实的对比、材料质感的对比、粗与细的对比、色彩明与暗的对比等。通过这些因素的对比变化，使家具显得生动、活泼、富于生气。变化是在不破坏整体统一的基础上，将性质相异的造型要素进行并置，强调它们的差异性与对抗的效果，造成显著对比的一种感觉，取得生动、多变、活泼、丰富、别致的效果。家具在体量、空间、形状、线条、色彩、材质等各方面都存在差异，在造型设计中，恰当地利用这些差异，就能在整体风格的统一中求得变化。如线或形，按显著的差异程度组织在一起加以对照和衬托，以产生一种特定的艺术效果。其强调同一要素中不同程度的差异，以相互衬托、呈现个性。

具体表现为：线条——长与短、曲与直、粗与细、横与竖等；形状——大与小、方与圆、宽与窄、凹与凸等；色彩——浓与淡、冷与暖、明与暗、强与弱等；肌理——软与硬、粗与细、光滑与粗糙、透明与不透明等；形体——大与小、虚与实、开与闭、疏与密、简与繁等；体量——大与小、轻与重、笨重与轻巧等；方向——高与低、前与后、左与右、垂直与水平、垂直与倾斜、顺纹与横纹等。

在家具设计中，不论是单件还是成套家具，不论是造型式样还是构图、色彩都离不开统一和变化，它是设计创造的精髓，贯穿于设计的全过程。只有综合运用它的组合规律，才能取得完美的家具造型效果。在具体运用过程中又存在不同的表现形式，如在对称与均衡、协调与对比、重复与韵律中，前者具有统一性，而后者则是在统一中求变的不同表现。

三、对称与均衡

对称与均衡是指空间各部分的重量感在相互调节之下所形成的静止现象，在视觉上不同的造型、色彩和质感等要素有一种不同重量感，将这些感觉保持一种不偏不倚的安定状态时，即可产生平衡效果，它是自然界物体遵循力学原则，反映客观物质存在的一种形式，事物运动是动力与重心两者矛盾的统一，对称与均衡是这种运动形式升华的一种美的法则，它有保持物象外观匀称感觉，是统一与变化“适度”的一个方面，对称可使家具统一，均衡可使家具变化（图3-24家具设计中寻求均衡的变化）。

图3-24　汉斯·霍莱因设计的“马丽莲·梦露”沙发家具设计中寻求均衡的变化。

1. 对称

对称一词源于希腊语，意为“同时被计量”，就是两个以上的部分务必被一个单位整除，即各部分之间要含有公约量。具体地说，它是通过轴线或依支点相对形成的同形同量的一种平衡状态，同样是一种形式原理，对称的形式很多，在家具造型中常用的有如下几类：①镜面对称：是最简单的对称形式，它是基于几何图形两半相互反照、均等。这两半彼此相对地配置同形、同色的形体，有如物品在镜子中的形象一样，镜面对称也称绝对对称，如果对称轴线两侧的物体外形相同，尺寸相同，但内部分割不同则称相对对称，相对对称有时候没有明显的对称轴线。②轴对称：是围绕相应的对称轴用旋转图形的方法取得的。它可以是三条、四条、五条、六条中轴线相交于一个中心点，作三面、四面、五面、六面等多面均齐式对称。③旋转对称：是以中轴线交点为圆心，图形绕圆心旋转，单元图形本身不对称，由此而形成的二面、三面、四面、五面等旋转式图形即旋转对称。用绝对对称、轴对称和旋转对称格局设计的产品，普遍具有整齐、稳定、宁静、严谨的效果，如处理不当，则有呆板的感觉。对于相对对称的形体，则要求利用表面分割的妥善安排，借助虚实空间的不同重量感、不同材质、不同色彩造成的不同视觉力来获得均等的效果。

2. 均衡

均衡是非对称的平衡，指一个形式中的两个相对部分不均等，但因量的感觉相似而形成的平衡现象，从形式上看，是不规则中有变化的平衡。在家具造型过程中，左、右、前、后各部分之间的轻重关系或相对重量感都遵循力学的原理，以平静安稳的形态出现。各部分的重量关系必须符合人们在日常生活中形成的均齐、平衡、安稳的概念。它要求在特定空间范围内，使形体各部分之间的视觉力保持平衡。均衡有两大类型，即静态均衡与动态均衡。静态均衡是沿中心轴左右构成的对称形态，是等质等量的均衡，静态均衡具有端庄、严肃、安稳的效果；动态均衡是不等质不等量非对称的平衡形态，动态均衡具有生动、活泼、轻快的效果。常用的均衡形式有两种动态均衡：对于不能用对称形体安排来实现均衡的家具，常用动态均衡的手法达到平衡。动态均衡的构图手法主要有等量均衡和异量均衡两种类型。

等量均衡法是一种静态均衡形式，采用对称中求平衡的方式，通过各组单体家具或部件之间，局部的形与色之间，自由增减，把握图形均势平衡，使其上下左右分量相等，以求得平衡效果。这种均衡是对称的演变。在大小、数量、远近、轻重、高低的形象之间，以重力的概念予以平衡处理，具有变化、活泼、优美的特征。

异量均衡法是一种动态均衡形式，形体无中心线划分，其形状、大小、位置可以各不相同。在家具造型的构图中，常将一些使用功能不同、大小不一、方向不同、组成单体数量不均的体、面、线和空间作不规则的配置。这种异量均衡的形式比同形同量、同形异量的均衡具有更多的可变性和灵活性。在形式上能保持或接近保持均等，在不失重心的原则下把握力的均势，在气势上取得统一而相互照应的稳定感，能给人一种玲珑、活泼、多变的感觉。

四、协调与对比

协调与对比是反映和说明事物同类性质和特性之间相似和差异的程度，在论述艺术形式时，经常涉及有机整体的概念，这种有机整体是内容上内在发展规律的反映。就家具造型设计来说，它的内容主要是功能，家具造型必然要反映功能特点，而家具的使用范围很广，就决定了功能本身含有很多差异性，反映到造型上就必然会呈现出各种差异，协调和对比就是如何运用这些差异性来求得家具造型的完美统一。我们将造型诸要素中的某一要素中或不同造型要素之间的显著差异组织在一起，使其差异更加突出、强化的手法称为对比，反之将造型要素中之差异尽量缩小，使对比的各部分有机地组织在一起的手法称为协调。协调与对比是统一与变化法则的具体应用手法，二者是相辅相成的，在应用时应注意主次关系，即在统一中求变化或在变化中求统一的概念中

图 3-25　艾洛·阿尼奥设计

就存在着以哪一种为主的逻辑关系。在家具造型设计中，几乎所有的造型要素都存在对比因素（图3-25家具设计中造型的协调、统一与色彩的对比、变化）。

协调可以解释为通过一定的处理手法，把有差异的对比细部和类似的细部共同结合，只要能给人以融洽而愉快感觉的形式，皆是和谐的形式。在家具造型中和谐是指家具各部的体量、空间、形状以及色彩、质感等要素基于统一的手法下，在成套家具中通过缩小差别程度，寻求同一因素中不同程度的共性，把对比的部分有机地结合在一起，以达到互相联系，表现共同的性质。

如线条——长与短、直与曲、粗与细、水平与垂直；形状——大与小、方与圆、宽与窄、凸与凹；色彩——冷与暖、浓与淡、明与暗、轻与重；肌理——光滑与粗糙、软与硬、粗与细、透明与不透明；形体——开与闭、疏与密、虚与实、大与小、轻与重；方向——高与低、垂直与水平、垂直与倾斜。

在具体设计时，往往许多要素是合在一起不可分离的。如线和形及形体，是组合在一起的，而色彩则跟随材质起变化。一个好的造型设计总是将这些可变的造型要素，综合考虑，取得完美的造型效果。如中国明式家具（架子床），处处体现了造型对比与和谐的设计手法，其中有直线与曲线的对比，有疏密、粗细结构上的对比，有方和圆的形体对比，这些造型对比因素又被到处可见的圆润处理手法和谐地统一于流畅的线条中。

五、重复与韵律

重复与韵律是自然界事物变化的现象和规律。如日月、昼夜的循环更替，动植物的生长、繁衍，水纹、波浪的起伏运动以及人类打夯、摇船重复的劳动动作等。这种有规律的重复，常常是减少能耗、增加效率的最佳途径，人类在对大自然的认识过程中总结与体会出重复和韵律美感，它们也是变化与统一法则的一种艺术处理手法。重复是产生韵律的条件，韵律是重复的艺术效果，韵律具有变化的特征，而重复则是统一的手段。在家具造型设计上，韵律的产生系指某种图形、线条、形体、单件与组合有规律地不断重复呈现或有组织地重复变化，它可以使造型设计的作品产生节律和畅快的美感，直至增强造型感染力的作用。这一艺术处理手法也被广泛应用。表现类型有反复及渐变两种（图3-26重复与韵律在家具设计中的巧妙运用）。

图3-26　家具设计中重复与韵律的运用

1. 重复

重复是指相同或相似的构成单元（即节奏）作规律性的逐次排列。相同单元的反复产生统一感相似单元的反复形成统一中的变化相异的单元交互排列，则构成交替反复的模式，可导致变化中的统一。它不仅是统一与平衡的必要基础，而且也是和谐的主要因素。在家具造型中它是由家具构件排列、家具装饰手法及单件家具组合形成。

2. 韵律

韵律是任何物体构成部分有规律重复的一种属性，韵律美是一种有起伏、有规律、有组织的重复与变化。世间万物的运动都带有韵律的关系，如音乐与诗歌、工作与休息、呼吸与心跳等都是一种富有韵律感的自然现象。把对于人们有感染力的形、色、线有计划、有规律地组织起来，并符合一定的运动形式，如渐大渐小、递增递减、渐强渐弱等有秩序按比例地交替组合运用，就产生出旋律的形式。可以说，自然界中的万物皆潜在着韵律现象或旋律美感。

3. 韵律的形式

韵律是艺术表现手法中有规律地重复和有组织地变化的一种现象。这种重复和变化常常会使形象生动活泼并具有运动感和轻快感。无论是造型、色彩、材质，乃至于光线等静态形式要素，当在组织上合乎某种规律时，在人们视觉和心理上都会引起律动效果，这种韵律是建立在比例、重复或渐变为基础的规律之上的。重复是产生韵律的条件，韵律是重复的艺术效果。韵律按其形式特点可分为连续的韵律、渐变的韵律、起伏的韵律、交错的韵律等多种不同类型。

（1）连续韵律是由一个或几个造型要素，按照一定距离或者排列规则连续重复出现，形成富有节奏的韵律。这种韵律形式在家具设计中应用较广，如椅子的靠背、橱柜的拉手、家具的格栅等，都是利用构件的排列取得连续的韵律感，由单一的元素重复排列而得的是简单的连续韵律，显得端庄沉着。由几个造型元素重复排列可得到复杂的韵律，取得轻快、活泼、丰富的艺术效果。

（2）渐变韵律是在某一（组）造型要素连续重复排列的过程中，对其特定的变量进行有秩序、有规律的渐变，形成富有变化的韵律。如在家具造型设计中常见的成组套几（图 3-23）或有渐变序列的橱柜。

（3）起伏韵律：将渐变的韵律再加以连续地重复，则形成起伏韵律。起伏韵律具有波浪式的起伏变化，产生较强的节奏感。如家具造型中起伏的边线装饰，家具的高低错落排列，“S”形沙发的起伏变化都是起伏韵律手法的运用等。

（4）交错韵律：家具造型中连续重复的要素按一定规律相互穿插或交织排列而产生韵律。如中国传统家具中的花格装饰，传统博古架，现代家具中的藤编坐面编织图案及木纹拼花交错组合等，都是交错韵律的体现。

可以看出，韵律手法的共性是重复和变化，通过起伏的重复和渐变的重复可以强调变化，丰富造型形象，而连续重复和交错重复则强调彼此呼应，加强统一效果。不管是统一与变化还是对称与均衡、协调与对比、重复与韵律，它们都是相互密切联系的，常常是以相互制约、相互补充和转化的状态出现。

六、仿生与模拟

仿生与模拟是指人们在造型设计中，借助于自然界中的生物形象、事物形态进行创作设计的一种手法。大自然永远是造型设计取之不尽、用之不竭的创造源泉。从艺术的起源来看，人类早期的艺术造型活动都来源于对自然形态的模仿和提炼。大自然中任何一种的动植物，无论造型、结构，还是色彩、纹理，都是漫长的生物进化的结晶，是自然美的不同表现，人类对其具有本能的亲近感。所以，现代家具造型设计运用模拟与仿生的手法，仿照自然界和生活中常见的某种形体，借助于动植物的某些生物学原理和特征，结合家具的具体结构与功能，进行创造性的构思、设计与提炼，是家具造型设计的重要手法，也是现代设计对人性的回归。模拟与仿生的共同之处就是模仿，模拟主要是模仿某种事物的形象或暗示某种思想情绪，而仿生重点是模仿某种自然物的合理存在的原理，用以改进产品的结构性能，同时以此丰富产品，使造型式样具有一定的情感与趣味（图 3-27）。

1. 仿生

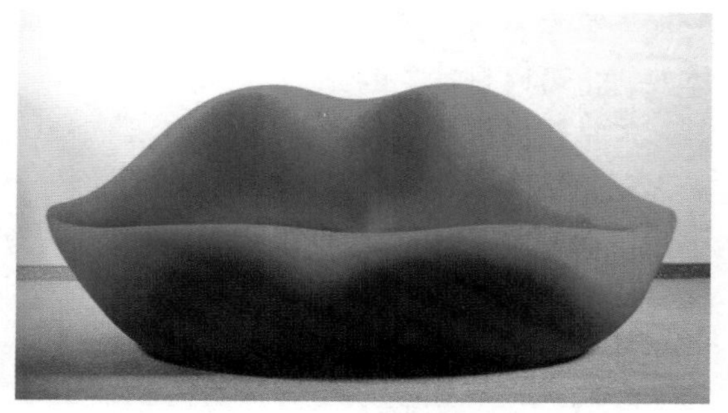
图 3-27

仿生学是生命科学和工程技术科学互相渗透、彼此结合而产生的边缘科学。现代仿生学的介入为家具设计开拓了新的思路。在大自然中的一切生物都是经过千百万年的生物进化而来，为适应大自然的环境，它们按生存功能，形成了科学合理又极优美的形体，这一丰富的大自然宝库为设计师提供了想象的翅膀，为创造新颖美观的家具提供了美好的设计蓝图，通过仿生设计去研究自然界生物系统的优异功能、美好形态、独特结构、色彩肌理等特征，有选择地运用这些特征，设计制造出美的产品。仿生设计是先从生物的现存形态受到启发，在原理方面进行深入研究，然后在理解的基础上进行联想，并应用于产品某些部分的结构与形态。

在建筑与家具设计上，许多现代经典设计都是仿生设计。如水禽类动物，常在水中站立捕食，具有细长的腿，时而单腿独立，但其脚长着修长的脚趾，稳固地支撑着上部轻盈的身躯，显得极其悠然自得。这种优美的造型被利用到家具的造型设计上，利用胶合层压板、玻璃钢或塑料压制成型的现代坐椅，其椅腿就是运用细小的高强钢材制成，它给人们以轻快悠然的感觉。水中的海星放射状的五足，牢固地伏行于海底，在家具设计中运用海星的这一特殊结构，设计出了可以活动的办公椅脚，这种椅脚可以向任意方向滑动，并且特别稳固，人坐在椅上重心转向任何方向都不会引起倾倒。

2. 模拟

即为比喻和比拟，是较为直接地模仿自然形象或通过具体形象来表达或暗示、折射某种思想感情，这种情感的产生与对事物美好形象的联想有关。运用思维的推移与呼应手法，家具的造型设计具有再现自然的现实意义，并会给人引起美好的回忆和联想。产生艺术印象延展效应，丰富家具的艺术特色与思想寓意，给家具增加一定的艺术色彩。但模拟手法，不能照搬自然形体的形象，而应抓住模拟对象的特点（图 3-28、图 3-29），进行概括、提炼，其表现形式有如下三种：

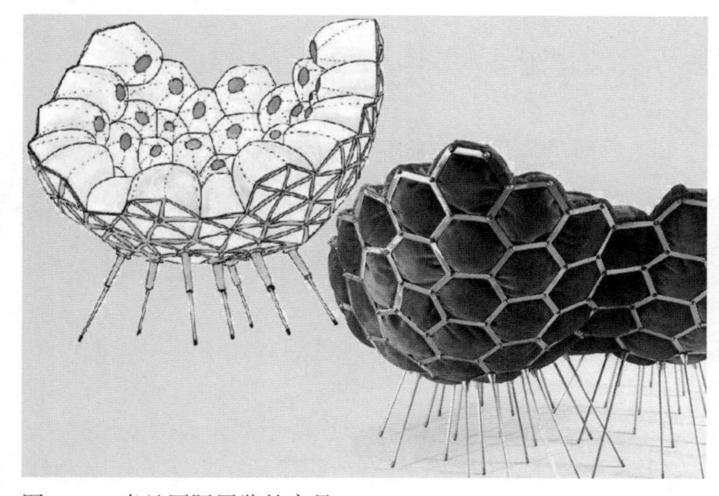
图 3-28　米兰国际展览的家具

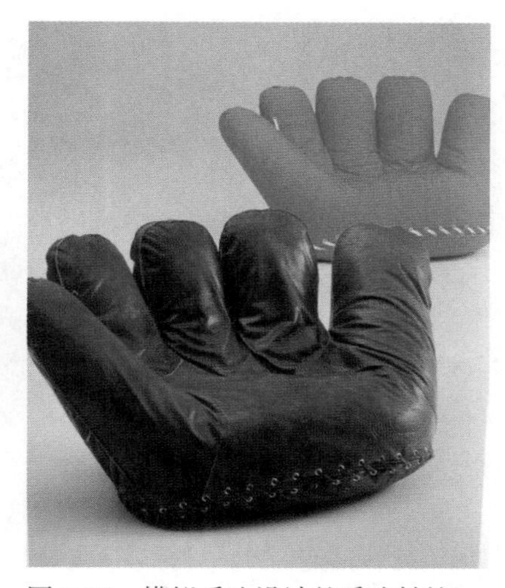
图 3-29　模拟手法设计的乔式躺椅

一是在整体造型上进行模拟，家具的外形塑造犹如雕塑一样。运用模拟手法，可以是具体的，也可以是抽象的。

二是在局部构件装饰上进行模拟。如桌椅的腿脚、椅子的扶手等。

三是结合家具的功能对部件进行图案描绘或形体的简单加工，一般以儿童家具为多。在中国传统家具中，类似的处理手法较多，常用卷云、花形、龙凤、蝙蝠、灵芝等形象，以寄托思想感情和表示美好的祝愿。模拟手法的运用，多采用抽象图形，否则就失去了比拟联想的意义，对人的思维失去了吸引力。

总之，在应用模拟与仿生的造型手法时，应取其意象，而不应过分追求形式，除了保证使用功能的实现外，同时必须注意材料、结构、工艺、环境的科学性与合理性，使家具的功能使用与视觉概念、结构与材料、设计与制作等有机地统一起来，创造出一件功能合理、造型优美的家具。

七、错觉与透视

视觉是人体生理机能的重要感觉器官，是接受形象信息的主要途径，但人的视觉在特定的环境下以及受某些光、形、色等因素的干扰，人们对物体的认知往往会发生错误，这就是人们常说的错觉。视错觉的表现有两个方面：一是错觉，二是透视变形。错觉造成人们对一些家具所获得的印象与家具实际形状、大小、色彩等有一定的差别；而透视变形也影响到家具设计与家具实际效果之间的差距。因此在学习造型构成法则时，必须了解错觉的一些特殊规律，在设计中加以纠正或利用。

眼睛是人们认识世界的重要感觉器官之一。它能辨别物体的外部个别特征，如形状、大小、明暗、色彩等，这便是视觉。将视觉与其他感觉互相联系起来，就能较全面地反映物体的整体，这就是知觉。在实际生活中，由于环境的不同以及某些光、形、色等因素的干扰和影响，加上心理和生理上的原因，人们对物体的视觉会产生偏差，这就是视差；人们对物体所获得的印象与物体实际形状、大小、色彩等之间有一定的差别，产生对物体的知觉的错误，这就是错觉。错觉是因视差而产生的，它会歪曲形象，使造型设计达不到预期的效果。

1. 错觉现象

各种错觉的产生，主要是由于视觉和知觉的背景的对照影响而形成的结果，其现象主要反映在以下几个方面。

（1）线段长短错觉：是指由于线段的方向和附加物的影响，同样长的线段会产生长短不等的错觉。

（2）面积大小的错觉。由于受形、色、位置、方向等影响，相等面积的形会给人以大小不等的感觉。

（3）分割错觉。同一几何形状，相同尺寸的物体，由于采取不同的分割方法，会给人以形状和尺寸都发生变化的感觉。一般来说，采用横线分割显得宽矮；采用竖线分割显得高瘦；分割间隔越多，物体显得比原来宽些或高些。

（4）对比分割：对同样的形、色，在其他差异较大的相同形、色的对比下，使人们产生错误的判断。

（5）图形变形错觉：由于其他外来线形的相互干扰，对原来图形线段造成歪曲的变形感觉，如原来平行的一组平行线，在外来线形的干扰作用下，造成不再平行的错觉。与正方形对角线平行的各线段在受到间隔的水平线段和垂直线段的干扰下，原平行线产生不平行的奇妙变化。

（6）双重（多重）性错觉：当同一图形由于色彩、方向、位置或排列的两重或多重性，加上人的注意力具有变动性，便幻生出两种或多种图形时而交替出现的错觉。

2. 错觉运用

在家具造型设计中，为了达到理想的视觉效果，必须对人的视觉印象进行研究，注意了解和认识错觉现象，掌握和运用错觉原理，根据需要有意识地对错觉加以利用或纠正来达到预期的造型艺术效果。通常采用“利用错觉”和“矫正错觉”的方法。

（1）利用错觉：前面介绍的部分错觉现象的表现形式，都可以在家具设计中加以利用如图 3-30 所示，以更充分地显示出产品的造型效果。如在三门大衣柜的设计中，通常将中间部件尺寸加大，以避免等分尺寸产生中间缩小的感觉，又如橱柜的底脚下沿板，常因橱柜的宽度较大而产生下垂的感觉，在设计中可采用向上拱起的下沿板，以纠正下垂的错觉。也可反其道行之，故意强调下沿板的下垂弧线，将下沿板做成有曲线造型，以明示其造型变化而避免视错觉的嫌疑。下面再举例介绍部分错觉在家具设计中的应用情况。

图 3-30 丹麦设计师运用透明或白色的 PMMA 丙烯酸材料设计的桌子，具有视错觉效果

当圆柱直径与方材边长相等时，由于断面形状不同，对零件的大小感觉也有一定的影响。其透视的大小效果却不同，方材往往比圆柱显得粗壮，这是因为方材在透视上的实感是对角线的宽度，而圆柱却是直径。采用方材柱型零件（如腿），易求得平实刚劲的视觉效果；而采用圆柱形零件则更能显示挺秀圆润的美感效果。为了避免方材的透视错觉，可以将方材的正方形断面直角改为圆角或带内凹线的多边形，以减少对角线的长度，改变透视形象，使其具有圆柱的圆润感。

利用不同方向的线分割后，常使相同高度的家具显示出了不同高度的感觉。如图 3-26 中的立撑从左到右，高度的感觉逐渐降低，宽度的感觉逐渐增加；图 3-8 中的管状形体由于直径的不同会产生壁厚的差异。再如两个面积相等的形体表面，由于木纹方向的干扰，纵向木纹的显得略高，横向木纹的显得略宽。在家具设计中可利用这一错觉，将两个面积和形状相同的形体表面，竖向采用竖向木纹，横向采用横向木纹，使高的更高，宽的更宽，可以加强起伏感，扩大对比效果。

图 3-31

（2）矫正错觉：人们在实际中看到的家具形象通常都是在透视规律作用下的效果，因此，应对可能出现的透视变形或其他视觉错觉，在设计时能事先加以矫正。

图 3-31 所示的椅子设计为竖向透视变形的典型矫正方式。在室内人们通常站在较近的位

图 3-32　束腰弯腿带托泥的圈椅

置观察与使用家具，家具的竖向透视尺度的缩小是逐步显著的。为了缓和上大下小的不稳定感，在设计时可考虑这种透视变形并事先加以矫正处理，即将上部缩小或下部放大，从立面图看，从上到下各层依次增高，但实际透视尺度看上去却比较舒适，效果较好。

图 3-32 所示为中国传统家具中对透视遮挡变形的矫正。由于人在使用时，视高高于台面，特别是站得较近的时候，由于门面板或坐面的遮挡作用，下面的部分就几乎看不见，造成了透视的遮挡现象。为了矫正这种透视的变形，设计时可以进行必要的调整，如将底座适当放高或把底座后退于门面的差距拉小、将桌几的搁板适当放低、将桌椅凳的望板尺寸适当加宽、将桌椅凳的脚或腿略向外展开等，从而避免因透视遮挡后的比例失调和不稳定，获得良好的观看效果。

3. 透视利用

家具有一定的体量，而人的视线有一定的高度和角度，因此看到的实际物体都是带有某种角度和一定高度的透视形象。圆的直径和正方形的边长相同的两根椅腿，在透视上，方腿却要比圆腿粗得多，因为方腿看到的是正方形的对角线宽度。对方形桌腿可采取将边角打圆或做成海棠线向内凹进的做法，会取得圆润秀丽的感觉，相对是缩小了对角线的长度。通常人的视线对家具所形成的视角是自上而下，因此家具的竖向透视缩小是明显的。因此在设计时事先考虑到透视竖向变形的因素，对柜架的高度做一定的调整，就能在视觉上得到匀称的感觉。另外由于视线较高，家具的底部或下层部件会被遮挡，因此橱柜的底脚不宜收得太里或底脚可适当加高，而对一些被遮挡的部件，如桌椅面下部的横档，则可适当降低其高度。但这种透视变形的纠正并非绝对的原则，因为人的视点是随活动不断变动的，从某一角度看，家具的造型是完美的，而从另一角度看，家具造型的透视变形可能不甚理想，因此还需综合其他的造型法则统一考虑，以获得良好的实感效果为准。

第 4 章　家具材料基础

材料是构成家具的物质基础，结构是制作家具的技术手段。每件家具都是由各种材料并通过一定的结构技术制造而成的，所以家具设计除了考虑人体使用功能的基本要求外，还必须考虑运用什么材料，采用什么样的结构技术。另外材料与结构技术也是影响家具造型的重要因素，不同的材料产生不同的结构形式，同时也造就不同的家具造型特征。选择用材是家具设计中首先要考虑的问题之一。不同的材料有不同的加工工艺和设备，并产生不同的形态特征和装饰效果；即使是同种材料，因加工工艺的不同也可以产生不同的效果。因此在决定造型设计和相应的加工形式之前，必须熟悉材料的各种特征，善于利用材料本身的属性。尊重材料本质是家具设计的基本原则，合理地选用材料是家具设计的重要任务。如中国传统家具，利用花梨木及框架结构产生了具有纯朴、端庄、秀丽的造型；而现代家具中的不锈钢管与皮革软垫及其特殊的结构特性，形成了轻巧、通透的造型。随着新材料、新技术和新工艺的不断产生和发展，家具造型也越来越丰富，适用性越来越大，表现出与前迥然不同的造型特征。同时，由于材料、结构等物质技术因素与工厂制造过程中的一系列工艺、经济有密切关系，并将影响到家具的安全性和耐久性等内在质量，因此对材料及结构技术的合理运用成为直接影响家具设计的两个重要因素。作为家具设计师必须对家具的造型精心设计、巧妙构思，好的想法需要通过好的材料、合理的结构构造以及精致的加工，才能实现预先的设想，取得好的结果。家具的安全性与舒适度直接决定于材料特性和结构方法，家具的表现形式也与材质和制作技法密切相关。家具所使用的材料质地传达出来的材质美、精巧的结构传达出来的技术美和巧夺天工的加工所传达出来的工艺美，都为家具的整体造型增加无限的光彩。因此，家具设计师应该了解和掌握有关家具材料、家具构造和家具加工工艺的基本知识和最新科技成果，并运用到家具设计的实践中去。

家具材料的种类繁多，通常按照材质的物理性能可分为以木、竹、藤为主的植物性材料，钢、铝为主的金属材料以及塑料、皮革织物、玻璃、石材等，另外还包括各类漆、胶、五金配件等辅助材料。

按照材料在家具制作的用途，一般可分为结构材料、装饰材料和辅助材料等三大类。结构材料一般采用木材、金属、竹藤、塑料、玻璃、大理石等，其中木材是制作木质家具的一种传统材料，至今仍占主要地位。随着我国木材综合利用和人造板工业的迅速发展，各种木质人造板材也广泛地应用于制作家具。用于家具的装饰材料主要有涂料（油漆）、贴面材料、蒙面材料等。用作家具的辅助材料主要有胶粘剂和五金配件等。通常采用一种材料制成的家具显得单纯而易于显示特殊材质效果，而更多家具则采用两种或多种材料共同组成，活泼多变，可以满足不同造型、结构和舒适性的要求。

按照材料的生成过程一般可分为天然材料和人工合成材料两大类。天然材料大致按照单一意义来决定，如选定某一材料，其光泽、质地、色彩、纹理也就决定出来；而人工材料由于是工业生产，品种多样，将会有挑选光泽、质地、色彩、纹样的自由。虽然天然材料和人工合成材料都可以充分发挥各自的特殊品质和满足设计效果，但在实际应用上却多按照家具设计实际需要，分别采取适宜的天然材料或人工材料，综合处理，以便发挥各自的特长，满足功能需要。

要全面了解家具用材可按其用途分为主材和辅材两类，尤其对主材要进行深入分析研究，主材因其材质的不同可分为木材、金属、塑料、竹藤等。

第1节 家具主材——木材

木材是家具用材中使用最为广泛的材料。随着现代技术对木材综合利用能力的迅速发展，各种天然木材与人造板材被广泛地应用于家具制造，而新技术、新工艺的应用也为家具制造提供了更多的可能性。

一、天然木材的种类

木材种类很多，一般可分为针叶材和阔叶材两大类。

（1）针叶材（又称软材）：树干通直而高大，纹理平直，材质均匀，木质轻软，易于加工，强度较高，表观密度及胀缩变形小，耐腐蚀性强。常见的针叶材有红松、落叶松、白松、云杉、冷杉、铁杉、柳杉、红豆杉、杉木、柏木、马尾松、华山松、云南松、北美黄杉（花旗松）、智利松、辐射松、本松等。

（2）阔叶材（又称硬材）：树干通直部分一般较短，材质较硬，难加工，较重，强度大，胀缩翘曲变形大，易开裂，常用作尺寸较小的构件，有些树种具有美丽的纹理与色泽，适于作家具、室内装修及胶合板等。常用的阔叶材树种有水曲柳、白腊木、椴木、榆木、杨木、槭木（色木）、枫香（枫木）、枫杨、桦木（白桦、西南桦）、酸枣、漆树、黄连木、冬青、桤木（冬瓜木）、栗木、槠木、锥木（栲木）、泡桐、鹅掌楸、楸木、梓木、黄杨木、榉木、山毛榉（水青冈、麻栎青冈）、青冈栎、柞木（蒙古栎）、麻栎、橡木（栎木）、橡胶木、樱桃木、胡桃木（核桃木、山核桃）、樟木（香樟）、楠木、檫木、柳桉、红柳桉、柚木、桃花心木、阿比东、龙脑香、门格里斯（康巴斯）、塞比利（沙比利）、紫檀、黄檀、酸枝木、香木、花梨木、黑檀（乌木）、鸡翅木、铁力木。

二、木材选用的优缺点

1. 优点

（1）质轻而强度较大。木材是一种轻质材料，一般木材的密度常在 0.4 ～ $0.9g/cm^3$，而其单位质量的强度却比较大，各种木材顺纹抗压极限强度的平均值在 50MPa。能耐较大的变形而不折断。木材无论是宏观、微观还是超微结构上均显示出多孔性，它是一种“蜂窝状”结构。

（2）具有天然纹理和清雅的色泽。木材的年轮和天然纹理经锯切方向的不同形成了粗、细、直、斜的纹理样式，再经刨切、旋切、拼接等各种方式的加工，更加丰富了其精美的天然纹理。各种木材所具有的不同天然色泽，在赏心悦目的同时也成为家具回归自然的一种流行趋势，这为家具及室内装饰提供了广阔的途径，是其他材料无法相比的（图 4-1）。

（3）容易加工和涂饰。木材由于它的密度小，经采伐、锯截、干燥后，使用简单工具或机械就可以进行锯、铣、刨、磨（砂）、钻等切削加工；还可以用钉接、榫接、胶合等方法加以连接。由于木材的材质结构具有毛细孔及管状细胞，因此极易吸湿受潮。油漆的附着力强，着色和涂饰性能好。易于进行漂白（脱色）、着色（染色）、涂饰、贴面等装饰处理；另外，进行干燥、弯曲、压缩、切片（刨切、旋切）、改性（强化、防腐、防火、阻燃）等机械或化学处理也比较方便，图 4-2 为造型丰富的实木圆凳。

图 4-1　黄花梨卍字纹亮格柜

图 4-2　实木家具

（4）电、热、声的传导性小。由于木材是有孔性材料，它的纤维结构和细胞内部留有停滞的空气，空气是热、电的不良导体，因此，隔声和绝缘性能好，热传导慢，热膨胀系数小，热胀冷缩的现象不显著，常给人以冬暖夏凉的舒适感和安全感。

（5）木材环境学特性：包括视觉特性、触觉特性、调湿特性、空间声学性质以及对生物体的调节特性。有木材（或木材制品）存在的空间会使人们的工作、学习和生活感到舒适和温馨，从而提高学习兴趣和工作效率，改善生活质量。木材的视觉心理量与木材材色物理量有着密切的关系。例如，明度高的木材，如白桦、鱼鳞云杉，使人感到明快、华丽整洁、高雅和舒畅；明度低的木材如红豆杉、紫檀使人有深沉、稳重、肃雅之感。这说明了材色明度值的改变对心里感觉产生影响。木材可以吸收阳光中的紫外线，减轻紫外线对人体的危害，同时木材又能反射红外线。当室内环境的相对湿度发生变化时，具有吸放湿特性的室内装饰材料或家具等可以相应地从环境吸收水分或向环境释放水分，从而起到缓和湿度变化的作用，这就是所谓的材料的湿度调节功能。与混凝土、塑料等材料相比较，木材具有优良的吸放湿特性，因而具有明显的湿度调节功能。木材为多孔性吸声材料，木质地板、天花板和木制家具在控制环境混响时间、抑制环境噪声方面比较有利，能创造较好的室内声环境，在交谈时可拥有良好的清晰度，且有较好的隔音效果，人处于其中，比在混凝土、砖等材料结构的室内感到舒适。

2. 缺点

（1）吸湿性（胀缩性、干缩湿胀性）：在含水率低于纤维饱和点时，木材具有吸湿性。木材解湿时其尺寸和体积的缩小称为干缩，相反吸湿引起尺寸和体积的膨胀称为湿胀。干缩和湿胀并不是在任何含水率条件下都能发生的，而只有在纤维饱和点以下才会发生。木材的干缩湿胀在不同的方向上是不一样的，横向干缩较纵向要大几十倍至上百倍，横向干缩中弦向约为径向的两倍。木材的干缩湿胀随树种、密度以及晚材率的不同而异。针叶材的干缩较阔叶材要小；软阔叶材的干缩较硬阔叶材要小；密度大的树种干缩值越大；晚材率越大的木材干缩值也越大。湿胀和干缩是木材固有的不良特性，它对木材的加工、利用影响极大，不仅会造成木材尺寸、形状和强度的改变，而且会导致板材的变形、开裂、翘曲和扭曲等现象。

（2）异向性（各向异性）：木材在构造上是非均一的材料。木材的力学强度、干缩和湿胀、对水分或液体的贯透性、导热、导电以及传播声音等性质比匀质材料要复杂得多。造成木材异向性的主要原因是由木材的组织构造所决定的。

（3）变异性：通常是指因树种、树株、树干的不同部位及立地条件、造林和营林措施等的不同，而引起的木材外部形态、构造、化学成分和性质上的差异。同一树种木材的构造和物理、力学性质，也只是在一定的范围内近似而已。

（4）天然缺陷：在树木生长过程中，受周围环境因素影响，致使树木生长发育不正常；有的是树木生长正常的生理现象，如节子、斜纹，都称木材天然缺陷。虽然天然缺陷降低了木材的强度性质，另一方面却给予了材面美丽的花纹，制成的单板刨片可供作装饰材料，所以缺陷在一定程度上有相对的意义。

（5）易受虫菌蛀蚀和燃烧：木材在保管和使用期间，经常会受到虫菌的危害，使木材产生虫蛀和腐朽现象，也极易着火燃烧。为防虫蛀和防火，通常用干燥（含水率在18%以下）、油漆以及防腐朽、防火、阻燃处理。

三、天然木材的加工与规格

家具木材的规格有板材、方材、薄木、曲木。按材料断面的宽度为厚度的三倍及三倍以上的称为板材，而宽厚比小于3:1的称为方材。板材和方材是家具制作中最常用的材料，另外薄木、曲木和人造板材是家具用材中的特种材料，使用也较多。

薄木：厚度在0.1～12mm的木材称为薄木。用锯割方法所得的薄木称为锯割薄木，用刨削方法得到的薄木称为刨制薄木，用旋切方法得到的薄木称为旋制薄木。锯割薄木，表面无裂纹，但木材损失很大，因此很少采用。刨制薄木，纹理美观，表面裂纹小，多用于人造板和家具的覆面层。旋制薄木，纹理为弦向的，不甚美观，表面裂纹大，故质量好的可作人造板的表板，质量差的可作芯板或做弯曲胶合板材料。为了减少贵重材料的消耗，应尽量减少薄木的厚度。目前家具生产中常用的薄木最小厚度为 0.25mm，最大长度 4m。图 4-3 为薄木家具。

曲木：在家具生产中，经常会遇到制造各种曲线形的零部件，这就需要使用曲木。曲木的加工方式有两大类：一类为锯制加工，即用较大的木料按所需的曲线加以锯割而成。这种加工而成的曲木，由于木材纹理被割断而降低了强度，消耗的木料也大，而且家具用材加工复杂，锯割面的涂饰质量也差，因此这种加工方式已较少采用；另一类加工方式为曲木弯制方法，常用的有实木弯曲和薄木胶合弯曲两种加工方法。实木弯曲，就是将木材进行水热软化处理后，在弯曲力矩作用下，将实木弯曲成所需要的形状加以固定，然后干燥定型。采用实木弯曲的方法制作曲木，对树种和材质等级的要求较高，因此有一定的局限性。近年来已逐渐被胶合弯曲工艺所替代——即薄木胶合弯曲。薄木胶合弯曲具有工艺简便、加工曲率小、木材利用率高和能提高工效等优点，主要可用于各类椅子、沙发、茶几和桌子等的弯曲部件和支架，图 4-4 即为曲木技术制作的家具。

图 4-3　交叉格扶手椅 弗兰克·杰瑞设计

图 4-4　“巴蒂·迪佛萨”扶手椅 威廉·萨瓦亚设计

四、木质人造板

木质人造板是将原木或加工剩余物经各种加工方法制成的木质材料。人造板的种类很多，其中最常用的是胶合板、刨花板、纤维板、细木工板、空心板、多层板以及层积材和集成材等。由于组成胶合板的每层单板按一定的纹理方向胶合在一起，因此改变并提高了材料的物理力学性质，其他人造板也各具特点。总之，人造板具有幅面大、质地均匀、表面平整、易于加工、利用率高、变形小和强度大等优点。采用人造板生产家具，结构简单、造型新颖、生产方便、产量高、质量好，便于实现标准化、系列化、机械自动化生产。目前，人造板已逐渐代替原来的天然木材而成为木质家具生产中的重要原材料（所有木质人造板的规格尺寸及尺寸公差、形位公差、物理力学性能、外观质量等技术指标和技术要求均可参见国家标准中的相关规定）。

1. 胶合板

胶合板是原木经旋切或刨切成单板，涂胶后按相邻层木纹方向互相垂直组坯胶合而成的三层或多层（奇数）板材。它具有厚度小、强力大和加工简便的优点，同时还便于弯曲，并且轻巧坚固，因此适合作为家具、室内装饰等良好的板材材料。胶合板的品种很多，有普通胶合板、厚胶合板、装饰胶合板等。普通胶合板，是用三层或多层的奇数单板胶合而成。各单板之间的纤维方向互相垂直，中心层可用次等材单板或碎单板，面层可选用光滑平正、纹理美观的单板，厚度在 12mm 以下。装饰胶合板，其一面或两面的表板是用刨制薄板、金属或塑料贴面等做成的。用刨制薄木制成的装饰胶合板用在家具、车厢、船舶内部装饰方面。用锌、铝等金属覆面的胶合板，其强度、表面硬度和耐湿性都有所提高，应用于冷藏制造或汽车制造业。厚胶合板，厚度在 12mm 以上的称为厚胶合板。其结构与普通胶合板相同，有很高的强度，不变形，应用范围更为广泛。图 4-5 为胶合板曲木技术制作的家具。

图 4-5　胶合板坐椅　格雷特·雅尔特设计

（1）胶合板特点。①胶合板具有幅面大、厚度小、密度小、木纹美丽、表面平整、不易翘曲变形、轻巧坚固、强度高、加工简便、便于弯曲等优良特性，被广泛地应用于家具生产和室内装修。②胶合板的结构决定了它的各向物理力学性能比较均匀，它克服了天然木材各向异性的缺陷。在使用性能上要比天然木材优越。③胶合板可以合理地使用木材，提高木材利用率。每 2.2m^3 原木可生产 1m^3 胶合板；生产 1m^3 胶合板，可代替相等使用面积的 4.3m^3 左右原木锯解的板材使用。④胶合板可与木材配合使用。它适用于家具上大幅面的部件，不管是作面还是作衬里，都极为合适。如各种柜类家具的门板、面板、旁板、背板、顶板、底板，抽屉的底板和面板，以及成型部件如折椅的靠背板、坐面板、沙发扶手、台面望板等。

（2）胶合板种类。①按树种（面板）分：阔叶材胶合板和针叶材胶合板。②按胶层耐水性分：按照胶合板使用的胶粘剂耐水和耐用性能、产品的使用场所，可分为室内型胶合板和室外型胶合板两大类，或Ⅰ类（耐气候、耐沸水）胶合板、Ⅱ类（耐水）胶合板、Ⅲ类（耐潮）、Ⅳ类（不耐水）胶合板等四类。③按结构和制造工艺分：普通胶合板；装饰胶合板，即表面用薄木、木纹纸、浸渍纸、塑料薄膜以及金属片材等贴面做成的装饰贴面板；特殊胶合板，即特殊处理、专门用途的胶合板，如塑化胶合板、防火（阻燃）胶合板、航空胶合板、船舶胶合板、车厢胶合板、异型胶合板等。

2. 刨花板

刨花板是利用小径木、木材加工剩余物（板皮、截头、刨花、碎木片、锯屑等）、采伐剩余物和其他植物性材料或植物的秸秆加工成一定规格和形态的碎料或刨花，并施加胶粘剂后，经铺装和热压制成的板材，俗称碎料板。

（1）刨花板特点：①刨花板具有幅面尺寸大、表面平整、结构均匀、长宽同性、无生长缺陷、不需干燥、隔音隔热性好、有一定强度、利用率高等优点。②刨花板密度大、平面抗拉强度低、厚度膨胀率大、边部易脱落、不宜开榫、握钉力低、切削加工性能差、游离甲醛释放量大、表面无木纹等缺点。③刨花板可以综合利用小径木和碎料，节约木材资源，提高木材利用率。④刨花板须经二次加工装饰（表面贴面或涂饰），周边应镶实木或与板面相应的封边材料。

（2）刨花板种类：①按制造方法分：挤压法刨花板和平压法刨花板。②按结构分：单层结构刨花板（拌胶刨花不分大小粗细的铺装压制而成，饰面较困难）、三层结构刨花板（外层细刨花、胶量大，芯层粗刨花、胶量小，家具常用）、渐变结构刨花板（刨花由表层向芯层逐渐加大，无明显界限，强度较高，用于家具及室内装修）。③按原料分：木质刨花板和非木质刨花板（竹材刨花板、棉秆刨花板、亚麻屑刨花板、甘蔗渣刨花板、秸秆刨花板、水泥刨花板、石膏刨花板等）。

3. 纤维板

纤维板是以木材或其他植物纤维为原料，经过削片、制浆、成型、干燥和热压而制成的板材，常称为密度板。根据其密度的不同可分为硬质、半硬质和软质三种纤维板。在家具用材中多为硬质纤维板，它具有质地坚硬、表面平整、不易胀缩和开裂的优点，广泛应用于柜类家具的背板、顶底板、抽屉板及其他衬里的板状部件。有一定厚度的中密度纤维板，其厚度为18、20、22mm，常作为板式家具的基本部件用材。

（1）纤维板特点。①软质纤维板：密度不大、物理力学性能不及硬纤板，主要在建筑工程中用于绝缘、保温和吸音、隔声等方面。②中密度纤维板（MDF）和高密度纤维板（HDF）：幅面大、结构均匀、强度高、尺寸稳定变形小、易于切削加工（锯截、开榫、开槽、砂光、雕刻和铣型等）、板边坚固、表面平整、便于直接胶贴各种饰面材料、涂饰涂料和印刷处理，是中高档家具制作和室内装修的良好材料。

（2）纤维板种类：①按原料分：木质纤维板、非木质纤维板。②按制造方法分：湿法纤维板（以水为介质，不加胶或少加胶）、干法纤维板（以空气为介质，用水量极少，基本无水污染）。③按密度分：软质纤维板（LDF，密度小于0.49g/cm^3）、中密度纤维板（MDF，密度0.4～0.8g/cm^3）、高密度纤维板（高密度板HDF，密度一般为0.8～0.99g/cm^3）。

4. 细木工板

细木工板俗称木工板，它是将厚度相同的木条，同向平行排列拼合成芯板，并在其两面按对称性、奇数层以及相邻层纹理互相垂直的原则各胶贴一层或两层单板而制成的实心覆面板材，所以细木工板是具有实木板芯的胶合板，也称实心板、大型板。

（1）细木工板特点：①与实木板比较：细木工板幅面宽大、结构尺寸稳定；不易开裂变形、表面平整一致；利用边材小料、节约优质木材；板面纹理美观、不带天然缺陷；横向强度高、板材刚度大。②与“三板”比较：细木工板与胶合板相比，原料要求较低；与刨花板、纤维板相比，质量好、易加工；与胶合板、刨花板相比，用胶量少、设备简单、投资少、工艺简单、能耗低。③细木工板的结构稳定，不易变形，加工性能好，强度和握钉力高，是木材本色保持最好的优质板材，广泛用于家具生产和室内装饰，尤其适于制作台面板和坐面板部件以及结构承重构件。

（2）细木工板种类：①按结构分：芯条胶拼细木工板（机拼板和手拼板）、芯条非胶拼细木工板（未拼板或排芯板）。②按表面状况分：单面砂光细木工板、两面砂光细木工板、不砂光细木工板。

5. 空心板

空心板是由轻质芯层材料（芯板）和覆面材料所组成的空心复合结构板材。家具生产用空心板的芯层材料多由周边木框和空芯填料组成。在家具生产中，通常把在木框和轻质芯层材料的一面或两面使用胶合板、硬质纤维板或装饰板等覆面材料胶贴制成的空心板称为包镶板。其中，一面胶贴覆面的为单包镶，两面胶贴覆面的为双包镶。

（1）空心板特点：空芯板质量轻、变形小、尺寸稳定、板面平整、材色美观，有一定强度，是家具生产和室内装修的良好轻质板状材料。

（2）空心板种类：空心板根据其空芯填料的不同主要有木条栅状空心板、板条格状空心板、薄板网状空心板、薄板波状空心板、纸质蜂窝状空心板、轻木茎秆圆盘状空心板等。

（3）空心板规格：家具生产用空心板通常多无统一标准幅面和厚度的板材，由家具制造者自行生产；而室内装修用空心板一般是周边木框的芯层材料，这种空心板是具有统一标准幅面和厚度的成品板。

6. 集成材

集成材是将木材纹理平行的实木板材或板条在长度或宽度上分别接长或拼宽（有的还需再在厚度上层积）胶合形成一定规格尺寸和形状的木质结构板材，又称胶合木或指接材。

（1）集成材特点。集成材能保持木材的天然纹理、强度高、材质好、尺寸稳定不变形，是一种新型的功能性结构木质板材，广泛用于建筑构造、室内装修、地板、墙壁板、家具和木质制品的生产中。①小材大用、劣材优用：由于集成材是板材或小方材在厚度、宽度和长度方向胶合而成的，所以用胶合木制造的构件尺寸不再受树木尺寸的限制，可按所需制成任意大的横截面或任意长度，做到小材大用；同时，在胶合木制作过程中，可以剔除节疤、虫眼、腐朽、弯曲、空心等生长缺陷，做到劣材优用以及合理利用木材。②构件设计自由：因胶合木是由一定厚度的小材胶合而成的，故可满足各种尺寸、形状以及特殊形状要求的木构件，为产品结构设计和制造提供了任意想象的空间。而且集成材可按木材的密度和品级不同而用于木构件的不同部位。在强度要求高的部分用高强板材，低应力部分可用较弱的板材。③尺寸稳定性高、安全系数高：集成材采用坯料干燥，干燥时木材尺寸较小，相对于大块木材更易于干燥。含水率易于控制、尺寸稳定性高。由于胶合木制成时可控制坯料木纤维的通直度，因而减少了斜纹理或节疤部紊乱纹理等对木构件强度的影响，使木构件的安全系数提高。这种材料由于没有改变木材的结构和特性，因此它便和木材一样是一种天然基材。

（2）集成材种类。①根据使用环境分：室内用集成材和室外用集成材。②根据长度方向形状分：通直集成材和弯曲集成材。③根据断面形状分：方形结构集成材、矩形结构集成材和异形结构集成材。④根据用途分：非结构用集成材、非结构用装饰集成材、结构用集成材、结构用装饰集成材。

7. 科技木

科技木也称工程木，是以普通木材为原料，采用电脑虚拟与模拟技术设计，经过高科技手段制造出来的仿真甚至优于天然珍贵树种木材的全木质新型材料。它既保持了天然木材的属性，又赋予了新的内涵。科技木既可制成木方，也可将木方刨切成薄木（又称人造薄木）。科技木和天然木相比，具有以下特点：①色泽丰富、品种多样：科技木产品经电脑设计，可产生不同的颜色及纹理，色泽更加光亮、纹理立体感更强、图案充满动感和活力。②成品利用率高：科技木克服了天然木的自然缺陷，产品没有虫洞、节疤和色变等天然缺陷。科技木产品因其纹理的规律性、一致性，不会产生天然木产品由于原木不同、批次不同而使纹理、色泽不同。③产品发展潜力大：随着国家禁伐措施和天然林保护政策的实施，可利用的珍贵树种日渐减少，使得科技木产品是珍贵树种装饰材料的替代品。④装饰幅面尺寸宽大：科技木克服了天然木径小的局限性，根据不同的需要可加工成不同的幅面尺寸。⑤加工处理方便：

易于加工及进行防腐、防蛀、防火（阻燃）、耐潮等处理。

第2节 竹 藤 材

竹藤材和木材一样同属于自然材料，竹藤材虽然是两种不同材种，但在使用中具有许多共同的特性：具有天然的质感和色泽，质坚韧、富弹性、便于弯曲，处理后的表皮润滑光洁，纤维组成无数纵直的毛管状，易于纵向割裂，便于弯曲加工，表皮可纵剖成极薄的皮条供编织用，有吸湿性。制成的家具造型轻巧且具自然美，为其他材料家具所没有的特殊品质。不过在空气干燥情况下暴露过久，竹材易于纵裂，藤材易于折裂。竹藤家具在品种上多以椅子、沙发、茶几、书报架、席子、屏风为多。近年来开始与金属钢管、现代布艺与纤维编织相结合，使竹藤家具更为轻巧、牢固、同时也更具现代美感（图 4-6、图 4-7）。

图 4-6　马里奥·博塔设计

图 4-7

一、竹材

竹材属于禾本科竹亚科植物，竹材中空，长管状，有显著的节，挺拔，色黄绿，日久呈黄色，制成的家具光华宜人。既有一种清凉、潇洒、简雅之意，又有粗壮豪放之感。我国盛产竹材，主要分布于长江流域以南地区，由于竹材具有的特定性能，制成的家具在我国南方被广泛使用。竹子生长得比树木快得多，仅需三五年时间便可加工应用，因而从供应上来看，可说是“取之不尽、用之不竭”的天然资源。竹的可用部分是竹竿，竹竿外观为圆柱形，中空有节。竹材质地坚硬，具有优良的力学性能，抗拉、抗压强度都比木材好，富有韧性和弹性，特别是抗弯能力强，不易折断。但随之而产生的缺点是刚性差，竹材在高温下质地变软，易弯曲成形，温度骤降后可使弯变定形，为竹家具的制作带来便利。竹材的另一特性是表面可劈制竹篾，劈成的竹篾具有刚柔的特性，它可用来绑扎和编织大面积的席面，并且具有光滑凉爽的质感。另外，制作家具用的竹材还必须进行防蛀、防腐、防裂等特殊处理。

（1）原竹。竹材与木材相比，具有以下基本特性：①强度高、韧性大；②易加工、用途广；③直径小、壁薄中空；④结构不均匀、各向异性明显；⑤易虫蛀、腐朽与霉变。由于竹材的基本特性，各种木材加工的方法和机械都不能直接应用于竹材加工。因此，竹材多数都是以原竹

图 4-8　Franco Albini 设计

的形式或经过简单加工来编织生活用具及农具、传统的工艺品等，最广泛最常见的竹家具是圆竹家具和竹编家具等（图 4-8）。

虽然，竹材有其共性，但每一种又有不同材质特点，家具对竹材的选用应根据使用部位性能要求而定。骨架用材要求质地坚硬，颈直不弯，一般要求直径在 40mm 以下，力学性能好的竹材。而编织用材则要求质地坚韧、柔软、竹壁较薄竹节较长，篾性好节部篷起不高的中粗竹材。竹材种类很多，适用家具制作的主要有下列数种。

刚竹：竹竿质地细密，坚硬而脆，竹竿直劈篾性差，适用制作大件家具的骨架材料。

毛竹：材质坚硬、强韧，劈篾性能良好，可劈成竹条用作家具骨架，十分结实耐用。

桂竹：竹竿粗大、坚硬，篾性也好，是制作家具的优良竹种。

黄若竹：韧性大，易劈篾，可整材使用作竹家具。

石竹：竹壁厚，杆环隆起，不易劈篾，宜整材使用，作柱腿最佳，坚固结实耐用。

淡竹：竹竿均匀细长，篾性好，色泽优美，整杆使用和劈篾使用都可，是制作家具的优良竹材。

水竹：竹竿端直，质地坚韧，力学性能及劈篾性能都好，是竹家具及编织生产中较常用的竹材。

慈竹：壁薄柔软，力学强度差，但劈篾性能极好，是竹编的优良材料。

（2）竹材人造板。随着现代加工技术的改进，竹材可以锯切成竹片、旋切成竹单板、刨切成竹薄木，而且，可以进行防霉、防蛀、炭化、软化、漂白、染色等改性处理。竹材胶合板、竹材层积材（层压板）、竹材集成材、竹材刨花板、竹材中密度纤维板、竹木复合板等各种竹材人造板迅速出现。竹材人造板和竹材相比较，具有以下特性：①幅面大、变形小、尺寸稳定；②强度大、刚性好、耐磨损；③可以根据使用要求调整产品结构和尺寸，并满足对强度和刚度等方面的要求；④具有一定的防虫、防腐性能；⑤改善了竹材本身的各向异性；⑥可以进行各种覆面和涂饰装饰，以满足不同的使用要求。竹材人造板的生产为竹材板式家具的发展提供了可能。

二、藤材

藤材盛产于热带和亚热带，分布于我国广东、台湾地区以及印度、东南亚及非洲等地。藤材为实心体，成蔓秆状，有不甚显著的节，藤的茎是植物中最长的，表皮光滑；质轻而韧，极富有弹性，便于弯曲，易于割裂，富有温柔淡雅之感，偏于暖调的效果，在家具设计上应用范围很广，仅次于木材。一般长至 2m 左右都是笔直的。藤茎粗为 4 ～ 60mm。藤不但可以单独地用来制造家具，而且还可以与木材、竹材、金属材配合使用，发挥各自材料特长，制成各种式样的家具。特别是藤条、藤芯、藤皮等可以进行各式各样的花式编结，成为一种优良的柔软材料，图 4-9 为藤面坐椅。

图 4-9　月亮椅(antonia astori 设计)

藤皮就是割取藤茎表皮有光泽的部分，纤维特别光滑细密，韧性及抗拉强度大，在浸水饱含水分状态下变得特别柔软，干燥后又能恢复原有的坚韧特性，因此用藤皮绑扎和编织面材，加工方便而又特别坚实有力，富有弹性。可用机械或手工加工成薄薄的一层，手工操作的质量较好，厚度和宽度都均匀，宽度为 1.7mm，厚度为 0.5 ～ 1.2mm。在家具制作中，藤皮也常与竹、木、金属材料结合使用，用藤皮缠扎骨架的节结着力部位，或在板面穿条编织坐面、靠背面、床面等。

藤芯是藤茎去掉藤皮后的部分，根据形状有圆芯、半圆芯（也称扁芯）、扁平芯（也称头刀黄）、方芯和三角芯等。藤芯主要作为骨架材料使用，由于芯材较细，常将多根藤芯材用藤皮缠扎而成。

青藤首先要经过日晒，在制作家具前还必须经过硫黄烟熏处理，以防虫蛀。对色质及质量较差的藤皮和藤芯还可以进行漂白、染色处理。

藤家具构成方法有多种，由于是手工制作，可形成多种式样、图案、造型，其特点是纤细而富于变化，再加上藤材的自然属性、温柔的色彩和优美的造型，使藤制家具被广泛地应用于现代家庭。

第3节 金属材料

目前，自然界已发现的元素中，凡具有良好的导电、导热和可锻性的元素称为金属，如铁、铝、铜、锰、铬、镍、钨等，金属为现代家具的重要材料，主要用于现代家具的主框架、接合零部件与装饰部件的加工。金属具有许多优越性：质地坚韧、张力强大、防火防腐，熔化后可借助模具铸造，固态时则可以通过辗轧、压轧、锤击、弯折、切割、车旋、冲压、焊接、铆接、辊压、磨光、镀层、复合、涂饰等加工方法而制造各种形式的构件。金属所具有的环保可再利用的特性为现代家具所青睐。金属可分为铁金属和非铁金属两大类。铁金属又称黑色金属，包括铁和钢，强度和性能受碳元素影响，含碳量少时质较强度小，容易弯曲而可锻性大，热处理欠佳；含碳量多时则质硬可锻性小，热处理效果好。根据含碳量标准分为铸铁、锻铁、钢三种基本类型。非铁金属又称为有色金属，主要包括金、银、铜、铝、铅、锡及其合金等。应用于家具制造的金属材料通常是由两种或两种以上的金属所组成的合金，主要有铁、钢、铝合金、黄铜等。金属可满足家具多种功能使用要求，适宜塑造灵巧优美的造型，更能充分显示现代家具的特色，加之能防火易生产，环保可回收再利用，成为推广最快的现代家具之一。将金属材料广泛应用于家具设计是从 20 世纪 20 年代的德国包豪斯学院开始的，第一把钢管椅子是包豪斯的建筑师与家具师马歇尔·拉尤斯·布劳耶于 1925 年设计（图 2-59），随后又由包豪斯的建筑大师密斯·凡德罗又设计出了著名的“MR”椅（图 2-56），充分利用了钢管的弹性与强度的结合，并与皮革、藤条、帆布材料相结合，开创了现代家具设计的新方向。

一、铁金属

（1）铸铁。铸铁是将生铁熔炼为液态再浇铸成铸铁件，含碳量在 2%以上者，称为铸铁。晶粒粗而韧性弱，硬度大而熔点低，主要用于家具中的生铁铸件。由于它的铸造性能优于钢材，价格低廉、重量大，强度高，常用来做家具的底座和支架，如医疗及理发用的底座、剧场及会场坐椅的支架等。铸铁件早在欧洲维多利亚时代就是受欢迎的家具材料，主要用在那些希望有一定质量的部件上，在家具上常用来制作坐椅的底座、支架及装饰构件等。

（2）锻铁。含碳量在 0.15%以下的黑色金属称为锻铁、熟铁或软钢。硬度小而熔点高，晶粒细而韧性强，不适合锻造，但易于锤击锻制。利用锻铁制造家具历史较久，传统的锻铁家具多为大块头，造型上繁复粗犷者居多，可称为一种艺术气质极重的工艺家具，也称铁艺家具。现代锻铁家具线条玲珑，气质优雅，款式多变，由繁复的构图到简洁的图案装饰，式样繁多，能与多种类型的室内设计风格配合（图 4-10）。

图 4-10　锻铁家具

（3）钢。含碳量在 0.03%～2%，制成的家具强度大、断面小，能给人一种深厚、沉着、朴实、冷静的感觉，钢材的表面经过不同的技术处理，可以加强其色泽、质地的变化，如钢管电镀后有银白而又略带寒意的光泽，减少了钢材的重量感。用钢材制造金属家具主要有两种：一是碳钢；二是普通低合金钢。碳钢也叫碳素钢。一般碳钢中含碳量越高，强度也越高，但塑性（即变形性）降低。普通碳素钢（含磷硫较高的为普通碳素钢）适合用于冷加工和焊接结构。所以，金属家具制造用的钢材大部分用普通碳素钢。普通低含碳钢是一种含有少量合金元素的普通合金钢。它的强度较高，具有耐腐蚀、耐磨、耐低温以及较好的加工和焊接性能。但价格比普通碳素钢贵，除特殊需要外不大使用（图 4-11）。

图 4-11　玛丽波莎椅　里卡尔多·达里希设计

常用的普通碳素钢，按其形状工艺分类，有如下几种：

（1）型钢——有圆钢、扁钢和角钢。

（2）钢管——有焊接钢管和无缝钢管。钢管一般主要用作家具的结构及其支架，可分为方钢管、圆钢管和异形钢管三大类，用厚度 1.2 ～ 1.5mm 的带钢经冷轧高频焊接制成，其断面形状及规格丰富多样。另外，用于家具制造的钢材还有圆钢、扁钢及角钢等，根据家具设计的造型选用。

（3）钢板——钢板主要是采用厚度在 0.2 ～ 4mm 之间的热轧（或冷轧）薄钢板，其宽度在 500 ～ 1400mm 之间，成卷筒状，长度按加工需要进行裁切。各板件按图纸加工、折边、除锈处理，经静电粉末喷涂烘烤后，装配成型，这是目前办公家具用得较多的全钢制品。

（4）塑料复合钢板——是由聚氯乙烯塑料薄膜与普通碳素钢的薄钢板复合而成。有单面塑料和双面塑料两种，它既有普通碳素钢板的强度，又具有美观的外表，是一种代替不锈钢和木材的新装饰材料，并具有防腐、耐酸碱油、防锈、绝缘、隔声、不需涂饰等性能。塑料复合钢板与普通碳素钢板加工性能相同：能切断、弯曲、钻孔、铰接、铆接、卷边等。加工温度在 10 ～ 40℃之间为宜，可在 −10 ～ +60℃之间的温度下长期使用。但不能使用焊接工艺，对有机溶剂的耐腐蚀性差。

（5）不锈钢——属于不易发生锈蚀作用的特殊钢材，是现代家具制作的重要材料，如图 4-12、图 4-13 所示。它分为含 13％铬的 13 不锈钢，含 18％铬、镍的 18-8 不锈钢等。它的表面处理方法有镜面（光面）、雾面、拉丝面、腐蚀雕刻面等。

图 4-12

图 4-13

二、非铁金属

非铁金属又称为有色金属，主要包括金、银、铜、铝、锡等，其中应用到家具上主要是铝材，通过挤压加工而成的铝型材可做家具的构件，通过铸造可制成户外家具。至于家具的铝合金包边条、装饰嵌条及各种型材一般选购铝合金成品加工。其他材料只在非正式家具中使用，如黄铜因价贵，只在一些小部件上应用，点缀在大面积素底的板面上，更显得活泼，赢得人们的喜爱。

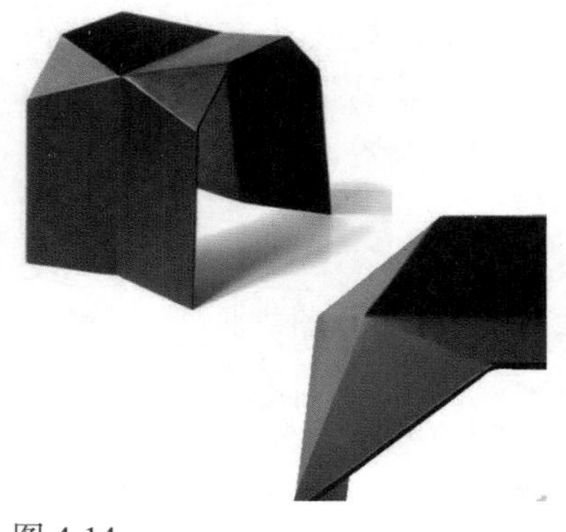

图 4-14

1. 铝合金

由于纯铝强度低，其用途受到一定限制，因此在家具制造上多采用铝合金。铝合金是以铝为基础，加入一种或几种其他元素（如铜、锰、镁、硅等）构成的合金。铝合金材的特点是重量轻，并具有足够的强度、塑性及耐腐蚀性，加工方便。由铝锰或铝镁系列组成的铝合金具有较好的防腐性及表面加工性能，通常经压力加工成各种管材、型材和各种嵌条，应用于椅、凳、台、柜、床等金属家具和木制家具的装饰，如商店货柜、陈列架等，图 4-14 为铝镁合金的小凳子，其创意来自于纸的折叠形式。

2. 铜及铜合金

铜及铜合金按合金化学系统分为纯铜、黄铜、青铜和白铜。家具制造中常用的是黄铜。家具中所用的黄铜主要有拉制黄铜管和铸造黄铜，主要用于制造铜家具的骨架及装饰件。而家具所用的黄铜拉手、合页等五金配件，一般采用黄铜棒、黄铜板加工而成。青铜在家具上被用来制造高级拉手和其他配件。传统家具中的铜制构件运用最为广泛（图 4-15）。

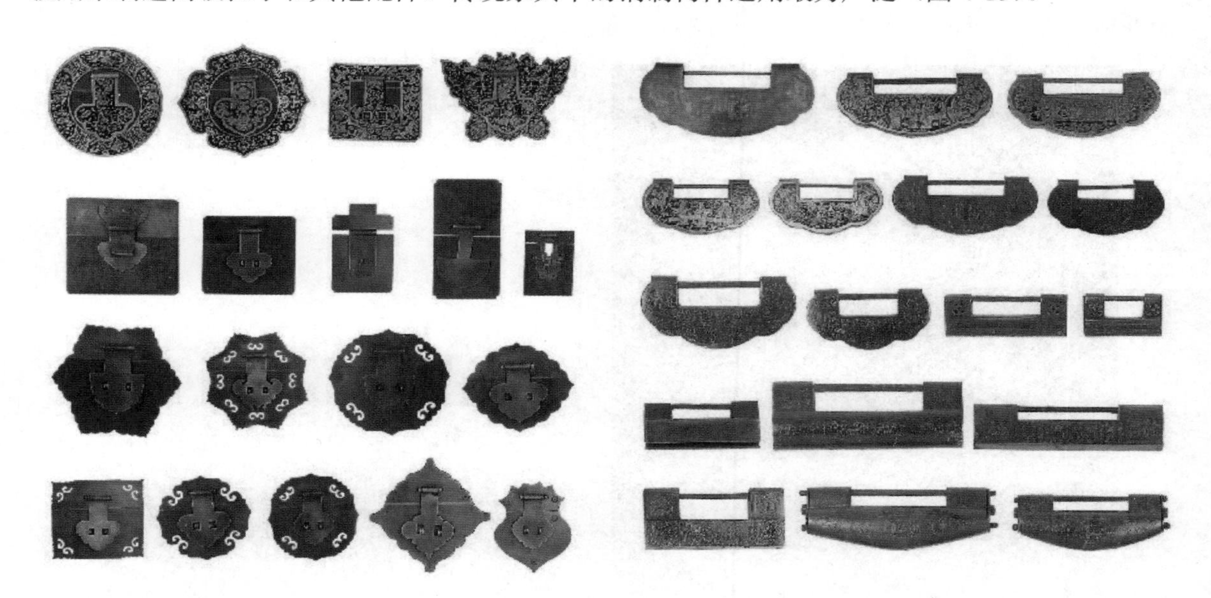

图 4-15　传统家具中的锁具

第 4 节 玻　　璃

玻璃是无定形非结晶体的均质同向材料，它的化学成分相当复杂，但主要成分为 SiO_2、Na_2O 和 CaO。是以石英砂、纯碱、石灰石等主要原料与辅助性材料经 1550 ～ 1600℃高温熔融成型并经急冷而成的固体。其具有良好的防水、防酸碱的性能，以及适度的耐火耐磨的性质，并具有清晰透明、光泽悦目的特点。受光有反射现象，尤其是那些经过加工处理，可琢磨成各种棱面的玻璃，产生闪烁折光。也可经截割、雕刻、喷砂、化学腐蚀等艺术处理，得到透明或不透明的效果，以形成图案装饰，丰富了家具造型立面效果。由于玻璃的加工工艺不同，可以制成许多品种，应用于家具制作的主要有以下几种。

一、平板玻璃

平板玻璃是将熔融的玻璃液浆经引拉（垂直引拉法、水平引拉法）悬浮或辊碾等方法而得到制品。现以浮法工艺为主。平板玻璃通常厚度规格不等，是可直接使用也可进行再加工的基础材料（图 4-16）。

二、钢化玻璃

钢化玻璃是将玻璃加热速冷（淬火）或用化学方法处理后所得的玻璃制品，玻璃经钢化处理产生了均匀的内应力，使玻璃表面具有预加压应力效果。它的机械强度比经过良好的退火处理的玻璃高 3 ～ 10 倍，抗冲击性能也大大提高。钢化玻璃破碎时，先出现网状裂纹，破碎后棱角碎块不尖锐，不伤人，相对比较安全。制品有平面钢化玻璃、弯钢化玻璃、半钢化玻璃、区域钢化玻璃等。钢化玻璃耐热冲击，最大安全工作温度为 287.78℃，耐热梯度，能承受 204.44℃的温差。故可用来制造茶几、桌面等（图 4-17）。

图 4-16　卡尔罗·莫里诺设计

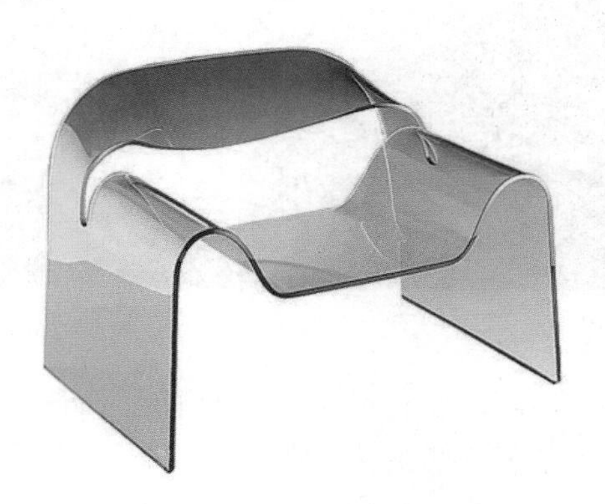

图 4-17

三、异形玻璃

异形玻璃是一种新兴的玻璃工艺制品，一般采用压延法、浇注法和辊压法制成。由于它既具有玻璃的特性又具备良好的成型方法，成为现代家具的新宠（图 4-18）。

四、镜面

将玻璃经镀银、镀铝等镀膜加工后成为照面镜子（镜片），具有物象不失真、耐潮湿、耐腐蚀等特点，可作衣柜的穿衣镜、装饰柜的内衬以及家具镜面装饰用。常用厚度有 3、4、5mm 等规格。

图 4-18

另外，夹层玻璃、花纹玻璃、彩色玻璃制品在家具中也有不同程度的应用。玻璃是柜门、搁板、茶几、餐台等常用的一种透明材料。木材、铝合金、不锈钢与玻璃相结合，可以极大的增强家具的装饰观赏价值。现代家具日益重视与环境、建筑、室内、灯光的整体装饰效果，特别是家具与灯具的设计日益走向组合，玻璃由于透明的特性，更是在家具与灯光照明效果的烘托下起了虚实相生、交映生辉的装饰作用。厚的玻璃可以直接用于桌面以及腿部支架。厚玻璃通过弯曲技术制成的家具可以获得连续、灵透的体积。伴随着现代工业技术的进步，玻璃将更加广泛的应用到家具制作行业。

第5节 石　材

应用到家具制作中的石材一般有天然石材和人造石材。天然石材如花岗岩、大理石等是一种质地坚硬耐久而感觉粗犷厚实的材料，一般具有不燃不腐、耐压耐磨耐水、抗压抗高温和易于维护等特性，其外形色彩沉重丰厚自然，肌理粗犷结实，而且纹理造型自由多变，具有雄浑的刚性美感。由于石材的产地不同，故质地各异，丰富石纹肌理的石材品种，同时在质量价格上也相距甚远。不足之处是易碎、不保温、不吸音和难于加工与修复等。石材可锯成薄板并打磨成光滑面材，适于作桌几、橱柜的面板，切割成块材可作桌几的腿和基座，全部用石材制作家具，可以显示出石材单一的风貌，配合其他材料可有生动的变化。利用不同色彩的薄板，经锯割拼装后，可设计出多种不同形式的图案，带有山水云纹的石片作为装饰可镶嵌在家具上，并可车旋和雕刻成型制作各种工艺品用做家具的部件，以突出家具的情调。很多室外庭园家具，室内的茶几、花台、桌椅等家具全部是用石材制作的（图 4-19）。

图 4-19

人造大理石、人造花岗岩是近年来开始广泛应用于厨房、卫生间台板的一种人造石材。其花色接近天然石材，并具有良好的化学、物理性能，具有强度高、表观密度小、质地均匀轻薄、耐酸碱、耐腐蚀、美观大方便于加工，成型性优于天然石材，同时便于标准化部件化批量生产，特别是在整体厨房家具整体卫浴家具和室外家具中广泛使用（图 4-20）。

图 4-20

第6节 塑 料

塑料（Plastics）是由分子量非常大的有机化合物所形成的可塑性物质，具有质轻、坚固、耐水、耐油、耐蚀性高，光泽与色彩佳，成型简单，生产效率高，原料丰富等许多优点。塑料是新兴的并不断改进的人工合成材料。自19世纪初以来，发展神速，用途广泛，19世纪60年代中期意大利设计界倡导塑料家具开发，为现代家具另辟新径。塑料家具以丰富的色彩和简洁富于变化的造型，将复杂的功能糅合在单纯的形式中，突破了以往形式的束缚，兼具经济实用的价值。

塑料家具通常由一个单独的部件组成，不用接合或连接其他构件，它的功能与造型已摒弃以往木材和金属家具的形式，而富有创新的造型和结构。塑料制成的家具具有天然材料家具无法代替的优点，尤其是整体成型自成一体，色彩丰富，防水防锈，成为公共家具、室外家具的首选材料。塑料家具除了整体成型外，通常也制成家具部件与金属、玻璃配合组装成家具。

目前，塑料家具常用的材料主要有以下几种。

1. 强化玻璃纤维塑料（FRP）

强化玻璃纤维塑料又称玻璃钢（Fiberglass Reinforced Plastic），是强化或增强塑料之一。由玻璃长纤维强化的不饱和多元酯、酚甲醛树脂、环氧树脂等组成的复合材料，具有优越的机械强度，且质轻透光、强韧而微有弹性，又可自由成型，任意着色，成本低廉，得“比铝轻、比铁强”的美誉，可以取代木材等传统材料成为注塑家具的理想材料。它可以将所有细部构件组成完整整体，而形成FRP成型家具。以椅子为例，椅座、椅背和扶手等构件皆可与腿一次注塑成型而连成一体、无接合痕迹，在感觉上比金属温暖、轻巧（图4-21）。除了直接作为家具构件外，也常用做基层构件，如沙发的靠背、坐面基层，代替传统沙发的框架，表面加以泡绵和纺织物面料作软垫处理。

图4-21 埃罗·沙里宁设计

2. 苯乙烯—丁二烯—丙烯腈三元共聚物树脂（ABS）

ABS树脂又称“合成木材”，是从石油制品炼出来的由丙烯腈（AcrylnitNe）、丁二烯（ButaJiene）、苯乙烯（Styrene）三种单体共聚而成。通过注模、挤压或真空模塑造成型，ABS具有“坚韧、刚性、质硬”的综合性能，富有耐水、耐热、防燃以及不收缩、不变形等优点，比起自然木材要强得多。用于制造小部件和整个椅子框架部件。ABS塑料呈浅象牙色，可以染成各种颜色，鲜艳美观。目前已广泛用于制造家具零部件及整个椅子框架部件、各种受力较大的装饰配件等。

3. 丙烯酸树脂（acrylicresins）又称压克力树脂

一般皆指甲基丙烯酸的甲酯（Methylester）重合体。化学玻璃和有机玻璃是它的商品名称。主要特点是无色透明、坚固强韧、耐药品性与耐天候性皆良好，有类似玻璃的表面质地。

形状有各种厚的板材，圆柱形的管材。可以浇注，但在家具生产中最常用的还是成品原料通过切割，加热弯曲，用胶接剂或机械连接的方法组装。颜色有纯天然的、有带色的，带色的有透明和不透明两类，不透明的从黑白到彩色可有六七十种。可以利用简单而便宜的成型和折叠技术，做出种种的形状，也可以用很便宜的真空成型或加温折弯方法。压克力早在19世纪末即已发明，作为家具材料是在1965年以后的事，目前在国外已生产出以螺钉拴接加热成形的压克力钢管椅，也有经过切割加热折叠成形，完全不用胶接及螺钉的全压克力坐椅。其他尚有利用铰链、螺钉接合的桌、橱架、餐具推车、办公桌椅及客厅家具等。在压克力家具制造中多是通过各种形状的成品切割加热弯曲接合成型。由于压克力材料本身具有易塑性特点，便于弯曲、折叠、切割和压铸等优点，使得在制作家具时，有着广泛的造型可能。压克力家具接合方法很多，当使用两片以上板时，最普通的方法是用胶粘剂胶接，由于胶接易产生起泡现象，影响接合处美观，所以压克力板其固定接合方式多采用镀铬和一些其他金属连接件。

4. 聚氨酯泡沫塑料（发泡塑料 plastic foams）

发泡塑料又称为聚氨基甲酸酯泡沫塑料（polyurethane foams）。它是一种发泡而成的多孔性物质，按主要原料不同分为聚醚型和聚酯型两种，其中聚醚型价格低廉，应用广泛。按产品软硬程度不同分为硬质、半硬质和软质三类。硬质聚氨酯泡沫塑料具有优良的刚性和韧性，良好的加工性与粘附性，是一种质轻、强度高的新型结构材料，国内外在家具上已被应用于制作椅类的骨架、三维弯曲度的整体模塑部件和产品，以及具有浮雕装饰图案的零部件和进行板式部件的封边等。软质聚氨酯泡沫塑料具弹性强、柔软性好，压缩变形与导热系数小，透气性和吸水性良好等特点，可制密度 0.015 ～ 0.03 的制品，是家具上良好的软垫材料，能制成多种形式，不同厚度的软垫，减少了生产软家具的工序，提高了软垫材料的利用率，构成了具有舒适感和外观能随受力部位而发生变化款式新颖的软家具。此外，聚氨酯泡沫塑料软垫还可以和面料一次模压成型，改变了传统生产软椅需进行面料裁剪，缝制等工作，提高了生产效率。

聚氨酯发泡塑料也是一种用途很广的结构原料，用于模塑或挤压成型。用这种发泡塑料生产家具成型部件和产品的工艺，是将各种原材料通过高压混合后，倒入模具中发泡成型，待物料固化后脱模，经熟化一段时期，再通过三维锯边铣边机等作进一步加工，可以形成坐椅、沙发、坐垫、休闲卧铺等发泡成型家具。一般应用于坐椅家具的方式是先把坐椅内套缝好后张架而注入发泡塑料，几分钟之后即已发泡膨胀成型，内套成型后再装潢外表布料或皮料，便成为一张柔软舒适的泡绵坐椅，它自成一体，无须与其他配件接合。其造型稳重，线条简明，轮廓极为柔美、高雅和大方，可以有效地支撑人体的重量，这种沙发坐椅不仅功能巧妙，同时组成椅、垫、床等的变化性又多，而且又可利用各种颜色来丰富造型变化。发泡家具更适合以单元为单位的大批量生产，可根据需要进行组合。

塑料已广泛地应用在现代家具上，除上述外，还有很多塑料，如聚氯乙烯（PVC）、聚乙烯（PE）、聚丙烯（PP）、聚酰胺（PA，尼龙）等，都应用在家具设计制作上。利用 PVC 塑料可以制作单体及坐卧两用的多功能充气家具。它是利用充气成型，质轻，便于运输，携带也十分方便。除了直接作为沙发之外，也可安装在沙发的框架上，形成一组有特色的家具。塑料薄膜装饰贴面板是家具板材大量应用的材料，板面装饰形象逼真，典型自然，具有坚固耐水防水特点。用塑料制成的家具辅助零件有拉手、合页、按钮等，在结构和色彩方面可多样化，具有装饰性。

综合地说，塑料虽然在心理感受上缺乏自然材料的温暖与厚实，但在许多性能方面实际已超过了自然材料，而且自然材料资源有限。由于塑料原料的大量生产和相对低廉的成本，在未来家具设计中，塑料的重要性及其应用趋势必将日益显现。图4-22是通过透明塑料夹软毛毡制成的凳子。

图4-22

第7节　胶粘剂

在家具生产中，胶粘剂（胶料）是必不可少的重要材料，如各种实木方材胶拼、板材胶合、零部件接合、饰面材料胶贴等，都需要采用胶粘剂来胶合，胶粘剂对家具生产的质量起着重要作用。胶接的好坏会影响到家具的强度和使用寿命，因此合理使用胶料是保证产品质量的重要条件。胶粘剂通常是由主体材料和辅助材料两部分组成。主体材料，也称粘料、基料、主剂，是胶粘剂中起粘合作用并赋予胶层一定机械强度的物质，如淀粉、蛋白质、合成树脂（包括热固性树脂、热塑性树脂）、合成橡胶以及合成树脂与合成橡胶的混合。辅助材料，是胶粘剂中用于改善粘料性能或为便于施工而加入的物质，主要包括溶剂、固化剂、增塑剂、填料以及其他助剂。

胶料种类很多，主要分为蛋白胶和合成树脂胶两大类。在家具制作中应用的蛋白胶多为动物胶，如骨胶、皮胶等，它们的特点是热溶性胶，冷却后即变干硬，粘接强度很高，但其耐水性差，遇水后会产生水溶现象，强度降低。近年来合成树脂胶已普遍替代动物蛋白胶，因为蛋白胶必须加热溶化才能涂抹，制作不便，并有臭味，而合成树脂胶是常温液态胶，涂抹制作方便。合成树脂胶种类也较多，常用有酚醛树脂胶、尿醛树脂胶、聚醋酸乙烯树脂胶（俗称乳白胶），这类树脂胶固化时间较长，在胶合和拼合工艺中，必须较长时间的加压固定，才能达到一定的胶合强度。乙烯—醋酸乙烯共聚树脂胶是无溶剂的常温固化胶合剂，具有冷固胶合速度快的特点，因此近年来应用较广。

第8节　涂　　料

涂料，通常称油漆。它是指涂布于物体表面能够干结成坚韧保护膜的物料的总称，是一种有机高分子胶体混合物的溶液或粉末。木质家具表面用涂料一般由挥发部分和不挥发部分组成，涂饰在家具表面上后，其挥发部分逐渐挥发逸出散失，而留下不挥发部分（或固体成分）在家具表面上干结成膜，可起到保护和装饰家具的作用，延长家具的使用寿命。因此，使用时应根据漆膜装饰性能、漆膜保护性能、施工使用性能、层间配套性能、经济成本性能等性能要求或原则选择涂料。

第9节 五金辅料

在家具制造中，除了上述主要材料外，还必须使用其他小五金、辅助材料才能完善家具的制作成型。在家具装配结构上，五金件是不可缺少的辅助材料。我国家具与国际先进家具的差距除了设计水平和制作工艺外，五金件的设计和制作质量也是一个重要因素，它关系到家具安装、工艺、结构及其使用的轻便和耐久程度。尤其是在板式家具和拆装家具中，往往起到决定性的作用。它不仅起连接、紧固和装饰的作用，还能改善家具的造型与结构，直接影响产品的内在质量和外观质量。家具五金配件按功能可分为活动件、紧固件、支承件、锁合件及装饰件等。按结构分有铰链、连接件、抽屉滑轨、移门滑道、翻门吊撑（牵筋拉杆）、拉手、锁、插销、门吸、搁板支承件、挂衣棍承座、滚轮、脚套、支脚、嵌条、螺栓、木螺钉、圆钉等，不锈钢家具构件运用相当普遍，图4-23为各式不锈钢沙发脚。国际标准（ISO）已将家具五金件分为九大类：锁、连接件、铰链、滑动装置（滑道）、位置保持装置、高度调整装置、支承件、拉手、脚轮及脚座。其中，铰链、连接件和抽屉滑道是现代家具中最普遍使用的三类五金配件，因而常被称为“三大件”。

图4-23　沙发脚

现代家具材料随着科学技术的进步而日益增多，这一章所讲述的材料只是其中最常见的部分。人类对材料的开发利用经历了漫长的历史过程，每一次材料技术的革命，对家具设计的创新均起到极大的推动作用。在工业革命之前的农业经济时代，家具的加工与制造是以木制为主，东西方文明中的木制手工家具均达到相当完善的程度。直到19世纪中叶，奥地利迈克尔·索奈特（Michael Thonet）研究创新的单板模压技术和曲木技术获得成功，这代表了家具现代工业化生产的开端。这使家具的造型、生产质量和规模发生了质的飞跃。金属成为家具的主要用材也是科技发展创新的结果，匈牙利人马歇尔·拉尤斯·布劳耶（Marcel Lajos Breuer）看到自行车把手而引发设想，首创了世界钢管椅设计的先例。开创了一个金属家具的新时代。塑料合成材料用于家具设计同样具有划时代的意义。1949年，美国设计师查尔斯·伊姆斯（Charies Eames）将刚发明不久的玻璃纤维塑料为主体材料设计制成DAR壳体椅，其造型、色彩给家具设计带来全新的感受。可以说，进入20世纪家具材料发生着日新月异的变化，从金属构件的翻新到纤维织物的花色；从玻璃工艺的完善到原生植物的再加工（图4-24纸制坐椅），每一种材料工艺的创新与发明都为家具设计开创了无限的想象空间。

图4-24 “圆斑”童椅　彼得·慕道琦设计

第5章　家具材料与结构工艺

家具的造型丰富多彩，材料各异，其结构设计也因材料的不同而千变万化。正如人体骨骼系统一样，家具要承受外力并将外力和自重通过一定的结构形式传递到地面。因此家具结构必须是传力合理、坚固耐用，又经济省材，它的形式由材料和家具造型决定。从使用材料上家具可分为木制家具、金属家具、塑料家具、玻璃家具、竹藤家具、皮革织物的软材料家具以及不同材料的组合家具等。

从结构形式上又可分为框架结构、板式结构、装配式结构、折叠结构、薄壳结构（热压或热塑的薄壁成型结构）以及软结构式等。优秀的家具设计，必须是材料功能和合理构造的完美统一，必须对材料形式及结构工艺方式进行综合研究。

第1节　木制家具的基本构件及其结构工艺

木制家具是以各种木质材料为主，通过不同结构工艺方式制成的一类家具。由于木制家具历史悠久、使用普遍、连接方式复杂，成为家具结构研究的重点。分析木制家具的具体结构可以发现，它们是由方材、板件、木框和箱框四种构件形式根据不同类型和需要进行选配而成的。这些基本构件之间需要采用适当的接合方式进行相互连接，它们本身也有一定的构成方式。木家具常用的接合方式有榫接合、钉接合、木螺钉接合、胶接合和连接件接合等（见表5-1）。采用的接合方式是否正确对家具的美观、强度、加工过程以及使用和搬运都有直接影响。图5-1～图5-5为中国传统木制家具中榫接合的主要结构形成。

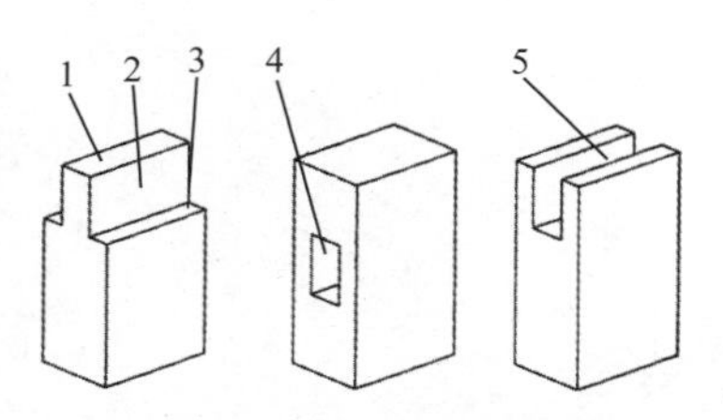

1—榫端；2—榫颊；3—榫肩；4—榫眼；5—榫槽

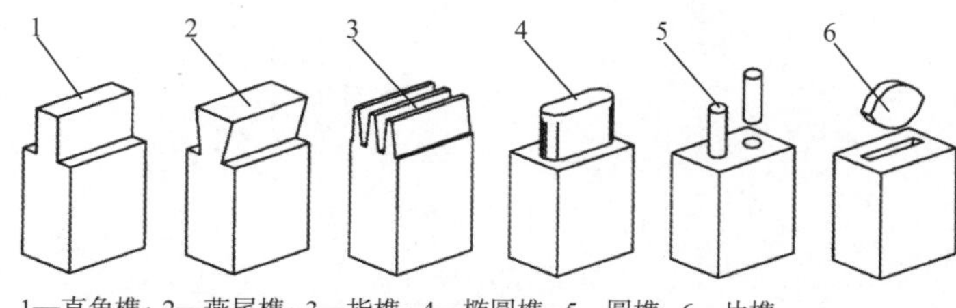

1—直角榫；2—燕尾榫；3—指榫；4—椭圆榫；5—圆榫；6—片榫

图5-1　榫的结构形式

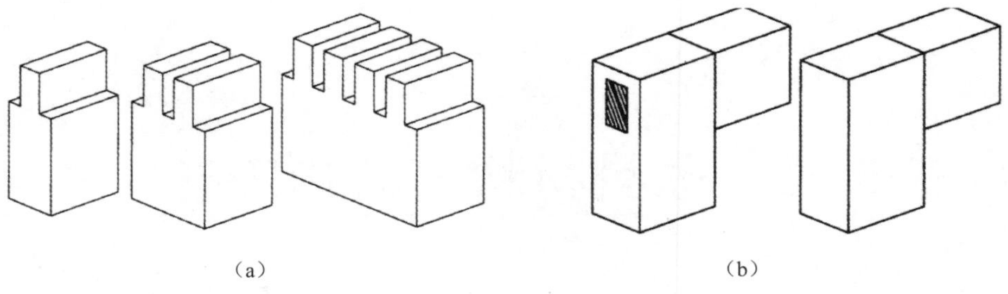

图 5-2　榫的结构形式

（a）单榫、双榫、多榫；（b）明榫、暗榫

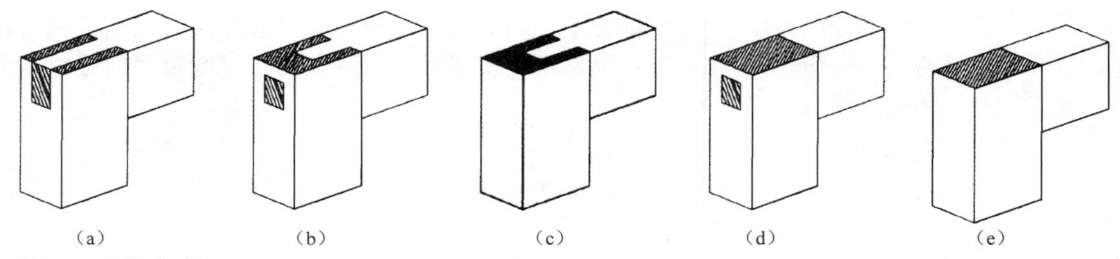

图 5-3　开榫方式

（a）开口贯通榫；（b）半开口贯通榫；（c）半开口不贯通榫；（d）闭口贯通榫；（e）闭口不贯通榫

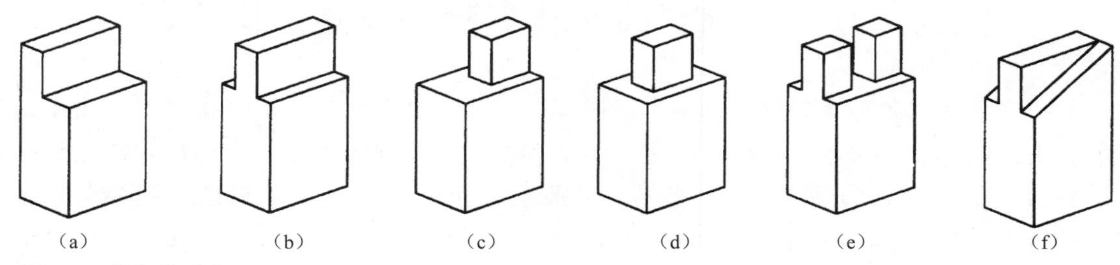

图 5-4　榫肩的形式

（a）单肩榫；（b）双肩榫；（c）三肩榫；（d）四肩榫；（e）夹口榫；（f）斜肩榫

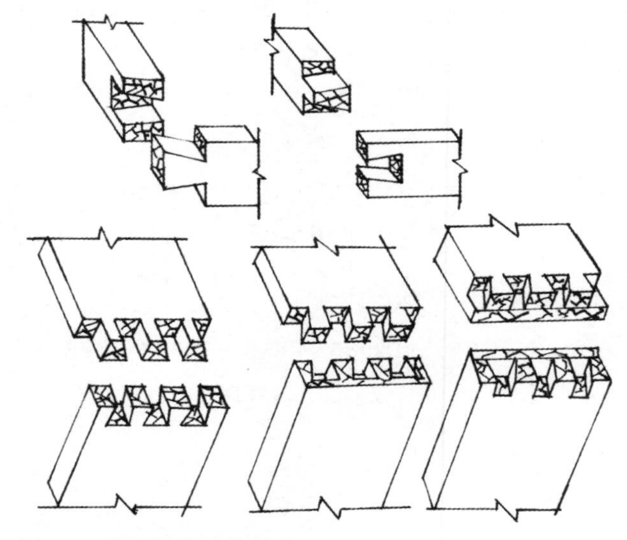

图 5-5　马牙榫的几种形式

表 5-1 木制家具的接合的种类、特点和应用

<table>
<tr><th colspan="2">接合种类</th><th colspan="2">特　点</th><th>分　类</th><th>应　用</th></tr>
<tr><td rowspan="11">榫接合</td><td rowspan="4">直角榫接合</td><td rowspan="11">零件间靠榫头和榫眼的配合挤紧，并辅以胶合获得接合强度</td><td rowspan="4">榫头、榫眼呈方形（有的可呈椭圆形）。加工容易，接合强度高</td><td>明榫、暗榫</td><td rowspan="4">方材在纵向或横向的主要接合方式</td></tr>
<tr><td>开口贯通榫、半开口贯通榫、半开口不贯通榫、闭口贯通榫、闭口不贯通榫</td></tr>
<tr><td>单榫、双榫、多榫</td></tr>
<tr><td>单肩榫、双肩榫、三肩榫、四肩榫
夹口榫、斜肩榫、插肩榫</td></tr>
<tr><td>圆榫接合</td><td>另加插入圆榫。与直角榫比。结合强度约低 30％，但较节省材料，易加工</td><td>压缩螺旋槽、压缩网槽、压缩直槽、光面槽、铣削直槽、铣削螺旋槽</td><td>主要用于板式部件的连接和接合强度要求不是很高的方材连接</td></tr>
<tr><td rowspan="3">燕尾榫或马牙榫</td><td rowspan="3">顺燕尾方向抗拉强度高，垂直马牙方向抗拉强度高，榫有不外露与外露之分</td><td>明榫、半隐榫、全隐榫</td><td rowspan="3">主要用于箱框的角部连接</td></tr>
<tr><td>单榫、双榫、多榫</td></tr>
<tr><td>燕尾型、马牙型</td></tr>
<tr><td>指榫接合</td><td>靠指榫的斜面胶接，结合强度为整体木材的 70％～80％</td><td>单层对接、多层符合</td><td>适用于木材纵向接长及多层板复合</td></tr>
<tr><td rowspan="2">片榫</td><td rowspan="2">与圆榫接合相似，另加插入木片，较节省材料，易加工</td><td>明榫、暗榫</td><td rowspan="2">主要用于板式部件的连接和接合</td></tr>
<tr><td>开口贯通榫、闭口不贯通榫</td></tr>
<tr><td colspan="2">钉接合</td><td colspan="2">接合简便，但接合强度较低，常在接合面加胶以提高接合强度</td><td>金属钉 T 形圆钉、“⊓”形扒钉（骑马钉、气枪钉、装书钉）、鞋钉、泡钉、竹制钉、木制钉</td><td>常用于背板，屉滑道等不外露处和强度要求较低处的连接</td></tr>
<tr><td colspan="2">木螺钉接合</td><td colspan="2">接合简便，接合强度较榫接合低而较圆钉接合高，常在接合面加胶以提高接合强度</td><td>平头螺钉和圆头螺钉</td><td>应用同圆钉，还适用于面板、脚架固定与多次拆装、配件的安装</td></tr>
<tr><td colspan="2">胶接合</td><td colspan="2">依靠接触面的胶合力将零件连接起来，两零件胶接面的纤维夹角越小接合强度越高</td><td></td><td>用于板式部件的构成以及实木零件的接长、拼宽和加厚薄板层积和板件的覆面胶贴、包贴封边</td></tr>
<tr><td colspan="2">连接件接合</td><td colspan="2">零件之间利用各种专用连接件连接，一般需要圆榫定位</td><td>螺旋式、偏心式和挂钩式</td><td>专用于可拆装零部件的接合，尤其用于柜体板式部件间的接合</td></tr>
</table>

一、木制家具的基本构件及其结构方式

实木家具是由方材、拼板、板式部件、木框和箱框五种基本部件组成。结构不同，组成的基本部件也不同。基本部件本身有一定的构成方式，部件之间也需要适当的连接。

1. 方件

方件一般是指宽度与厚度尺寸比较接近（矩形断面的宽度与厚度尺寸比小于3），而长度总是超过其断面尺寸许多倍的长形家具部件，也是木质家具的最简单的构件（如桌椅的腿、枨等）。它的断面可以是方形、圆形、椭圆形、不规则形、变断面形等，方件在结构上一般是整块实木，但也可采用接长、拼宽、胶厚的现代工艺使用小料胶合集成木（长度、宽度或厚度上的拼接）、碎料模压木等材料；在形状上可以是直线形、曲线形；曲线柱件的制成工艺可通过实木锯制弯曲、实木方材弯曲或薄板胶合弯曲等。传统工艺的大弧度柱件（如圈椅扶手）多采用楔丁榫结构（图5-6）。家具结构设计中使用方件的设计要点：① 尽量采用整块实木加工。② 在原料尺寸比部件尺寸小或弯曲件的纤维被割断严重时，应改用短料接长。③ 需加大方材断面时，可在厚度、宽度上采用平面胶合方式拼接。④ 弯曲件接长，榫接的强度最高，接合处也自然、美观，应用效果最好，但需有专用刀具。指榫接的强度和美观效果较好而且较易加工，但接合处的木材损失较大。其他接长方式可采用通用设备及刀具，加工较简便。各种方法在接合强度、美观性上各有特点，应注意恰当安排接合面的朝向以求美观。⑤ 直形方材的接长可采用与弯曲件同样的接长方法，通常直形件受力较大，优先采用指榫、斜接和多层对接。⑥ 整体弯曲件除用实木锯制外，还可采用实木弯曲和胶合弯曲，这两种弯曲件强度高而美观，应用效果比实木锯制和短料接长弯曲件都好。⑦ 胶合弯曲件承受内收弯曲能力比承受外展弯曲能力高，承受外展弯曲时较易产生层裂。图5-7为木材接长的主要形式。

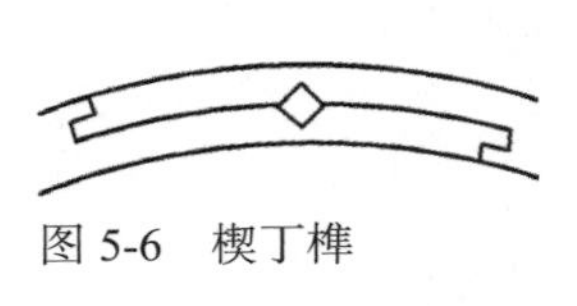
图 5-6　楔丁榫

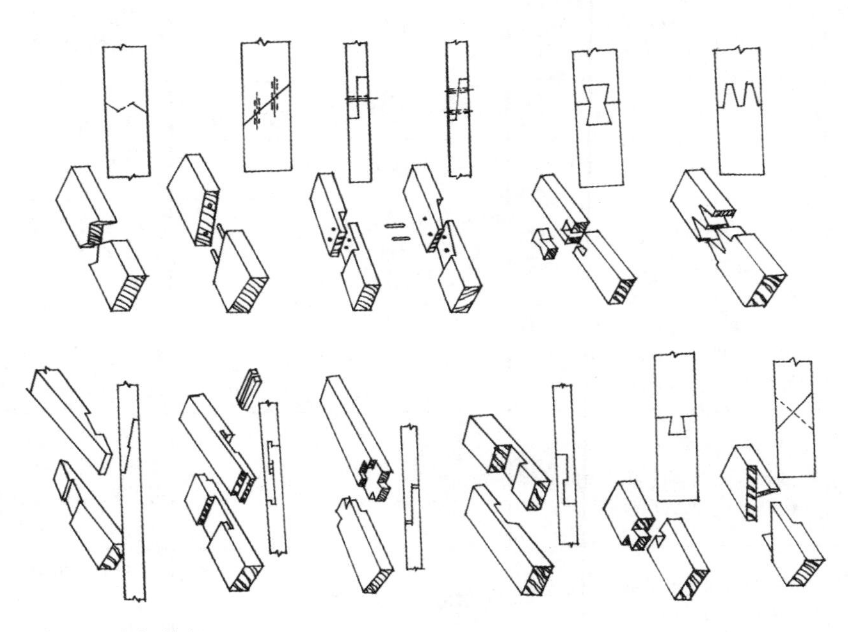
图 5-7　木板接长

2. 板件

木制家具的板件一般是指材料的长度与宽度尺寸比较接近，并远远大于厚度的板形部件。按照材料和结构的不同，木质板件主要有整拼板、素面板、覆面板和框嵌板等四种。

（1）整拼板。它是将数块实木窄板通过一定的侧边拼接方法拼合成所需要宽度的实木拼板。拼板构成的拼接方法主要有平口拼（平拼、胶拼）、企口拼、指形拼、穿条拼、搭口拼、插榫拼、螺钉拼（明螺钉拼、暗螺钉拼）以及穿带拼、吊带拼、嵌端拼和嵌条拼等多种形式。①平口拼（胶拼）：是依靠与板面垂直或倾斜一定角度的平直侧边，通过胶粘剂胶合粘接而成。常见的主要有方形拼和梯形拼两种。这种拼接方法加工简便、接缝严密，是构成家具拼板最常用的方法，优先选用。②企口拼、指形拼、穿条拼、搭口拼、插榫拼、明螺钉拼和暗螺钉拼：多用于厚板或长板的拼接。这些拼接方法如与胶粘剂并用，可以提高拼接强度。在不施胶或胶失效后，企口拼、指形拼、穿条拼和搭口拼接合仍能较好地保持板面平整与板的密闭性；插榫拼和螺钉拼接合仍能保持板面平整，并在接合面不施胶时可用于反复拆装的拼接。③穿带拼、吊带拼、嵌端拼和嵌条拼：是在拼板的背面或两端设置横贯的木条而成，是拼板制作中常用的防翘结构。其中，穿带结构的防翘效果最好。在这些防翘结构中，木条与拼板之间，一般不要加胶，以允许拼板在湿度变化时能沿横纤维方向自由胀缩。图 5-8 为木材拼宽的主要形式。

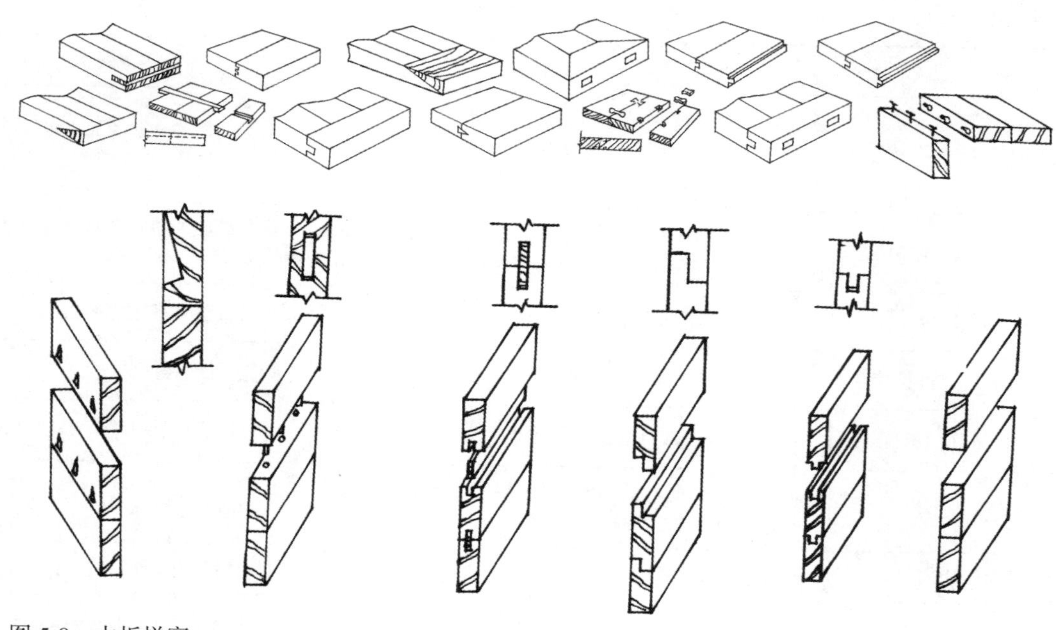

图 5-8 木板拼宽

（2）素面板。它是指将未经饰（贴）面处理的木质人造板基材直接裁切而成的板式部件，又称素板。它可分成两类：一类为薄型素板，主要有胶合板、薄型刨花板、薄型中密度纤维板等；另一类为厚型素板，主要有厚型胶合板、厚型刨花板、厚型中密度纤维板和多层板等。素面板在直接裁切制成具有一定规格尺寸的板式部件后，根据家具产品表面装饰的需要，还应进行贴面或涂饰以及封边处理（参照表 5-2）。

（3）覆面板。它是将覆面材料（主要是指贴面材料）和芯板胶压制成所需幅面的板式部件。采用覆面板作为板式部件，不仅可以充分利用生产中的碎料，提高木材利用率，而且可以减少部件的收缩和变形，改善板面质量，简化工艺过程，提高生产效率。覆面板种类很多，常用的覆面板主要有实心板和空心板两种。实心板是以细木工芯板、刨花板、中密度纤维板以及多层板等人造板为基材胶贴覆面材料或饰面材料后制成的板材（又称饰面板），较耐碰压，既可作立面，也可作承重面；空心板是指木框或木框内带有各种空心填料，经单面或双面胶贴覆面材料所制成的板材，质轻，但板面平整度和抗碰压性能较差，宜作中级或普级产品的立面部件，一般不宜作承重平面部件。覆面材料的作用有两种，一是结构加固，二是表面装饰。它是将芯层材料纵横向联系起来并固定，使板材有足够的强度和刚度，保证板面平整丰实美观，具有装饰效果。

（4）框嵌板。是指在木框中间采用裁口法或槽口法将各种成型薄板材、拼板、玻璃或镜子装嵌于木框内所构成的板材。槽口法嵌装牢固、外观平整，但不易拆装；裁口法嵌板（又称装板）时须利用断面呈各种形状的压条（装饰线条）压在薄板、拼板、玻璃或镜子的周边，设计时压条、木框表面、薄板表面三者不应要求齐平，这样，既可以使装配简便，易于更换嵌板，减少安装工时，又能提高板件整个表面的立体装饰效果。嵌板的板面低于框面时，一般用于门扇、旁板等立面部件；板面与框面相平时，多用于桌面。目前，框嵌板多用于高档家具的门板结构。嵌板槽深一般不小于 8mm（同时需预留嵌板自由收缩和膨胀的空隙），槽边距框面不小于 6mm，嵌板槽宽常用 10mm。

表 5-2　　　　封 边 法 的 特 点

方　　法		结构特点	应用范围
胶合封边法		完全靠胶将薄片材料贴于板边，薄片材料有薄木、单板、塑料贴面板、软质塑料封边条、装饰纸条等。加工简便、快捷	非型面的曲面、直边封边，型面封边需在专门机床上进行
实木封边法	企口接合	在板边开槽，木条开簧，并使木条在板面露出宽度尽量小。接合牢固紧密	复杂型面的直边与曲率不大的曲边封边
	穿条接合	用插入扳条加胶接合，比较省料	较宽大型面的直边封边
	圆榫接合	用插入圆榫加胶接合，接合强度高	特宽型面的直边封边
	胶钉接合	以 5mm 左右的薄板胶合于板边。再用沉头圆钉加固	非型面或浅薄型面的直边封边
T 形条镶边法		T 形条有型面，常用硬塑料或铝合金制造，加胶嵌入板边槽中，方法简便	直边与曲率不大的曲边封边
金属薄板镶边法		常用铝合金薄板。用木螺钉固定，保护性强	曲边的公用桌面封边
ABS 塑料封边法		用溶剂溶解 ABS 塑料作涂料。涂刷于板边完成封边	复杂型面而又为曲边的板边封边
嵌角法	阶梯状	板角设台阶支承嵌角实木，用胶（或再加钉）紧固，抗压抗碰	易碰角部，如桌面
	圆弧状	用圆弧状实木加胶（或再加钉）紧固于板角，衔接圆润美观	碰撞较小处
包边法		覆面与封边用同一整幅材料胶粘	板面与板边间采用曲面过渡

3. 木框

木框通常是由四根以上的方材按一定的接合方式纵横围合而成。随着用途不同，可以有一至多根中档（撑档），或者没有中档。常用的木框主要有门框、窗框、镜框、框架以及脚架等。

（1）木框角部接合（见表 5-3 和表 5-4）。①出面木框的角部接合：可以采用直角接合和斜角接合。直角接合牢固大方、加工简便，为常用的方法，主要采用各种直角榫，也可用燕尾榫、圆榫或连接件。斜角接合是将相接合的两根方材的端部榫肩切成 45° 的斜面或单肩切成 45° 的斜面后再进行直角榫接合，以免露出不易涂饰的方材端部，保证木框四周美观，常用于外观要求较高的家具。②覆面木框的角部接合：可以采用闭口直角榫接合、榫槽接合等接合方式。图 5-9 为木框直角主要接合方式，图 5-10 为木框斜角主要接合方式。

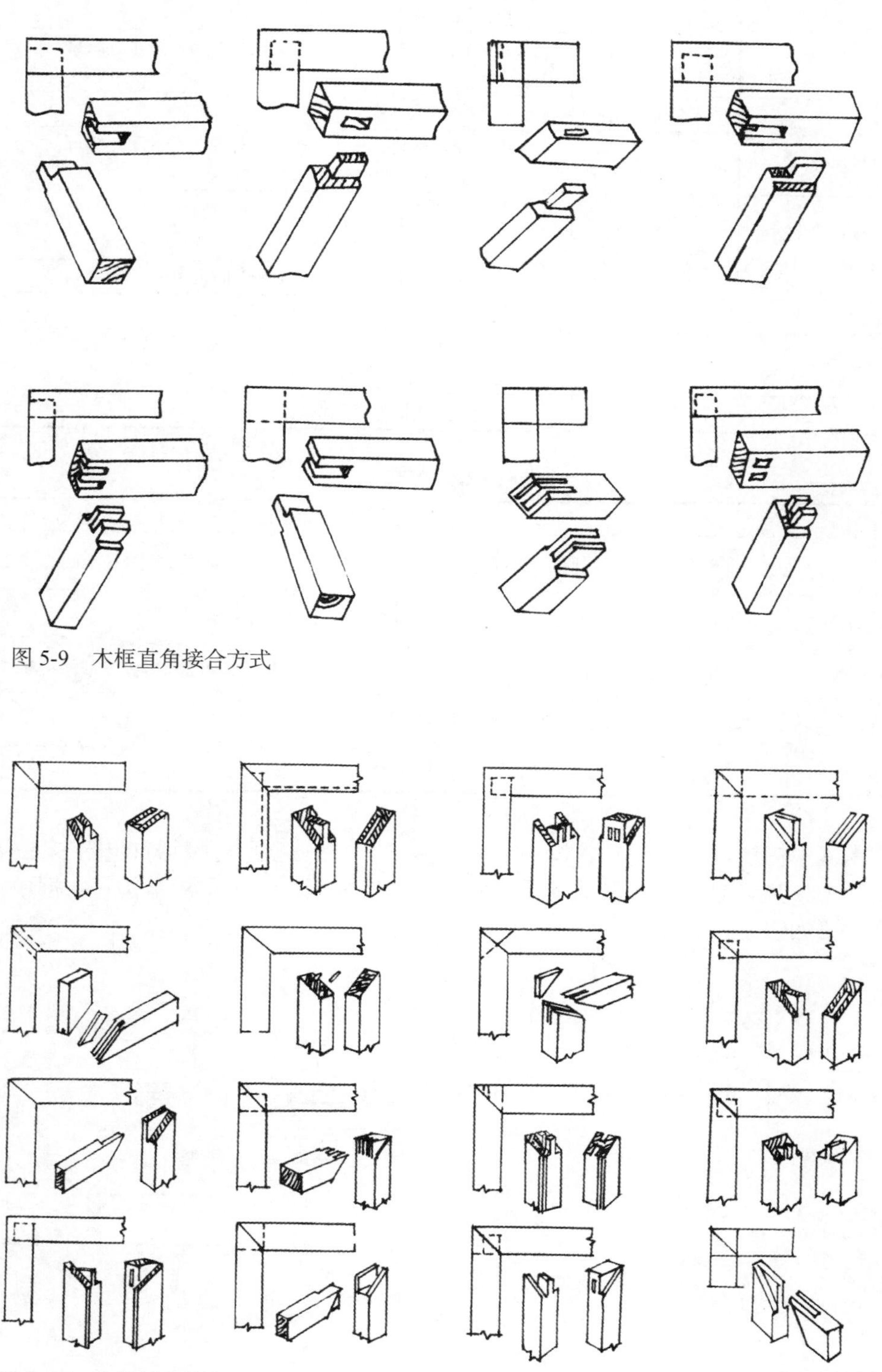

图 5-9　木框直角接合方式

图 5-10　木框斜角接合

表 5-3　　木框直角接合方式的选择

<table>
<tr><th colspan="3">接 合 形 式</th><th>特 点 与 应 用</th></tr>
<tr><td rowspan="8">直角榫</td><td rowspan="3">依据榫头个数分</td><td>单榫</td><td>易加工，常用形式</td></tr>
<tr><td>双榫</td><td>提高接合强度，在零件在榫头厚度方向上尺寸过大时采用</td></tr>
<tr><td>纵向双榫</td><td>零件在榫宽方向上尺寸过大时采用，可减小榫眼材料的损伤，提高接合强度</td></tr>
<tr><td rowspan="2">依据榫端是否贯通分</td><td>不贯通（暗）榫</td><td>较美观，常用形式</td></tr>
<tr><td>贯通（明）榫</td><td>强度较暗榫高，宜用于榫孔件较薄，尺寸不足榫厚的 3 倍，而外露榫端又不影响美观之处</td></tr>
<tr><td rowspan="3">依据榫侧外露程度分</td><td>半闭口榫</td><td>兼有闭口榫、开口榫的长处，常用形式</td></tr>
<tr><td>闭口榫</td><td>构成木框尺寸准确。接合较牢，榫宽较窄时采用</td></tr>
<tr><td>开口榫</td><td>装备时方材不易扭动，榫宽较窄时采用</td></tr>
<tr><td colspan="3">燕尾榫</td><td>能保证一个方向有较强的抗拔力</td></tr>
<tr><td colspan="3">圆榫</td><td>接合强度比直角榫低 30%，但省料、易加工。圆榫至少用两个以防方材扭转</td></tr>
<tr><td colspan="3">连接件</td><td>可拆卸，需同时加圆榫定位</td></tr>
</table>

表 5-4　　木框斜角接合方式

接合方式	特 点 与 应 用
单肩斜角榫	强度较高，适用于门扇边框等仅一面外露的木框角接合，暗榫适用于脚与望板间的接合
双肩斜角明榫	强度较高，适用于柜子的小门、旁板等一侧边有透盖的木框接合
双肩斜角暗榫	外表衔接优美，但强度较低，适用于床屏、屏风、沙发扶手等四面都外露的部件角部接合
插入圆榫	装配精度比整体榫低，适用于沙发扶手等角部结合
插入板条	加工简便，但强度低，宜用于小镜框等角部接合

（2）木框中档接合（二方丁字形结构）（见表 5-5）。它包括各类框架的横档、立档、桌椅凳的牵脚档等，通常是两根方材的丁字形连接。一般采用二方丁字形结构。木框中档各种丁字形接合方式如图 5-11 所示。

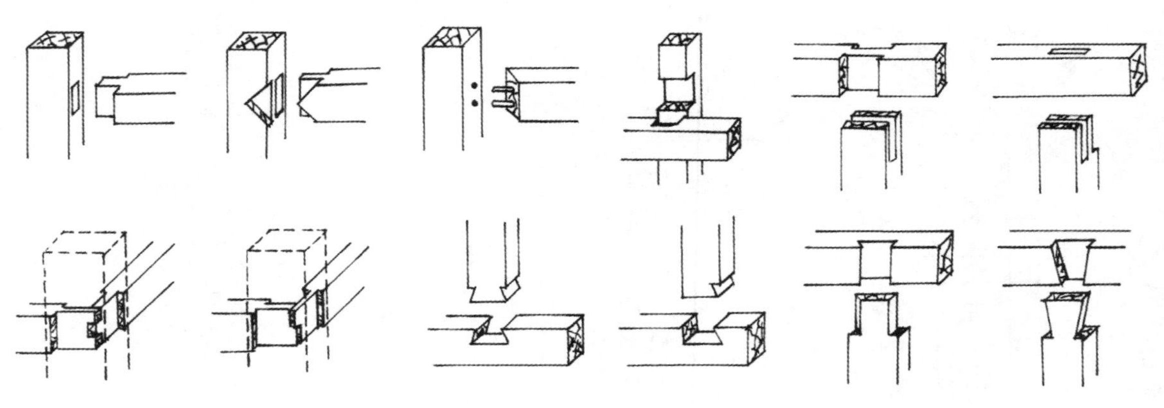

图 5-11　方木丁字连接

表 5-5 丁字形接合的特点

序号	接合方式	特点与应用
1	直角榫	接合最牢固，依据方材的尺寸、强度与美观要求设计，有单榫、双榫和多榫，分暗榫和明榫
2	插肩榫	较美观，在线型要求比较细腻的家具中与木框斜角配合使用
3	圆榫	省料，加工简便，但强度与装配精度略低
4	十字搭接	中档纵横交叉使用
5	夹皮榫	构成中档一贯到底的外观，如用于柜体的中挺
6	交插榫	两榫汇交于榫眼方材内时采用，如四脚用望角、横撑连接的脚架接合。交插榫避免两榫干扰保证榫长，还相互卡接提高接合强度
7	燕尾榫	单面卡接牢固，加工简便，主要用于覆面板内接合

（3）木框三维接合（三方汇交榫结构）。桌、椅、凳、柜的框架通常是由纵横竖三根方材以榫接合相互垂直相交于一处形成三维接合，一般采用三方汇交榫结构。三方榫结构的形式因使用场所而异，其典型形式如图 5-12 所示。

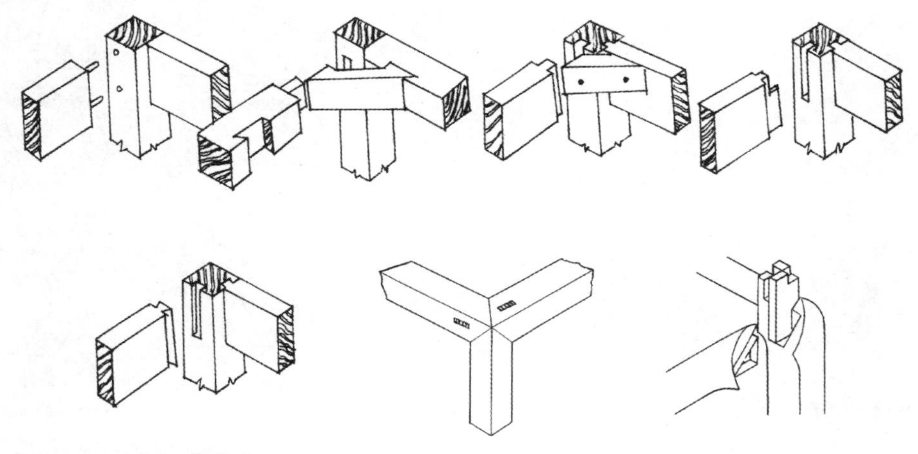

图 5-12 木框三维接合

三方汇交榫的形式及应用见表 5-6。

表 5-6 三维综角接合的形式与应用

结构名称	应用举例	应用条件	结构特点
插入榫接合	椅、柜框架连接	①直角接合与定位 ②竖方断面不够大	纵横向均需做双向榫眼，圆孔深度大于圆榫长度，对独立圆榫的材质要求较高
综角加固接合	椅、凳框架连接	①直角接合 ②竖方断面不够大	相对二榫头的颊面成直角，后望与侧望板通过斜撑连接或用螺钉加固
错位直角榫	柜体框架上角连接	①直角接合 ②竖方断面不够大 ③接合强度可略低	用开口榫、减榫等方法使榫头上下相错
燕尾榫接合	椅、桌腿与望板的连接	①直角接合装入腿中 ②竖方断面够大	榫头做成梯台形，横向连接牢固有力
粽子榫接合（三碰肩）	传统风格的几、柜、椅的顶角连接	顶、侧朝外三面都需要有美观的斜角接合	纵横方材交叉榫数量按方材厚度决定，小榫贯通或不贯通
抱肩榫接合	传统风格家具中腿足与束腰、牙条相的结合	腿足在束腰的部位以下	榫肩呈 45° 角，三角形榫眼

4. 箱框

箱框是由四块以上的板件按一定的接合方式围合而成。箱框的构成，中部可能还设有中板。板件宽度或箱框高度一般大于100mm。常用的箱框如抽屉、箱子、柜体等。设计重点是确定角部与中板的接合。连接件接合适用于板式部件构成的箱框中，箱框的角部接合可以采用直角接合或斜角接合，可以采用直角多榫、燕尾榫、插入榫、木螺钉等固定式接合。如图5-13所示；箱框的中板接合，常采用直角槽榫、燕尾槽榫、直角多榫、插入榫（带胶）等固定式接合，箱框角部接合和中板接合也可以采用各种连接件拆装式接合。

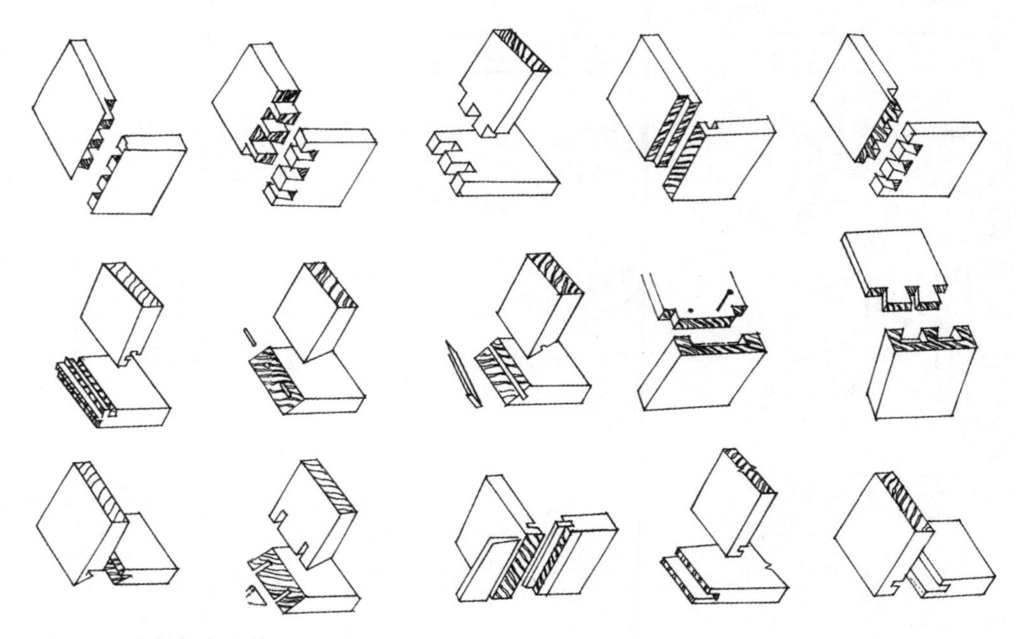

图5-13　木板拐角连接

箱框的中板接合方式可以看出箱框结构的设计要点：

（1）承重较大的箱框（如衣箱、抽屉等），可采用拼板整体多榫接合，拼板与整体多榫接合都有较高的强度。围护用的箱框（如柜体），适合用板式部件，不易变形，也可采用其他接合方式。

（2）箱框角部结合中，接合强度以整体多榫为最高。在整体多榫中，又以明燕尾榫强度最高，斜形榫次之，直角榫再次。在燕尾榫中，全隐榫的两个端头都不外露，最美观；半隐榫有一个端头不外露，能保证一面美观，但它们的强度都略低于明榫。全隐燕尾榫用于包脚前角的结合，半隐燕尾榫用于抽屉前角、包脚后角的结合；明燕尾榫、斜形榫用于箱盒四角接合；直角多榫用于抽屉后角接合。

（3）各种斜角接合都有使板端不外露，外表美观的优点，但接合强度较低，可再加塞角加强，即与木条接合法联用。木条断面可为三角形，可为方形，用胶合木螺钉与板件连接。

（4）箱框中板接合中，直角多榫对旁板削弱较小，也较牢固，但仅适用于拼板制的中板。板式部件的箱框适合用圆榫。槽榫接合可以在箱框构成后才插入中板，装配较方便，但对旁边有较大削弱。

（5）用板式部件构成柜体箱框，其角部及中板均宜采用连接件接合。

二、木制家具的局部结构

1. 底脚

木制家具一般都有底部支撑，它是家具向地面传递荷载的关键部位。如典型的柜类家具（包括桌类家具等）的底脚，它的作用就是支撑柜体，与底板、旁板、中隔板可采用各种形式的接合。底脚的形式很多，常见的有框架式、装脚式、包脚式、旁板落地式、塞角式，其中框架式和装脚式又统称为亮脚式。亮脚轻快，包脚稳重，旁板落地结构简便，各有所长。

（1）框架式：框架式的底座大多是由脚与望板或横档接合而成的木框结构。脚与望板常采用闭口或半闭口直角暗榫等接合。脚和望板的形状根据造型需要设计。当移动家具时，很大的力作用于脚接合处，因此，榫接合应当细致加工、牢固可靠。通常底座或脚架经与柜体的底板相连后构成底盘，然后再通过底板与旁板连接构成有脚架的柜体。

（2）装脚式：是指脚通过一定的接合方式单独直接与制品的主体接合的脚架结构。当装脚式底座比较高时，通常将装脚做成锥形，这样可使家具整体显得轻巧，但是脚的锥度不宜太大，否则接地面过小，会在地面上留下压痕。为增强柜体的稳定性，常在前后脚之间用横档加固。当装脚高度达到一定高度时，为了便于运输和保存，通常宜将装脚式做成拆装结构，装脚可用木材、金属或塑料制作，用螺栓安装在底板上。我国传统家具中亮脚（包括框架式底座中的脚和装脚式底座中的脚）的脚型或腿型有直脚和弯脚两种。弯脚（仿型脚）包括鹅冠脚、老虎脚、狮子脚、象鼻脚、熊猫脚、马蹄脚等，大多装于柜底四边角，使家具具有稳定感；直脚一般都带有锥度，上大下小，包括方尖脚、圆尖脚、竹节以及各种车圆脚等，往往装于柜底四边角之内，并向外微张，可产生既稳定又活泼的感觉。

（3）包脚式：包脚属于箱框结构，是由各种板件接合而成。它与柜体底板一般采用连接件拆装式接合，也可用胶粘剂和圆榫或用螺钉进行固定式接合。包脚的角部可用直榫、圆榫或插入板条接合，也可用三角形的塞角或附加方材加固；一般前角采用全隐燕尾榫，后角采用半隐燕尾榫接合。包脚式底座能够承受较大的载荷，通常用于存放较重物品的大型柜类家具。但包脚式底座不便于通风和室内清扫。因此，常在构成包脚式底座的板件底部开出一定高度的凹档，以便放置在不平的地面上时能够保持柜体的稳定，并借以改善柜体下面及其背部的空气流通。

（4）旁板落地式：以向下延伸的旁板代替柜脚。两脚间常加设望板连接。旁板落地处常前后加垫或中部上凹，以便于落地平稳和稳放于地面。

（5）塞角式：常用的结构有两种形式，一种是将柜体旁板直接落地，在旁板与底板角部加设塞角脚；另一种基本同装脚式，在柜体底板四边角直接装设上塞角脚构成小包脚结构。

2. 顶（台面）板、底板与旁板、隔板

柜体两侧的板件称为旁板；柜体上部连接两旁板的板件称为顶板或台面板，高于视平线（约为1500mm）的顶部板件为顶板，低于视平线的为台面板；柜体内分隔空间的垂直板件称为隔板；柜体底部与旁板及底座连接的板件称为底板。由上述这些部件就可以构成柜体的箱框结构。根据柜类家具的用途和形式的不同，柜体结构按其材料和构成形式可分为框式结构与板式结构、固定式结构与拆装式结构。目前，上述各类部件主要采用实心板、空心板或框嵌板。空心板和框嵌板可大大减轻制品重量，又节省木材。用细木工板、刨花板、高密度板等制成的实心板，虽然重量大，但尺寸稳定性较好。为了增加部件边缘的美观和强度，必须进行边部处理，特别是贴面板端面比较粗糙，又易受冲击，暴露在空气中容易吸湿而变形，边部木屑容易脱落，所以要将边部封闭起来，使之不与空气直接接触，以确保其强度和稳定性。经过边部处理，也有利于进一步装饰。边部处理的方法，可根据用途、使用条件、边部受力情况、制品质量以及外形要求等确定（见表 5-2）。顶板或台面板可以安装在旁板的上面（搭盖结构），也可以安装在旁板之间（嵌装结构），板间搭头可齐平、凸出或缩入。底板与旁板间的安装关系也是类似。旁板与底板、顶（台面）板的连接可根据家具容积大小和用户需要采用不可拆装的固定接合或可拆装的活动接合。非拆装结构有接合牢固、不易走形的优点。对于柜类家具的三维尺寸中如有一向超过 1500mm 或其容积超过 1.1m^3 时，常采用各种连接件的拆装结构，便于加工、运输、储存和销售。

3. 搁板

搁板是分隔柜体内部空间的水平板件，它用于分层陈放物品，以便充分利用内部空间。搁板可采用实木整拼板、实心覆面板或空心板等各种板式结构，其外轮廓尺寸应与柜体内部尺寸相吻合，常用厚度为 10 ～ 25mm。另外，隔板也可根据陈列物品和家具主体结构采用玻璃等其他材料。搁板与柜体的连接分固定式安装和活动式安装两种。固定式安装实际上是一种箱框中板结构，其搁板通常采用直角槽榫、燕尾槽榫、直角多榫、插入圆榫（带胶）或固定搁板销连接件（杯形连接件和 T 形连接件）等与旁板或隔板紧固接合。活动式安装又分调节式安装和移动式安装，使用时可按需随时拆装、随时变更高度。调节式安装方法有木节法、木条法、套筒搁钎法（活动搁板销或套筒销）、活动板销法（搁板销轨）等。如图 5-43 所示的移动式安装的搁板使用时能沿水平方向移动，也可以做成像抽屉那样的托盘，以方便于陈放物品。

4. 背板

背板是覆盖柜体背面的板材部件。它既可封闭柜体，又可加固柜体，对提高柜体的稳定性有着不可忽视的作用，当柜体板件之间用连接件接合时，更是如此。背板常采用胶合板或框嵌板，它与柜体的连接方法主要有裁口安装、不裁口安装、槽口安装和连接件安装等形式。如采用胶合板直接裁口或不裁口的方法与柜体安装连接时，常采用胶合板条或其他压条（宽度 30 ～ 50mm，行间距应不大于 450mm）辅助压紧，以保证背板平整和接合牢固。对于要求较高的柜类家具，也有在旁板或隔板的后侧面上开槽口，背板采用插入式（或嵌入式）安装，以保证美观和方便拆装。注意分块背板的接缝应落在中隔板或固定搁板上，大尺寸整块背板应纵向或横向加设撑档来增加强度和稳定性。对于拆装式家具，一般采用塑料或金属制的背板连接件安装。目前，背板连接件与背板常为锁扣连接，主要有穿扣式（直角锁扣式）、端扣式（偏心锁扣式）两种形式。

5. 前板与门扇

柜门的种类很多。按不同的开启方式可分为平开门、翻门、移门、卷门和折门等；按安装方式不同可分为盖门和嵌门等。这些门各具特点，但都应要求尺寸精确、配合严密、开关方便、形状稳定、接合牢固。下面介绍这几种柜门的结构。

（1）平开门。它是指绕垂直轴线转动而启闭的门。其种类有单开门、双开门和三开门等。常见平开门的结构有拼板门、嵌板门、实心门、空心门以及百叶门、玻璃门等。

拼板门：又称实板门，通常采用数块实木板拼接而成。它是最原始的门板结构。用天然实木板做门，结构简易，装饰性较好，但门板容易翘曲开裂，为此常在门板背面加设穿带木条。

嵌板门：通常采用木框嵌入薄拼板、小木条、覆面人造板或玻璃等构成，这类门包括嵌板门、百叶门、玻璃门等。其结构工艺性较强，造型和结构变化较大，立体感强，装饰性好，是中外古典或传统家具常用的门板结构。

实心门：是指通常采用细木工板、刨花板、高密度板、多层胶合板等经覆贴面装饰所制成的实心板件。目前，在这类门板表面，也常辅以雕刻、镂铣或胶贴各种材料的纹理来提高其装饰效果，这是现代家具设计中应用最广的一类门板。

空心门：又称包镶门，通常是指在木框（或木框内带有各种空心填料）的一面或两面覆贴胶合板所构成的空心板件，一面覆贴的称为单包镶门，两面覆贴的称为双包镶门。为防止门板的翘曲变形，目前大多数都采用双包镶门板。空心门板结构表面平滑，便于加工和涂饰，重量轻、开启方便、稳定性好。门板可嵌装于两旁板之间，即为嵌门或内开门结构；也可覆盖旁板侧边，即为盖门或外开门结构（如为半覆盖旁板侧边的即为半盖门结构）。双扇对开嵌门的中缝可靠紧，也可相距 20 ～ 40mm，另设内掩线封闭；双扇对开盖门的外侧可与旁板外面齐平，也可内缩 5mm 左右。两门相距或内缩的装门法有利于门扇的标准化生产和互换性装配，宜在大量生产中采用。

（2）翻门。它是指绕水平轴线转动而启闭的门。翻门常用于宽度远大于高度的门扇。翻门分为下翻、上翻和侧翻三种。下翻门通常在打开后被控制在水平位置上，作为台面使用，可供陈放物品、梳妆或写字办公等；也有将翻门向上翻启（上翻门）或向两侧翻启（侧翻门）后并推进柜体内可使柜体变成敞开的空间，启闭方便，而且不阻挡视线。翻门可用铰链安装成各种形式，以便于旋转启闭；为保证打开使用时的可靠性，即它有经受载荷的能力，还应安装各种形式的吊门轨、拉杆（或牵筋、吊筋）；为使门扇保持关闭状态，与柜体配合紧密，可在门板与柜体间安装各种形式的碰头或碰珠（门夹）、限位挡块和拉手。

（3）移门。能沿滑道横向移动而开闭的门称为移门或拉门。移门的种类有木制移门和玻璃移门等。移门启闭时不占柜前空间，可充分利用室内面积，但每次开启只能敞开柜体的一半，因此开启面积小。移门宜用于室内空间较小处的家具，也宜用于难以用铰链直接安装的门扇。如玻璃移门质薄、不易变形、通透，常用于书柜、陈列柜、厨（餐）柜等。

（4）折门。常用的折门是能够沿轨道移动并折叠于柜体一边的折叠状移门。它有一根垂直轴固定于旁板上，其余一部分相间的垂直轴上装有折叠铰链起折叠作用，另一部分相间的垂直轴的上下端的支承点分别可沿轨道槽移动。折叠门也可将柜子全部打开，取放物品比较方便。对于柜体较大时，采用折叠门可以减少因柜门较大所占有的柜前空间，而且可以使整个柜门连动。目前，折叠门多用于壁柜或用以分隔空间的整体墙柜。

（5）卷门。它是能沿着弧形导向轨道滑动而卷曲开闭并置入柜体的帘状移门，又称帘子门、软门、百叶门等。可左右移动，也可上下移动。卷门打开时，不占室内空间又能使柜体全部敞开，但工艺复杂，制造费工，目前已较少使用。

6. 抽屉

柜体内可灵活抽出或推入的盛放物品的匣形部件即为抽屉或抽头。它是家具中用途最广、使用最多的重要部件。抽屉广泛应用于柜类、桌几类、台案类以及床类家具，有露在外面的明抽屉和被柜门遮盖的暗抽屉两种。明抽屉又有嵌入式抽屉（抽屉面板与柜体旁板相平）和盖式抽屉（抽屉面板将柜体旁板覆盖）两种；暗抽屉是装在柜门里面的，如抽屉面板较低时又称为半抽屉。抽屉是一个典型的箱框结构。一般常见的抽屉是由屉面板、屉旁板、屉底板、屉后板等所构成；而较为高档的抽屉是先由屉面衬板与屉旁板、屉底板、屉后板等构成箱框后，再与屉面板连接而成；较大的抽屉需在底部加设一个托底档。抽屉的接合方式即采用箱框的接合方法。屉面板（或屉面衬板）与屉旁板常采用半隐燕尾榫、全隐燕尾榫、直角多榫（不贯通）、圆榫、连接件、圆钉或螺钉等方式接合；屉旁板与屉后板常采用直角贯通多榫、圆榫接合。它们常由实木拼板、细木工板、密度板、多层胶合板（多层板）等制成。抽屉承重，需有牢固的接合，尤其是前角部，开屉时受到较大的拉力。为了使抽屉灵活便于使用和反复推拉而不至于歪斜或弄翻，一般在抽屉旁板的底部（即托屉）、上部（即吊屉）或外侧安装滑道或导轨。滑道根据材料不同有硬木条抽屉滑道、专用金属或塑料抽屉滑道等。

第2节　金属家具的结构与工艺

金属家具是指主要部件由金属所制成的家具。根据所用材料，可分为全金属家具（如保险柜、钢丝床、厨房设备、档案柜等）、钢木家具（金属与木质构件结合）、钢塑家具（金属与塑料构件结合）、金属软体家具以及金属与竹藤、玻璃等材料结合的家具等。

一、金属家具的结构形式

金属家具按结构形式的不同可分为固定式、拆装式、折叠式、叠摞式、插接式和悬挂式等种类。

图 5-14　菲利浦·斯达克（法）设计

（1）固定式结构：各个零部件之间通过焊接或铆接的形式，永久性地固定接合在一起。此种结构稳定牢固，受力较好，有利于造型设计，但表面处理较困难，占用空间大，不便包装运输（图 5-14）。

（2）拆装式结构：各主要部件之间采用螺栓、螺钉、螺母以及其他连接件连接（加紧固装置），便于加工与表面装饰，有利于包装运输。但要求零部件加工精度高、互换性强，如多次拆卸，易磨损连接件而降低牢固性和稳定性（图 5-15）。

（3）折叠式（折动式）结构：利用平面连杆机构的原理（图 5-16），主要部件通过铆钉、铰链和转轴等五金件连接，使用时打开，用完后可折叠存放，占用空间小，便于包装、使用、携带、存放与运输。但对折叠零部件的尺度和孔距要求较高，其整体强度、刚度和稳定性略低。常用于桌、椅类家具，适用于经常需要变换使用场地的公共场所（餐厅、会场等）或住房面积较小的居室（图 5-17）。

（4）叠摞式（叠积式）结构：此种结构主要按照叠摞的功能要求而设计，其结构的主要连接方式为焊接、铆接和螺钉连接等。叠摞式家具可减少占地面积，有利于包装、运输，但部件的加工和安装精度要求较高，设计的尺度要合理，否则会影响叠放的数量、安全性和稳定性。叠摞式结构主要用于柜类、桌台类、床类和椅凳类家具，最常见的是椅凳类家具。叠摞结构并不特殊，主要在脚架与背板空间中的位置上来考虑“叠”的方式（图 5-18）。

图 5-15　安东尼奥·奇泰里奥设计

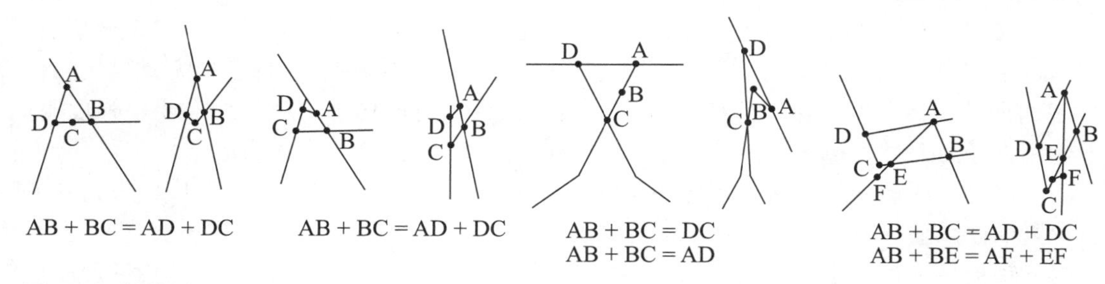

图 5-16 折叠原理

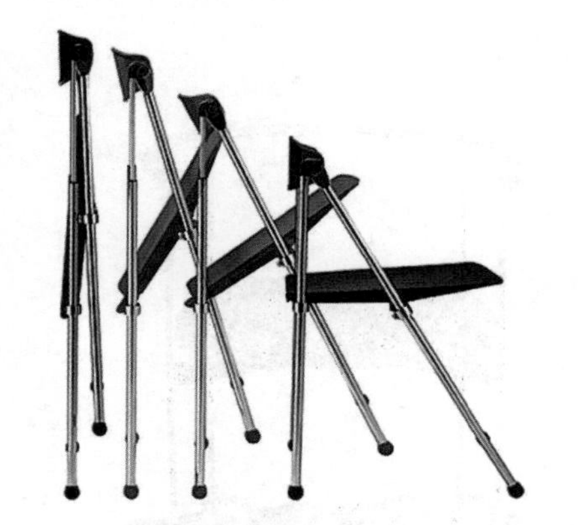

图 5-17 折叠椅

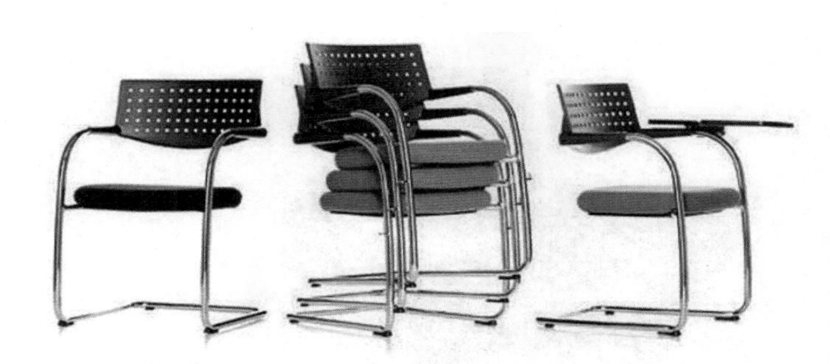

图 5-18 安东尼奥·奇泰里奥设计

（5）插接式结构：主要零部件通过套管（或缩口）和金属或塑料插接头（二通、三通、四通）连接，并用螺钉连接固定。其装卸方便，便于加工和涂、镀处理，有利于包装运输。但要求插接的部位加工精度高，具有互换性，相对整体牢固性和稳定性较差（图 5-19）。

（6）悬挂式结构：利用专门的金属构件，将小型柜体或撑板悬挂在墙体或隔板上，可以充分利用空间。其结构形式可分为固定式、拆装式和折叠式，要求悬挂件及悬挂体本身设计得小巧而坚固，具有可靠的安全性和稳定性。

图 5-19

二、金属构件的接合方式

图 5-20

金属构件接合方式，可分为金属材自身接合及金属材与其他材料的接合。金属材自身的接合方式或连接形式主要分为焊接、铆接、螺钉连接、销连接等。

（1）焊接：是目前金属构件接合的主要方法之一，可分为气焊、点焊、电弧焊、储能焊等，其牢固性及稳定性较好，多应用于固定式结构。主要用于受力、载荷较大的构件。焊接的特点是适应性较强，操作简便，接合紧密，如操作合格，焊接处强度往往较未焊接处大。缺点是加工过程繁琐，工作效率低，焊接后容易变形，焊缝处常出现明显肌理，给漆饰、电镀工序造成困难（图 5-20）。

（2）铆接：采用铆钉进行接合，主要用于折叠结构或不适于焊接的构件，如轻金属材料。根据构件之间是否有相对运动，可分为固定式铆接和活动式铆接。此种连接方式可先将构件进行表面处理后再装配，给工作带来方便。由于家具用金属构件不大，相对要求强度不高，一般选用直径为 13 ～ 16mm 的铆钉，图 5-21 为不锈钢的铆接合方式（固定式）。

（3）螺钉（或螺栓）连接：多应用于拆装式金属家具，一般采用来源较广的螺钉（或螺栓）等紧固件，且一定要加防松装置（图 2-62）。

（4）销连接：销也是一种通用的连接件，主要应用于不受力或受力较小的构件，起定位和帮助连接作用。销的直径可根据使用的部位、材料来确定，起定位作用的销一般不少于两个；而起连接作用的销要根据产品的稳定性来确定数量（图 5-22）。

图 5-21 “柔韧度良好”的扶手椅　荣 · 阿瑞德设计

图 5-22　扶手椅　内田茂设计

（5）插接：插接加工、安装简便，生产时只需经过下料、截断、打孔，就可以进行组装。主要用于插接式金属家具两个构件（如钢管或扁铁）之间的滑配合或紧配合连接。

（6）挂接：主要用于悬挂式金属家具和拆装式金属家具的勾挂连接。

利用金属材料制造家具，往往还要与木材、玻璃等材料配合使用，这种接合应根据所结合的材料性质选用适宜的连接方式，如图 5-23 所示。

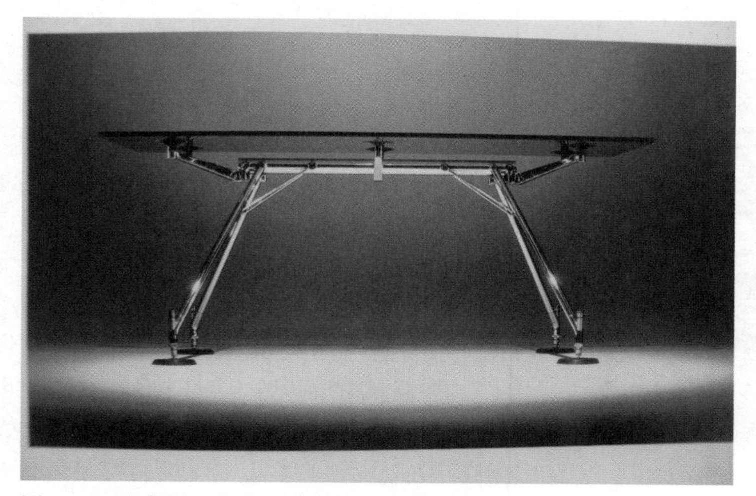

图 5-23　诺莫斯工作台　诺尔曼 · 福斯特设计

三、金属家具制造工艺

金属构件制作、加工主要有铸造、弯曲和冲压等三种基本方法。

（1）铸造法：适用于铸铁、铸铝、铸铜。铸铁构件用在桌椅的腿部支架，如影剧院、会议厅、阶梯教室的桌椅支架，办公用椅的基部可转动的支架，医疗器械的主框架，特别是公园路边的坐椅支架更为适用。其加工方法同其他铸铁构件一样，首先要制砂型，将熔化成液体的金属液进行浇铸，待铸件凝结后取出，进行刨光加工。在设计家具的骨架铸件时，通常的厚度是 5mm，为了增加抗压强度可加厚至 10mm，或者设计成工字形的断面。如果精密度要求不太高，则可用一般的铸造方法，若用机械加工做成永久性模具，则可以提高生产，并可以获得较高的精度。铸铝构件同铸铁构件应用相同，不同的是铸铝构件优于铸铁构件，多用于高档家具。铸铜多用于家具小型装饰件。图 5-24 和图 5-25 中的底座即为铸造法制作的家具。

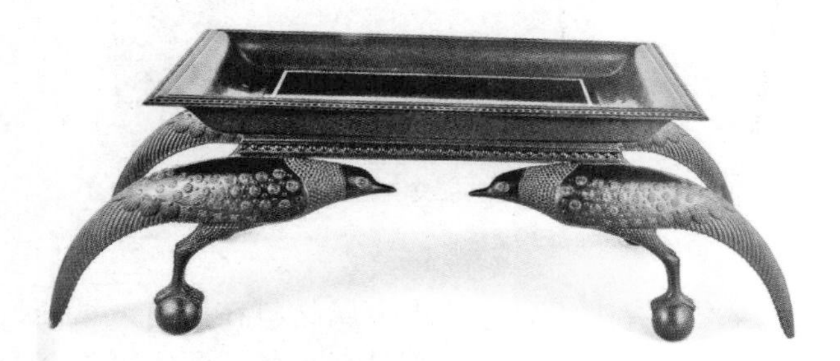

图 5-24 矮桌 阿尔芒德·阿尔伯特·拉图设计

图 5-25 带型椅皮埃尔·波林设计

（2）弯曲法：适用于钢筋、钢管及部分型材的加工，主要用于椅桌、组合柜的支架加工。弯管一般可分为热弯和冷弯两种。热弯用于管壁厚或实心的管材，在金属家具中应用较少；冷弯是在常温下弯曲成型。构件加压弯曲可以采用机械（或液压）弯管机或简单的设备用手工进行加工。手工弯曲时，应先在管内灌入沙子，弯成后倒出即可。加工方法有轴模弯曲法和凹模弯曲法两种。轴模弯曲法是把钢筋或钢管插在一根钢制的轴模上，使它保持在钢管弯曲点的地方进行弯曲；凹模弯曲法是将钢筋或钢管绕在一个模子边上的凹槽内，刚好把管子嵌在里面，模子角边呈圆形，圆半径是加工所需要的曲度。（图 5-26、图 5-27）

图 5-26 Riccardo Dalisi 设计

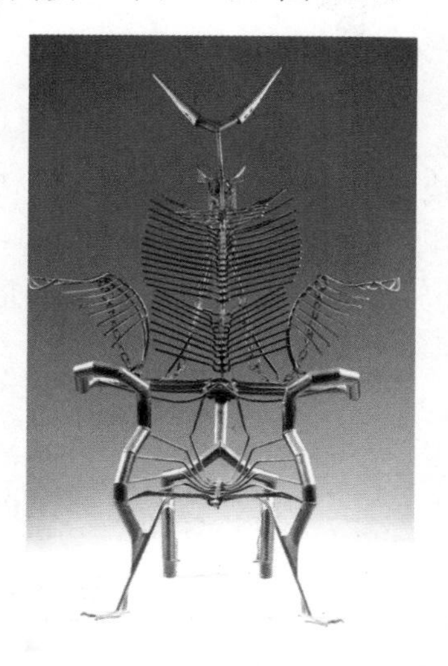

图 5-27 帝王椅 大卫·伯雅尔设计

（3）冲压法：是利用金属材的延展性，把被加工的构件放在冲床上进行冲压，形成各种曲面或异型，如椅子的坐板、靠背板、金属文件柜、抽屉等。有些写字台、厨房家具等也是冲压成型的。简单的一个方向的弯曲构件可用简单的设备，而复杂且生产批量大的弯曲要有较高级的冲压机。（图 5-28）。目前市场上广泛销售的金属烤漆办公、厨房家具多属于这类加工方式（图 5-29）。

图 5-28

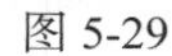

图 5-29

图 5-30

（4）锻造法。锻造是指金属材料在锻打或锻压中承受压力加工而延展和塑性变形的过程。锻造工艺充分利用了金属的延展性能，特别是在锻打过程中产生的非常丰富的肌理效果，忠实地留下了制作过程中情绪化的痕迹，具有强烈的个性化特征，图 5-30 中的靠背则是锻造的结果。

四、金属家具生产工艺流程

金属家具生产工艺主要有管材机械加工工艺、板材及型材冲压工艺、焊接或铆接工艺、涂饰工艺及装配工艺等。其一般工艺流程为：

管材截断——管材模锻（锥管）——弯管——钻孔或冲孔；

板材剪裁——冲压成型——弯曲（或压延）——焊接或铆接——修正调直——表面处理（烤漆、喷塑即粉末喷涂或流化、电镀）——矫正——零部件及配件总装配；

另外还包括配套材料的装配，如（垫料与面料）剪裁——缝合——包覆或蒙面或塑料垫衬的组装等。

第 3 节　竹藤家具的结构与工艺

竹、藤材与木材一样，都是天然材料。它们虽然是两种不同材种，但在材质上却有许多共同的特性，在加工和构造上有许多是相同的，而且还可以互相配合使用。竹材坚硬、强韧；

藤材表面光滑，质地坚韧，富于弹性，且富有温柔淡雅的感觉。竹材或藤材可单独用来制造家具，也可与木材、金属等材料配合使用。

竹家具的结构形式主要有三种：第一种是利用竹竿弯折、竹条（或竹片、竹篾等）编排而制成的圆竹家具，它与藤家具一起通常被称为竹藤家具，其类型以椅、桌为主，其他也有床、衣架、花架、屏风等；第二种是利用竹片、竹单板、竹薄木等材料，通过多层弯曲胶合制成的竹材弯曲胶合家具；第三种是在木质板式家具基础上发展起来的，利用竹集成材、竹层积材、竹材刨花板、竹材中密度板、竹木复合板等竹材人造板制成的竹材板式家具，可以制作成各种类型的家具。

一、圆竹藤家具结构与工艺

普通竹藤家具包括圆竹家具和藤家具，它们在构造上较为相同，一般可分为骨架和面层两部分。

1. 骨架

（1）骨架的构造类型。竹藤家具的骨架多采用竹竿和粗藤秆，其抗挫力强，富弹性，便于弯曲，结构简易而利于造型。骨架构成有四种类型：① 全部用竹材或藤材单独组成（图 5-31）；② 由竹材与藤材混合组成，可以充分利用材料的特点，便于加工（图 4-8）；③ 金属框架，在框架上编织坐面和靠背（图 4-9）；④ 木质框架，在框架上编织坐面和靠背（图 4-7）。

图 5-31　坐椅

（2）骨架的接合方法。竹藤框架的基本接合方法主要有以下三种。

① 弯接法。竹藤材的弯曲成型有两种方法：一种是用于弯曲曲径小的火烤法；另一种是适用直径较大的锯口弯曲法，即在弯曲部位挖去一部分形成缺口进行弯折。适用于框架弯接的小曲度弯曲法，是在弯曲部分挖去一小节的地方，夹接另一根竹藤材，在弯曲处的一边用竹针钉牢，以防滑动（图 5-32、图 5-33）。

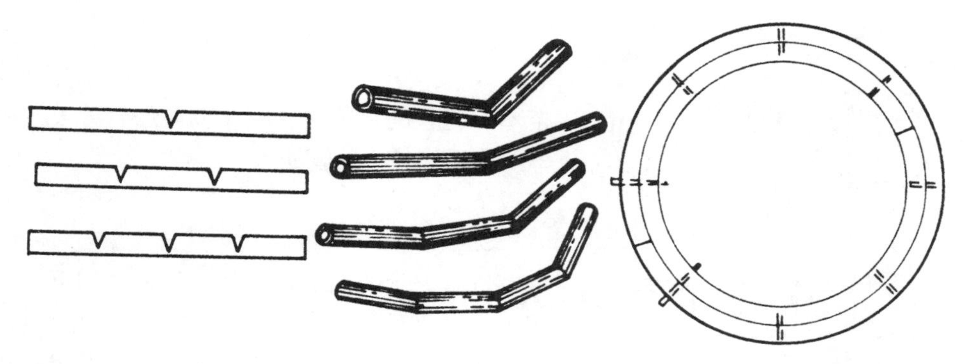

图 5-32

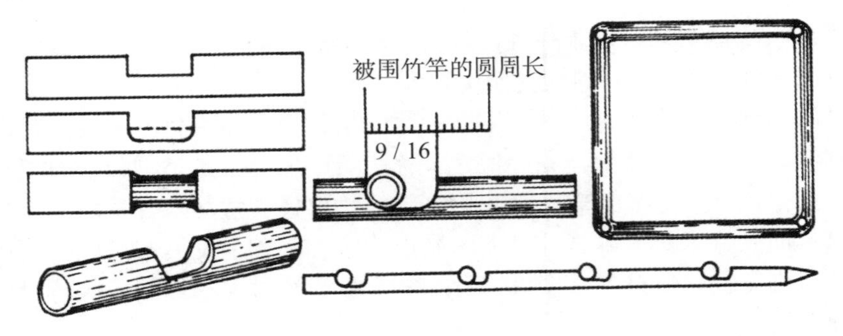

图 5-33

② 缠接法。也称藤皮扎绕，是竹藤家具中最普通常用的一种结构方法，主要特点是在连接部分，用藤皮缠接，竹制框架应先在被接的杆件上打眼。藤制框架应先用钉钉牢组合成一构件后，再用藤皮缠接。按其部位来说有三种缠接法：一是用于两根或多根杆件之间的缠接；二是用于两根杆件作互相垂直方向的一种缠接，分为弯曲缠接和断头缠接；三是中段连接，用在两根杆件近于水平方向的一种中段缠接法。除此之外，还有在单根杆件上用藤皮扎绕，以提高触觉手感和装饰效果（图 5-34、图 5-35）。

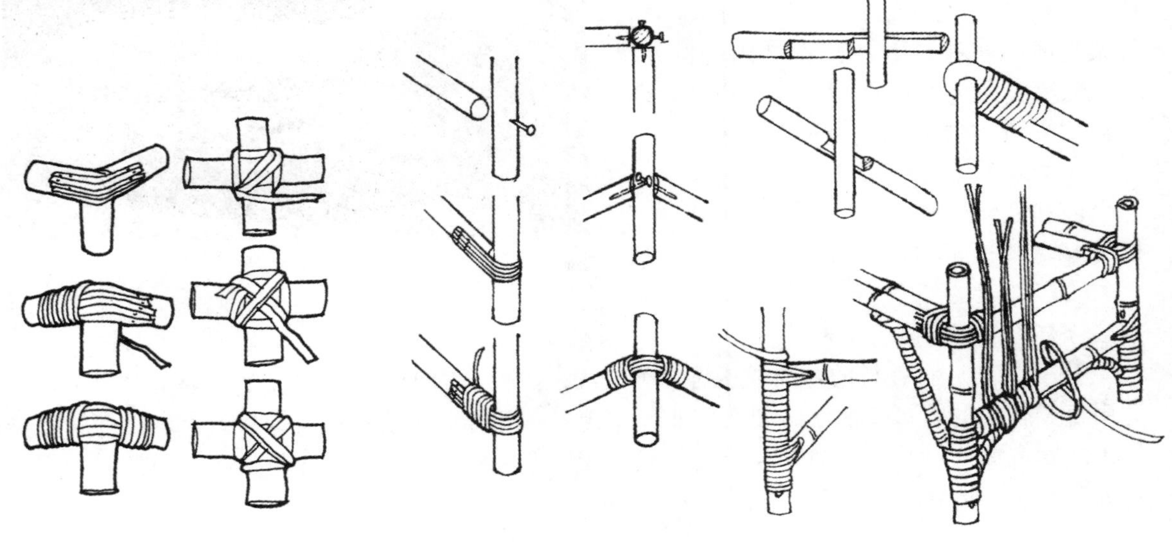

图 5-34　　图 5-35　竹藤的连接

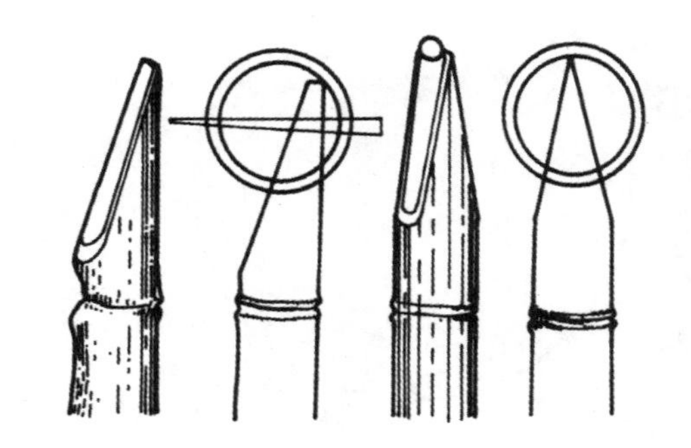

图 5-36

③ 插接法。是竹家具独有的接合方法，用在两个不同管径的竹竿接合，在较大的竹管上挖一个孔，然后将适当较小竹管插入，用竹钉锁牢，也可以用板与板条进行穿插，或皮藤与竹篾进行缠接（图 5-36）。

2. 面层

竹藤家具的面层，除某些品种（如桌、几面板）用木板、玻璃等材料外，大部分用竹片、竹排、竹蔑、藤条、芯藤、皮藤等编织而成，方法如下。

（1）竹条板面：采用多根竹条、竹片并联排列组成一定宽度的竹排或竹条板面。竹条板面的竹条或竹片宽度一般在 7 ～ 20mm，过宽显得粗糙，过窄不够结实。竹条板面的结构主要有以下几种。

① 孔固板面：竹条端头有两种，一种是插榫头，另一种是尖角头。固面竹竿内侧相应地钻间距相等的孔，将竹条端头插入孔内即组成了孔固板面（图 5-37）。

② 槽固板面：竹条密排，端头不做特殊处理，固面竹竿内侧开有一道条形榫槽。一般只用于低档的或小面积的板面（图 5-38）。

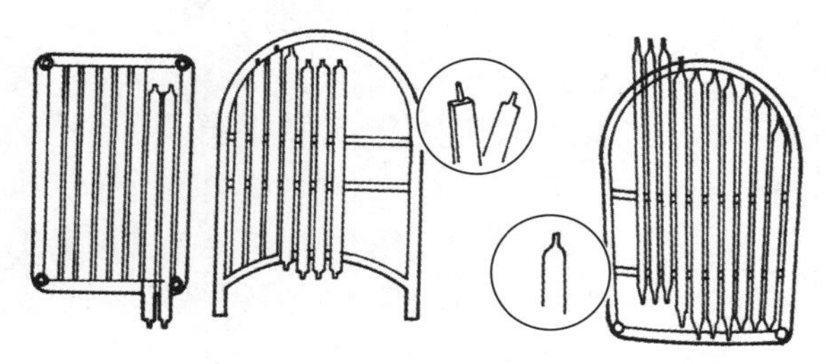

图 5-37 孔固板面

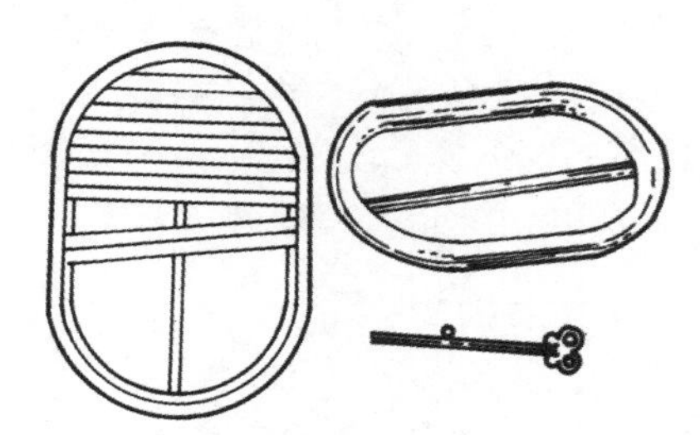

图 5-38 槽固板面

③ 压头板面：固面竹竿是上下相并的两根，因没有开孔和槽，安装板面的架子十分牢固，加上一根固面竹竿内侧有细长的弯竹衬作压条，因此外观十分整齐干净（图 5-39）。

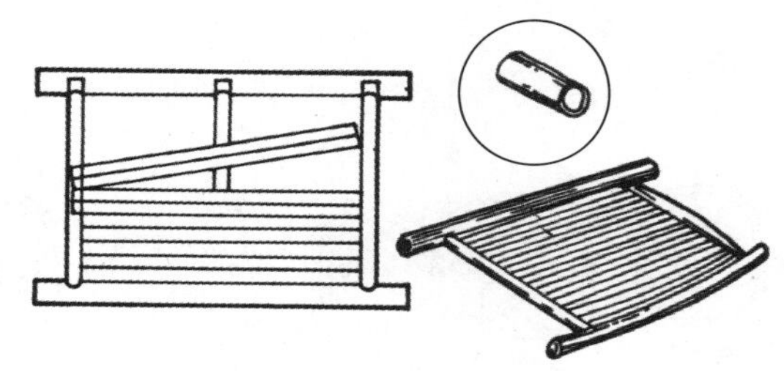

图 5-39 压头板面

④ 钻孔穿线板面：这是穿线（竹条中段固定）与竿端榫（竹条端头固定）相结合的处理方法（图 5-40 左）。

⑤ 裂缝穿线板面：从锯口翘成的裂缝中穿过的线必须扁薄，故常用软韧的竹缀片。竹条端头必须固定在面竹竿上。竹条必须疏排，便于串篾与缠固竹衬，使裂缝闭合（图 5-40 右）。

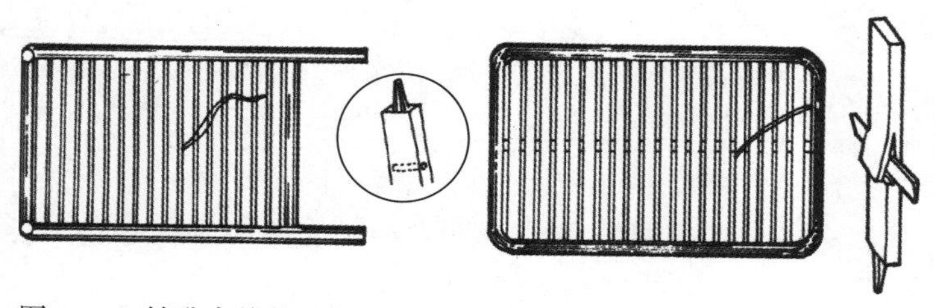

图 5-40 钻孔穿线板面与裂缝穿线板面

⑥ 压藤板面：取藤条置于板面上，与下面的竹衬相重合，再用藤皮或蜡篾穿过竹条的间隙，将藤条与竹衬缠扎在一起，使竹条固定。

（2）编织藤面：藤面可采用藤皮、藤芯、藤条或竹篾等编织而成。其方法主要有单独编织法、连续编织法、图案编织法。

① 单独编织法：是用藤条编织成结扣和单独图案。结扣用于连接构件，图案用在不受力的编织面（图 5-41）。

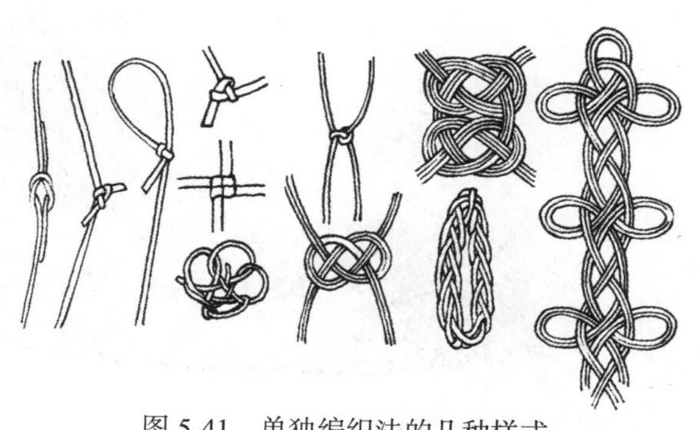

图 5-41 单独编织法的几种样式

图 5-42　连续编织法的几种样式

② 连续编织法：是一种四方连续构图方法编织组成的面，成为椅凳等家具受力面部分及其他储存家具围护面结构。采用藤皮、竹篾、藤条编织称为扁平材编织；采用圆形材编织称为圆材编织。另外还有一种穿结法编织，是用藤条或芯条在框架上做垂直方形或菱形排列，并在框架杆件连接处用藤皮缠结，然后再以小规格的材料在适当间距作各种图案形穿结（图 5-42）。

③ 图案纹样编织法：是用条形圆材构成各种形状和图案，安装在家具框架上，种类式样较多，除了满足装饰外，尚可起着受力构件的辅助支撑作用（图 5-43）。

图 5-43　图案纹样编织法的几种样式

随着现代社会的发展，竹藤材料的家具往往代表了时尚、休闲、环保等多种理念，日益成为现代居室环境的新宠，竹藤家具在具体设计中经常需要与其他多种材料结合使用，这就要求设计者根据材料性能掌握丰富的结构方式（图 5-44 ～图 5-46）。

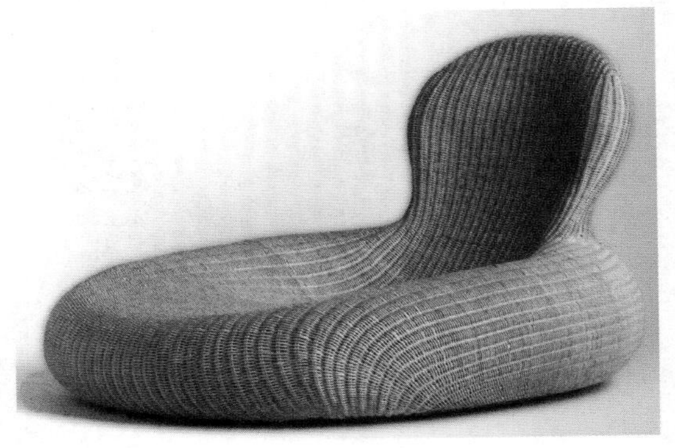

图 5-44　藤椅

图 5-45

图 5-46

二、竹集成材家具结构与工艺

随着竹材加工技术的发展，通过对竹片、竹单板、竹薄木、竹碎料、竹纤维等的复合胶压和改性处理，出现了竹材胶合板、竹材层积材（层压板）、竹材集成材、竹材刨花板、竹材中密度纤维板、竹木复合板等各种竹材人造板，从而为竹材板式家具的发展提供了板材来源。其中，以竹集成材家具最为典型并最具发展前途。竹集成材家具是指将竹材加工成一定规格的矩形竹条（或竹片），竹条（或竹片）经纵向接长、横向拼宽和复合胶厚而成竹集成材，然后再通过家具机械的加工而成的一类家具，也称竹集成材板式家具。竹集成材家具的结构和制造工艺与木质板式家具基本相似。利用竹材加工和以竹集成材为主而成的家具，其生产工艺包括竹集成材生产和板式家具生产两部分。

1. 竹集成材的结构与工艺

（1）以竹材为原料，通过胶压而成的竹集成材，其结构可分为四类。

① 竹材层压集成材：又称竹材弦面集成材。长条竹片的宽度方向为弦面，厚度方向为径面。精加工后的竹片经顺纹水平胶拼（胶合面为单纯径面）成一定宽度的竹板，再将若干张竹板通过胶粘剂多层胶合制成层压弦面集成材。也可预先不胶拼成一定宽度的竹板，而直接将几层竹片按弦面的要求组成板坯，直接胶合而成。但后者的胶接强度和形状稳定性不如前者。

② 竹材竖拼集成材：又称竹材径面集成材。长条竹片的宽度方向仍为弦面，厚度方向仍为径面。精加工后的竹片经顺纹侧立胶拼（胶合面为单纯弦面）而制成单层竖拼径面集成材。为提高结构对称性，减少地板的横向变形，建议各采用竹青面与竹青面、竹黄面与竹黄面在去除表层竹青和内层竹黄后相胶合。一般在组坯生产时，视胶合面的青、黄面随意组合者为次等品。

③ 竹材复合集成材：这种集成材是由水平胶拼、侧立胶拼复合而成，其结构可以是表面为水平胶拼、内层为侧立胶拼，或是有表面为侧立胶拼、内层为水平胶拼等形式。

④ 竹木复合集成材：除了上述纯竹材集成材之外，竹集成材的衬底（里）材料也可选用木芯板、竹（木）胶合板、竹（木）碎料板、竹（木）中密度纤维板和木集成材组成竹木复合集成材，或采用木质锯制薄板、厚型木单板、贴面胶合板、薄型中密度纤维板以及其他饰贴面材料组成竹木复合集成材。

（2）竹集成材生产工艺流程：竹材选料——截断——开条——粗刨——蒸煮与改性（防虫、防腐、防裂等）——干燥——精刨——选片——涂胶——组坯——胶合固化——锯截齐边——表面刨光或砂光（图 5-47、图 5-48）。

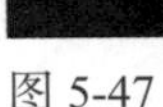
图 5-47

图 5-48

2. 竹集成材家具的结构与工艺

由于竹集成材继承了竹材的物理力学性能好、收缩率低的特性，具有幅面大、变形小、尺寸稳定、强度大、刚性好、握钉力高、耐磨损等特点，并可进行锯截、刨削、镂铣、开榫、打眼、钻孔、砂光和表面装饰等加工，因此，利用竹集成材为原料可以制成各种类型和各种结构（固装式、拆装式、折叠式等）的竹集成材板式家具。竹集成材家具的结构和制造工艺以及加工设备都与木质板式家具基本相同，其生产工艺流程为：

竹集成材——配料（开料或裁板）——定厚砂光——贴面装饰——边部精裁或铣异型（铣边）——边部封边处理——排钻钻孔（圆榫孔和连接件接合孔）——表面镂铣与雕刻铣型——表面砂光——涂饰——零部件检验——装配——盒式包装。

家具结构设计所涉及的内容非常宽泛，这一章重点介绍了木制、金属、竹藤家具的结构及工艺特点。力图通过这种研究，使设计师明确家具设计的重要原则，即：材料性原则、稳定性原则、工艺性原则、装饰性原则等。只有掌握这些结构、工艺的基本设计理论，再经过广泛的设计实践，才能具备坚实的设计基础，在设计过程中有所创新、有所成就。

第6章　家具设计方法与实例

家具设计作为一门专业性强、交叉型的综合学科，其掌握过程需要通过知识的积累和长期的实践。尤其随着现代家具工业的快速发展和家具产品的更新，仅依靠设计者的经验、感觉和灵感进行直觉思考的传统设计模式已无法适应现代家具设计的要求，要成为一名合格的现代家具设计师，需要具有广博的专业基础、创造性的思维方式、科学的设计方法、反复的设计实践经验等综合素质。因此，本章将在前期所学知识的基础上，着重研究家具的具体设计方法步骤及典型实例。总结出一套操作性强、实用可行的规律和方法。

在进行家具设计之前必须首先明确家具设计标准及设计类型，并在设计的全过程中不断强化、铭记。评价家具设计优劣的标准（见表6-1）要从实用性、艺术性、工艺性和经济性入手，进行综合研究，通盘考虑。同时，还应根据家具企业的经营模式、家具产品的种类方向和家具市场的营销定位不同，明确家具设计的种类与目的。一般家具设计可分为以下几种。

表6-1　　评价家具设计的标准

评价项目	解　释	主 要 内 容
实用性	家具对使用要求的适应性	使用的方便性、舒适性、稳定性、安全性、结构的牢固性
艺术性	家具的美观性	形态、色彩、质感的协调美感，包括家具本身、配套家具间以及家具与建筑、家具与环境的协调
工艺性	家具制造的难易	加工、装配、装饰、包装、运输的顺畅程度
经济性	家具造价的高低	原辅材料成本、制造成本、推广销售的成本

（1）来样设计：也称订货设计，通常只包括结构设计与生产工艺设计等，它是根据企业的实际情况，在不影响家具产品的外在效果、使用功能和其他有关要求的前提下，对订货家具的来样图片或造型方案进行分解设计，为产品的高质、高效生产提供生产图纸和技术资料。

（2）仿型设计：模仿市场上已有的产品，在总的设计方案原理不变的情况下，对造型及结构、零部件、材料、工艺上做进一步的修改设计，制造出在性能、质量、价格等方面更有竞争力的产品。

（3）改型产品：在方案原理和功能结构均不变的情况下，对现有产品的结构配置、尺寸、布局等进行修改设计，改进性能、提高质量或增加品种、规格、款式花色等。

（4）换代设计：在原有基础上，采用部分新材料、新结构、新构件、新技术及新工艺，对家具产品进行设计，以满足新需求。这是一种大量存在的渐进性创新设计。

（5）全新设计：在原理、技术、结构、工艺或材料等方面有重大突破，与现有产品无共同之处，是没有样品的新设计，也称创造性设计、原创设计，是科学技术新发明的应用。

（6）未来型设计：是一种探索性的设计，又称概念设计，旨在满足人们特定时空环境或未来的需求。它是设计师用敏锐的洞察力及超越现实的思维方式，创造形成的具有引领时代观念的研究成果，极富生命力和创新意义。对现今来讲，它可能是幻想，但也可能未来的现实。未来型设计极具创意，是推动技术开发、生产开发和市场开发的源动力。

影响家具设计的要素有以下三个方面：

（1）家具的使用功能。任何一件家具的存在都具有特定的功能要求，即所谓使用功能。使用功能是家具的灵魂和生命，它是进行家具造型设计的前提。使用功能又包含两个方面的内容，一是满足和解决人们日常活动和生活中使用上的需求，是物质方面的要求；二是满足人们对家具在美化环境、创造优美空间的审美需求，这是精神上的要求。

（2）物质技术条件。物质技术条件包括三个方面的内容。一是制作家具所选用的主要材料；二是构成家具的主要结构与构造；三是对这些材料与结构所进行的加工工艺。这些是形成家具的物质技术基础。

（3）家具造型的美学规律和形式法则。家具既是实用品又具有艺术品的特征，家具通常是以具体的造型形象呈现在人们面前的，在某种特定的时候家具就是一件纯粹的、地地道道的艺术品。

从另一个角度看待家具造型设计的诸多因素，可归纳为不变性和可变性两个部分。例如，供人们睡眠、休息用的床具，主要由床垫、床架和床头板这几部分组成的，其中床垫中的床面高度和床面长、宽所形成的幅面，是床的主要使用部分，具有限定性，我们通常把这部分称之为床的本质，而具有不变性。至于床垫的材料、床垫的颜色、床架的材料、床架的样式、床头板的造型、床头板的尺度和大小等影响这个床具造型形象的各种因素都具有可变性。其他任何一件家具都是如此，只是有的家具不变性多一些，有的家具可变性多一些而已。

在分析和搞清楚决定家具造型形式的不变性与可变性因素后，针对这些因素的特点进行不同的处理。基本的原则是：不变性因素要慎重对待，注重它的科学性，因为它直接影响家具的舒适性和方便性，在这些因素中，要尽量找到可变的可能性，以满足造型形象的变化以适应整体家具造型设计的创新要求。在可变性因素中则要充分利用可变的条件，发挥每个设计者自身的特长和丰富的想象力，使得家具的设计造型具有美感和个性，切忌思想上僵化、教条。

第1节　家具设计的具体方法与步骤

设计方法是指设计过程中所采用的手段及措施，是按照一定步骤进行的程序。它以一种科学的、系统化的方式规范设计过程，并提供多方位思维方式引导设计师从事物的创造性开发。人类设计史的发展表明，设计与人类文明同步，优秀的设计师总是在不断总结丰富前人的设计经验、方法，不断将最新的科学艺术成就融入当下的设计活动中。从人类早期以个体行为主的盲目性、偶发性的直觉设计活动到师徒传承为主导的经验设计，再到现代科技手段、系统艺术理论主导下进行的工业产品的设计开发，设计方法的内涵也在不断地丰富与延伸。家具设计方法也建立了以计算机辅助设计为技术平台，以新材料、新工艺为契机，融入最新的设计思潮，形成了完善可行的设计体系。

家具设计作为一种创造性的活动，其设计过程应该遵循共同的规律，也就是人们常说的设计步骤。设计步骤是我们为了实践某一设计目的，对整个设计活动的策划安排。它是依照一定的科学规律合理安排的工作计划，其中每个环节都有着自身要达到的目的，而各个环节紧密结合起来也就实现了整体的计划目标。当然，对于不同的设计出发点存在不同的设计步骤。

（1）如果从家具设计研究的角度出发，家具设计的步骤一般可分成两大方面，即造型设计和结构设计（表6-2）。

表6-2 家具设计步骤

家具设计步骤	内容
造型设计	① 明确产品的功能、造型、档次要求；② 调查研究：A 家具材料供应情况，B 生产厂家的设备工艺条件，C 国内外家具的流行趋势；③ 明确设计思想，构思设计方案一至若干个，用设计草图（立体草图或正投影图）画出；④ 绘制造型图。用透视图和正投影图表示，包括基本尺寸、涂饰种类、色彩、材料种类等；⑤征求用户及生产单位意见，选定设计方案；⑥ 按选定方案，用纸板、木材、油泥、木纹纸等代用材料制成缩小比例的样品
结构设计	① 用正投影图，按产品设计的最终设计方案绘制产品结构；② 按设计产品方案的尺寸、结构、材料、生产工艺、涂饰等要求，试制实物样品一件或多件；③ 在分析样品的基础上随时修正设计；④ 计算每件产品的板方材、人造板、金属型材、胶料、涂料面料、五金配件等的需要量；⑤ 对样品进行必要的强度、稳定性能项目测试

（2）从工业设计的角度来看家具设计的步骤，家具是作为批量生产的工业产品，其设计过程也就是新产品的开发过程，是分阶段按顺序进行的。家具设计过程主要包括：市场调查分析阶段、构思和确定方案阶段、施工图设计阶段、样品制作阶段、试产试销后续阶段等。家具设计是一系列前后密切联系的复杂劳动。由于家具的种类繁多、使用的场合等因素变化不一，因而家具设计的过程不可能一成不变，实际设计工作常需要简化或调整某些步骤，各个阶段会前后颠倒、相互交错、反复循环、不断检验和逐步改进，才能完成整个设计过程。所以在家具设计的课程研究中所设定的设计步骤是一般性的，具有概念化的特征。一般将这一过程设定为以下五个阶段。

一、设计准备阶段

设计师的首要任务就是要从了解设计对象的用途、功能、造型要求、使用环境等基础问题入手，认识问题、提出问题、分析问题，为解决问题做好充分准备。分析调研国内外相关家具设计的销售状况（家具的消费趋势）。特别是了解企业产品销售区域的风俗习惯、销售倾向、气候条件、居住环境和消费对象的结构比例；了解同类企业产品的类型、结构、生产工艺、生产成本及使用情况等内容。搜集与设计对象有关的情报资料，然后对这些素材再进行分类整理，做出切实可行的评估、决策。在这一阶段里，主要的工作有：提出设计任务，设计调查信息资料的收集、分析，确立设计指标，从而明确产品的造型、功能和档次要求。具体过程可分为以下四个步骤。

1. 提出设计任务

设计任务的提出就是指根据社会的需求，寻求合理解决问题的开始。而问题的产生不外乎这几种可能：自然产生而必须解决的问题、他人提出而要求解决的问题和设计师根据消费者与社会状况，以及个人的偶然经历，提出和发现问题并试图予以解决的。不论问题是以什么样的形式存在，或者说是由谁提出的设计任务，最重要的是遵循产品开发设计的原则，一方面要满足人们日益增长、不断变化的需求；另一方面要为创造人们新的生活方式和人类的未来而设计。

2. 市场调查与同类产品信息资料的收集

家具设计前的资讯调查是产品开发的最基本、最直接、最可靠的信息保证，是一个不可忽视的重要环节。只有对市场信息进行准确的判断，才能获得成功的设计。判断设计成功与否的因素在这里主要指市场的销售状况和消费者的接受程度。设计前市场资讯调查的方法主要有互联网搜寻、专业期刊资料搜集、问卷询问调查、展览会观摩、实物解构测绘、生产现场调研、样品试销试用实验等。市场调查可以由家具经销商和家具设计人员共同完成，也可以采用问卷普查和重点调查相结合的形式来进行。作为设计者要把握调查内容（表 6-3），尽可能多的收集信息资料，因为任何资料都可能是将来设计方案的基础。在这一过程中应注意把调查和收集到的资料进行分类、整理、统计，使它们按照一定的内容条理化，从某种意义上也可以说，设计的过程实际上是一个信息获取和信息处理的过程。由于收集的资料情报很多，为了便于归纳和整理，还需要掌握科学的设计调查方法和设计调查技术，将它们合理的运用到实际工作中去，才能设计出优秀的家具产品。

表 6-3　　设计调查与信息资料收集内容

调查项目		调查内容
市场调查	消费者情况调查	消费者组成结构调查（年龄、知识水平、家庭组成形式、收入状况、收入分配结构、国民平均收入），消费心理调查（购买动机、习惯、消费时尚、价格因素的影响等）
	产品状况的调查	同类产品的质量（可靠性、使用性、使用寿命、可操作性、可维护性）、规格、特点、服务、售价、供求状况、外观造型等
	销售情况的调查	同类某种产品的销售额、市场占有率及其变化、价格与销售的关系，销售利润、企业的定价目标、价格的策略等
	有关的政策、法规调查	政府制定的政策法令（如专利法、环境保护法、商标法、工商法等）
企业调查		生产情况、产品分析、成本分析、投资情况、企业文化和形象、销售与市场等
技术调查		实现产品的技术保障、企业和社会的物质技术条件、生产工艺水平、科学技术发展的动态、材料因素等

3. 信息资料的整理分析

在初步完成了家具产品市场资讯的调查工作后，在围绕设计主体任务的基础上，对收集的各种信息，如产品式样、创意方法、设计标准规范以及各种数据、图片等资料进行分类归档、系统整理，进行定性与定量分析，编制出专题分析图表，写出完整调研报告，并作出科学的结论，以便用于指导新产品开发设计，也可供制造商或委托设计者作新产品开发设计的决策参考或设计立项依据。这其中应着重对设计任务的功能作出明确分析，因为设计产品本身不是目的，它提供的功能才是它存在的根本原因，所以确定了功能就是找到了设计的出发点，抓住了事物的本质，也就更便于开阔视野、扩展设计思路。

4. 明确设计定位

所谓设计定位是通过对以上各步骤的分析研究，针对设计主题任务，在使用功能、主要用材、主要结构、基本尺度和大体造型风格等方面所形成的设计方向。这里所说的设计定位是指理论上的要求，更多的是原则性的。它具有在整个家具设计过程中把握设计方向的作用。

设计定位是进行造型设计的前提和基础，但在实际的工作中它也在不断地变化。这是设计进程中设计构思深化的结果；是与设计功能不断吻合，逐步接近设计要求的结果。这也是基于对有关设计因素的深入认识，来调整设计定位，使其更趋合理。

二、设计构思阶段

设计构思阶段是家具设计成功的关键，是设计的思维过程。它是内容与形式、理智与情感、功能与审美的辩证统一。它是在前期对设计主题研究、分析和调查的基础上，进行艺术创想的过程。这种设计思维过程需要具有较强的敏感性，不能拘泥于传统“流派”、“样式”、“格局”之中，要具有创新性。至少要在造型、色彩、机能、装饰等特性的某一方面有所突破。创新思维是决定设计的倾向、深度、意境的关键，其过程有诸多表现形式，在家具设计中应细心把握运用。

1. 把握设计中的思维方式

罗丹曾说过：“美在于发现，在于创造……”，发现和创造便是创新，它是设计的本质属性，虽然不同设计中的创造性因素不尽相同，所占的比例或高或低，它都必然发挥对原创力的推动作用，并最终成为评价设计优劣的基本标准。一件完美的家具作品，需要设计师具有丰富的艺术想象力和创造力，这都来源于创新思维。创新思维在家具设计中又以设计思维为表征。对于家具设计来说，其涉及的内容和范畴比较宽泛，并且每一项具体的设计内容总是有着特殊的形式限定，即受各种因素的制约，或受制于材料、结构，或受制于功能、技术等因素。因此，科学的理性决定了家具设计思维的逻辑定向，离不开逻辑思维方式，也离不开概念、归纳、推理作为形象设计的检测与评价方法。另外，没有形象就没有设计，设计的造型要求又决定了设计思维的形象思维定向。在整体设计中，两种思维方式共同影响一个完整的设计项目。

逻辑思维和形象思维是人类反映客观世界的两种重要的思维方式。逻辑思维的特点是把直观所得到的东西通过抽象概括形成概念、原理等，舍弃了个别的非本质的属性，以抽象的推理和判断来达到论述的目的，从而认识事物的共性，使人的认识从个别上升到普遍，并通过一定的形式来反映普遍存在于个别事物中的规律性，这是一种递进式的线性思维方式。形象思维在艺术创作中具有普遍意义，是以事物的具体形态和表象为主要内容的思维形式，通过对众多具体形象的积累，扬弃非本质的感性因素，经过想象等心理操作过程，创造性地推出典型形象，具有非连续的、跳跃性的非线性特征。它主要把形象作为思维的材料和工具。逻辑思维必须抽象，而形象思维的过程自始至终都不能离开具体形象而存在。作为家具设计需要综合这两种思维方法，将其中的逻辑性和形象性密切联系在一起，形成理性与感性完整统一的设计思维方式。

2. 建立创造性思维意识

设计思维的辩证逻辑，最终指向它的创造性特征。因为对于家具设计来说，它的本质是设计，而设计思维的内涵恰恰是创造性思维。这是打破常规、以新颖独创的方法解决问题的思维过程。设计师在家具设计中所表现出的创造力的大小与思维方法有关，设计师一旦囿于客体的概念和表象，创造力就会受到限制。因此，如果想在设计中有所创新，应从旧的习惯和个人知觉的束缚中跳出来，以多元的、多维的空间想象来思考。例如，当我们说一把椅子，在人们的脑海中很快浮现出椅子的概念符号和图像：有椅子背、一个椅子面和四条腿。这是一把椅子通常的认知符号。作为一个设计师，如果对椅子的认识被这个认知符号所困惑，就不可能在“创新”这一概念上进行设计。相反，我们如果改变椅子的概念，就会产生不同的结

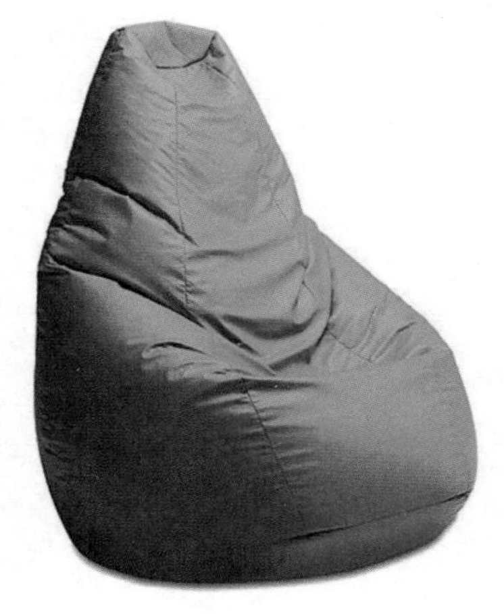
图 6-1　袋椅

果：椅子应该是一件能够保持人体舒适姿势的支撑物，使人的臀部和背部都有支撑点，其基本的功能在于使人的身体能够长久地保持在一种舒适的固定状态。那么，只要能够满足这种功能的任何形态都可以称为椅子。图 6-1 中的椅子正是摆脱了人们对一般椅子的固有概念，在我们眼前呈现出的是新鲜奇特的效果，它提供给我们的是对同一事物全新的视觉经验，这种崭新的视觉经验似乎摧毁了我们早已习惯的种种认知。

在家具设计中，除了形式上的创新是不够的，对材料、功能、技术等的综合把握都是构成创新内涵的重要方面。只有在这种整体认知的前提下，设计师才能展开想象的翅膀，找到突破点，做出具有不同一般的家具作品（图 6-2 ～图 6-4）。

图 6-2　米兰国际家具展览作品

图 6-3

3. 创新思维的表现形式

（1）发散性思维。发散性思维是创新思维的一种主要表现形式。通俗一点来讲，发散思维就是我们平时在日常生活中所说的“左思右想”、“上下求索”等词的组合。它的最大特点是思路呈立体、多维展开，让思想自由驰骋，通过对信息的分析和组合，将各方面的知识加以综合运用。设计者的思路是由一个点向四面八方展开，在思维空间以多重性的重叠方式、交融手法，使大千世界在思维的空间中得以无限延伸，来获得立体空间形体构想的最终实现。由于发散思维强调突破常规，思考者所采用的是不同于以往的角度和层面去探索各种途径和新方法，所以，最后所得到的答案肯定是多解的，这就是它的独创性。发散思维所形成的这种别人没有考虑到的探索结论，自然也就有别于传统、偏离常规、否定权威。也就接近于发明和创造。在家具设计中，发散思维有助于设计师摆脱先入为主的成见，不受现有知识或传统观念的局限，突破对事物认识上固有的模式框框；有助于设计师形成一个良好的思维惯性。每当接到一个新课题、新的内容时，其

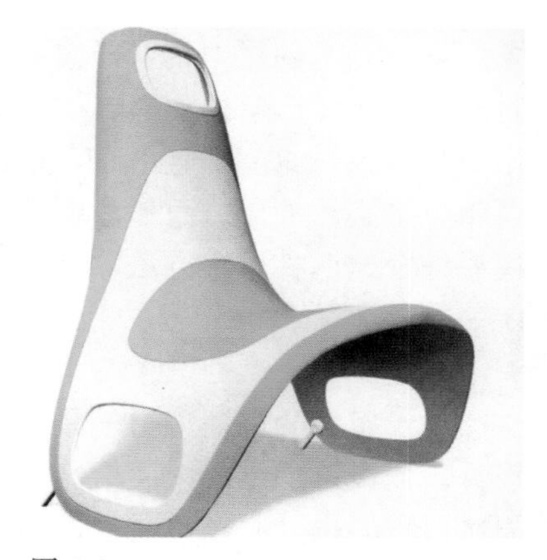
图 6-4

思维触角立即向四面八方立体地、全方位地打开，而不是仅仅固定在一个点或一条线上。

（2）逆向思维。逆向思维是把思维方向逆转，从对立的、颠倒的、相反的角度去思考问题并寻找解决问题办法的思维形式。一般说来，人们学习知识的过程大都是以循序渐进的顺向思维为主，所以久而久之，也就自然而然地形成了以直线性思维为主的思考习惯。而逆向思维的实质是打破直线性思维的一般规律，改变人们通常探索问题总是喜欢按照事物发展的顺序来思考的习惯，从相反的方向来认识事物，反其道而行之。有时，当人们在顺向思维的情况下，一时找不到解决问题的好途径时，如果采用逆向思维的方法，很有可能给我们以新鲜的启示或感悟。美国心理学家曾经举过这样的创造性思维的例子，一般人切苹果都是通过“南北极”纵切的，但他的儿子却一反惯常的思维，沿着苹果的“赤道”横切，结果发现了一个人们平常见不到的“景色”——一个五角星的图案。逆向思维正是从另一个角度把那些我们感到“极其简单和熟悉而被隐藏起来”（路·维特根斯坦）的事物发现出来，它的目的正是把人的思路引向“歧途”，提醒人注意那些表面上不合理的事物中所蕴含的合理因素，从而抓住有创造性的因素。在家具设计中，逆向思维是设计师所钟爱的方法，它能让思路打破常规、标新立异、与众不同，有意识地摒弃常规和常理，往往就可以取得一种意外的、戏剧性的效果，设计出让人过目不忘的作品（图 6-5）。

图 6-5　米兰国际家具展览作品

（3）联想。联想是人心理活动的一种现象，一般是指具有过去经验和体会的人，在类似或相关的因素刺激下，引起对过去经验的情感反应，它是从一个概念到其他概念，从一个事物联想到其他事物的一种思维方式。这种联想思维方式像一把钥匙，能迅速将人头脑中积累的大量知识、经验、信息和各种记忆唤醒、积聚起来，以设计主题为中心将其编织在一起，成为设计方案的有效积淀和触发设计灵感的契机。联想思维的诱发因素很多，归纳起来主要有：共性联想与对比联想。

共性联想是指通过事物之间某些相通的属性发生关联，由此及彼的联想过程。善于联想的设计师总能从一件事物想到与之接近的许多事物，然后通过比较、选择，做出合理、有益的判断。对于有心的设计师来讲，生活中的某些事物、成功的设计作品总能与设计主题存在某种内在的关联，细心品味、大胆联想或许便是优秀设计的启迪。

图 6-6

对比联想是指人们对某一事物的感知过程中，所引起的具有与之相反特点事物的联想。它是从看到的事物的性质联想到与之对立的另一种性质，或者从事物的一种属性想到与之对立的另一种属性。在家具设计中，设计师通过对比联想的思考方式往往能开辟设计思路的另一个天地。如刚与柔、硬与软、光滑与粗糙等形态属性的挪用与拼构，会给家具设计带来更加特殊的视觉创意（图 6-6）。

4. 设计创意

设计创意是设计初始的一种状态，是指设计所能体现出的贯穿始终的思想或形式，设计创意之于设计的位置犹如龙首和龙脊，是设计过程的首要环节。家具设计的最终结果需要一个先期过程，这种过程就是针对某一课题的创意阶段。通过对主题内容的理解和认识，在思考如何表现、如何展现自我智慧开发上，形成一个理念。它是一个设计的重要开端，也是在设计中比较费时、费神的环节，提出问题，理顺设计思路，为后期的表达奠定一个可行的设计铺垫。

艺术构思是一个艰苦和复杂的过程，它需要设计者全身心地投入，开始设计构思时，就应在形态造型、设计语言、新材料的运用等方面有全盘性的考虑。一般认为家具设计在构思阶段是最困难和最艰苦的，为能获得一个较为满意的构思，设计师总是要花费大量的时间和精力，往往要查阅大量的相关资料来获取启迪，为构思创意的灵感迸发做有益的铺垫。很少有设计师能轻而易举地找到理想的家具形态，要想获得真正的创意，必须要经过艰苦的思维和反复推敲、寻觅的过程，只期待灵感的出现是不现实的，如果有灵感的迸发那也只是经过苦思冥想后产生的顿悟，它是知识经验、形象资料积累的良好结果。一般来说，设计灵感的触发一般出现在最初一轮的构想中，这时的想法往往个性化最强，带有较强的直觉性，应把这种想法迅速地捕捉下来，可能会成为下一步创造个性化设计的基础。

家具设计的构思创意是设计师在正式创作之前所进行的与其设计作品有关的一系列思维活动。在最初的构思创意阶段，固有的习惯思维往往阻碍着设计思维的展开，这就要求设计师努力冲破思维的局限，大胆进行设想，提出多种方案，再在这些设想、方案中选择有发展潜力的思路确定下一步的设计方向。必要时可以在造型、色彩、机能、装饰特性的某一方面作为突破口，然后再把设计意图从抽象概念转向具体、完整的形象，依此获得创新的切入点，逐渐使构思成形。

5. 广泛运用形态创意方法

家具设计的创意方法各有不同，切入点也多种多样，从功能、结构、传统式样等多方面都可展开创意。面对设计主题，从形态入手进行构思创意，是一个较直接的切入点。世间万物虽千姿百态，但经过形态归纳、分解与总结后可以发现：构成它们的基本形态大都属于几何造型和仿生造型两种基本形态。作为设计师在形态创意的初期阶段有效地把握和遵循这一基本规律是必要的，也是切实可行的。它能逐步实现自己的构想，从而完成设计。

家具设计的形态构思从简单的几何形体入手较容易把握住造型规律。由于几何形体具有单纯、统一的视觉特质，设计师便可以对几何形体进行穿插组合、切割、扭曲等手法获得理想的立体设计形态。同时，也可通过变形与综合手段来获得进一步较复杂的形态创意。

（1）积聚。是指一些基本几何形体的积集聚和，是一种加法的操作。积聚可以是相同几何形体的组合，也可以是不同几何形体的组合，它们在空间中以特定形式进行多变组合，便能构成各种形态的雏形（图 6-7）。

（2）切割。切割是把一个整体形态分割或剔除成一些基本形进行再构成的过程，是一种减法的操作方法。通过这种方法可开拓出形式各异的造型，从而赋予形态以不同的新个性。将一个形象或块体作各种不同的分割，或进一步去掉部分基本形，形成减缺、穿孔或消减；也可以把切割出来的基本形进行滑动、分离、错位等作各种位置的变化操作（图 6-8）。经过切割移位的形态，如果变化尚能看出原型，那么各局部之间的形态张力会造成一种复归的力量，使整体形态具有统一的效果。

图 6-7

图 6-8 复合板扶手椅 杰拉尔德·萨默斯设计

（3）变形。变形是通过改变一个基本几何形态的特征，从而衍生出另一个新形态的变化手法。通常变形主要指对基本形态的点、线、面、块进行卷曲、扭弯、折叠、挤压、膨胀等各种物理化操作，使形态发生变化，从而获得生动的视觉效果（图 6-9、图 6-10）。

图 6-9 弗兰克·盖里设计

图 6-10

设计构思的目的是获得各种构思方案以及方案的变体，寻求最佳产品功能的构成原理。这一阶段是“构思—评价—构思”不断重复直到获得满意结果的过程。这其中蕴含着反复的功能分析、可行性设计方案的确立、可行性设计方案的评价和确立原理结构等一系列问题。同时，在这一过程中也蕴含着新工艺、新材料、新技术对设计方向的潜在影响。

三、设计构思的表达

当我们对设计主题产生某种想法时，这种最初的想法在头脑中仅仅是一种朦胧的概念，接下来就要将形象以直观的形式表达出来，这个阶段分前期的草图描绘和进一步的效果图表现。

1. 设计草图

设计草图是设计者在设计构思过程中把创意、想法变成具象形态的一种记录或描绘，是一个由抽象变到具象的创作过程。设计草图就是一种设计师自己、设计师之间的交流语言，它是前期构思创意的延展和平面直观化的表达。它作为展现设计师设计概念的有效载体，将逐步奠定设计形态的基础，成为最终的设计方案的有效铺垫。同时，它也是改善和进一步拓宽设计思路的重要手段和方法。在这中间，构思和草图表达融为一体，交互进行。草图的每一次表达都是形态创意获得发展与突破的体现，并在不断反复的推敲过程中使产品形象逐步具体化和清晰化。

在草图阶段，应注意把构思中所产生的想法尽可能的都表达出来，多出草图。草图所绘出的结果并不一定都是有价值的，其中的某些结果可能是不准确的，它可能表达出的仅仅是设计师对设计创意的一些不成熟的片断性的设想，但这正是发散思维的多角度展示。丰富的草图既是思维方式的体现，也是优秀方案的鉴别依据，没有比较就没有鉴别，有价值的创意正是通过反复比较才能证实自身的优势。因此，只有在大量草图的基础上，才有可能在众多的方案中进行筛选，剔除明显不好和不合理的方案，最后，对几个较好的可行性方案作进一步的完善或修改。每一张草图都有可能触发新的灵感，每一个细节都有可能作为下一步发展方案的切入点。随着对草图的深入思考，设计师会逐渐摆脱即有想法的束缚，头脑中的一些零散想法就会被串联起来，经过判断、否定、修改，如此往复直至达到满意的结果。

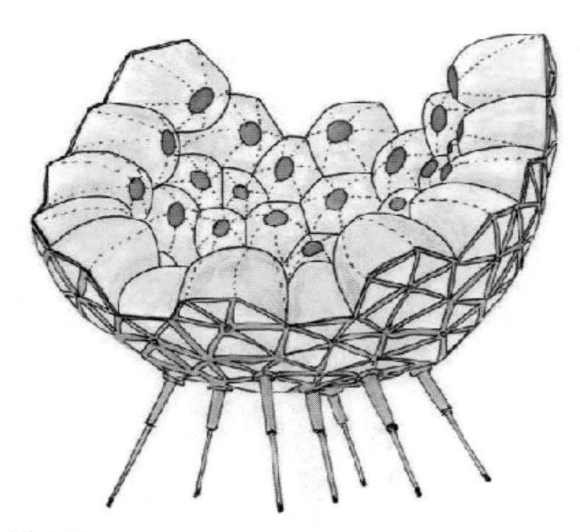
图 6-11

草图是表达设计师即时的设计构思，草图表现可以徒手绘制，不受工具限制，可以用铅笔、钢笔或彩铅等。要达到快捷准确地表达设计构思，设计师必须要有一定的设计草图的表现能力。虽然在草图阶段只对所作设计的整体形态作简要“阐述”，不必追求形体的太多细节，要求“表意而不拘泥于形”，但也要注意透视、比例、结构的相对准确性，反映出形态的基本特征与结构（图 6-11）。

2. 效果图表现

经过草图阶段的推敲修改，方案已达到比较满意的程度，这时，可以做进一步的立体效果图形的表达。效果图是草图的进一步完善和验证，其作用与优点是相对于草图而言的。它是对设计的形态、色彩、材质、功能结构以及整体形态与局部关系作更细致的表现，它能够显示出所做设计真实、生动的造型，使设计构思与设计思路更易于传达和交流，并为后期精确的模型制作提供了直观而可视的参考。效果图是以各种不同的表现技法，表现设计主体在空间或环境中的视觉效果。它的绘制一般可分手绘和计算机绘制两种方式。

手绘效果图是借助一定的颜料、工具来完成所作立体形态的一种设计表现方式，具有生动、艺术性强等特点。手绘能力是和长期的练习分不开的，这就要求设计师具有一定的素描知识、色彩知识和透视知识。绘图可以用水粉、水彩、丙烯、透明水色等颜料，其中，水粉覆盖力较强，便于修改，但由于水粉色彩不够透明，加之在绘制过程中，笔触不易变干，成图较慢，所以设计师常把其作为最初的技法练习使用。水粉不但可以直接用手来绘制，也可结合气泵和喷笔进行，这样绘制出的效果图具有细腻、真实感强等特点。在掌握了一定的表达技能后，由于麦克笔艺术表现力强、操作便捷，逐渐成为设计师所青睐的有效工具，但是麦克笔的色彩十分透明，无遮盖力，画面色彩不易修改，因而在作画时要十分注意作画的程序和用色用笔的技巧（图 6-12）。彩色铅笔也是设计师常用于设计方案表现的工具，彩色铅笔使用方便，色彩柔和，吸附性能好，并且可以用橡皮来修改画面，与麦克笔结合使用往往具有更佳的表现效果（图 6-13）。

图 6-12

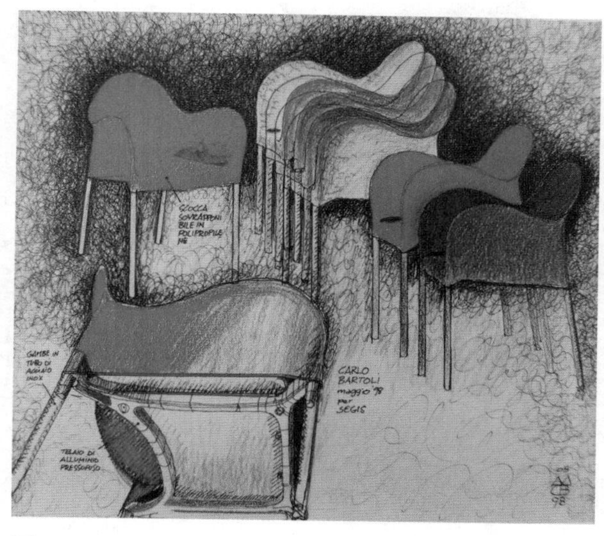

图 6-13

效果图的重点在于正确表达家具设计的形态特征，至于过程和方法可以丰富多变。在具体设计表达过程中，应不拘泥于绘画技巧、颜料品种、绘画工具，大胆尝试，取长补短，应根据自己的绘画习惯探索出适合自己的最佳方法。

3. 计算机辅助

计算机设计技术是近几年来立体设计常采用的一种手段，其可视化的艺术效果比传统手绘效果更具真实性。计算机绘制效果图可以在三维可视化设计过程中调整、完善设计，使设计师大量的理性思考分析能形象直观的表现出来，3DMAX、RHINO、ALIAS 是应用最广泛的三维绘图软件，强大的三维图形设计软件配有丰富的材质库和各种光源、环境效果，设计者可以设计出逼真的立体形象。而且，计算机绘制的效果图在需要修改时，设计者可以灵活地针对局部上的任意特征非常直观地、及时地进行图示化编辑修改，在操作上简单方便，推敲形态更方便、更精确，减少了设计中修改工作所耗费的时间，提高了设计速度，所以，计算机三维效果图给设计者展现了一个全新的设计领域（图 6-14）。

图 6-14

图 6-15　家具的电脑表现图　程晓娣设计

随着人类社会步入快节奏、高效率的信息化时代，计算机在硬件、软件方面都产生了巨大的飞跃，计算机作为设计师的有效工具和工作伙伴，在各个设计领域都起着举足轻重的作用。计算机辅助设计，极大地扩展了创作和想象的自由空间，创造出了许多的精彩设计。在工业产品设计领域中，计算机的介入改善了设计师的工作条件，也改变了设计师的工作方式。它既对设计师的设计思维的活跃和灵感的激发具有深入、完善的积极作用，同时又由于计算机的“再现客观真实性”（虚拟现实）的特点，利于设计师之间、设计师与开发商之间的沟通与交流，并有效地开拓思路，演示设计效果，从而加快了设计进度。计算机的产生及其体现出的优越性能在家具设计领域掀起了一场从形式到观念的改变。家具计算机辅助设计可以借用普通的 CAD、3DS（或 3DS Max）、Photoshop 等通用软件，但这些通用软件更适合于辅助制图及图像处理，要真正结合家具设计的特点来进行智能化的辅助设计工作尚感不足，还需进行二次开发。目前，国内外用于计算机辅助家具设计的专用软件（FCAD）正在不断地开发与发展着，并正日臻成熟。作为现代家具设计师应积极有效地掌握运用这一工具（图 6-15）。

四、立体制作阶段

设计方案通过构思、草图、效果图阶段，经反复修改达到满意程度后便进入立体表达方式的制作阶段。由于三维效果图表现的局限性，还不能全面反映设计整体的真实效果。尤其是功能、结构、比例材料等因素需要进一步通过三维模型来检验设计的思路与工艺方案的可行性，增强其直观性，发现并避免其中的弊端。因此，立体模型制作就具有特殊的意义。通过具体的造型、材质、肌理来模拟表现设计思想，使设计思想转化为可视可触的，接近真实形态的设计方案。人们可以从不同角度进行观察，关注对形态的处理以及材料、色彩等细节的组织搭配，使立体制作充分体现出立体的视觉感和触觉感，展现其视觉实体的可视化特征。在这一过程中，通过设计师的亲身感受与参与，对制作的反复推敲、试验，可以进一步激发设计师的设计灵感，反省设计思路上存在的设计盲点，对设计中不够合理的结构与工艺及时修正或者重新设计，帮助设计师更快地使设计方案达到理想的状态。

家具的立体模型是指 1:1 比例的实样模型，它要完全逼真、翔实地显示出家具产品的全部形态。因此，在制作时应尽量使用原设计材料，如一时无法实现需其他材料替代时，也应对其表面进行真实质感的直观处理。只有这样才能全方位地展现设计方案的真实效果，多视点、多角度地观察、审视、测试和研究家具的各种信息，找出不足和问题，以便进一步加以解决、完善设计。根据设计需要模型制作材料一般可分为：金属、木材、石膏、塑料、油泥和玻璃钢等。

在家具模型制作中，制作过程及制作工艺对作品的最终效果起着十分关键的作用，不同的制作技巧和制作方式可以产生出如精致、自然与朴素等不同的艺术效果。因此，充分利用制作技术，发挥材料特有的美感，是构成作品不可忽视的一个重要环节。

各种材料由于所具有的强度、质感、重量等性能上的差别，其相对的加工手段和工艺也不尽相同，它直接地影响到家具设计整体的实用性、经济性和美观性，合理的工艺方法是丰富设计造型变化、增强设计艺术效果的有效途径。设计人员应熟悉材料质地、性能特点，了解材料的工艺要求，这样才能有助于对材料的选择和合理应用，形成符合材料特性的造型语言。下面就木材模型制作的基本加工手段作简单介绍。

木材具有质轻而坚韧，富于弹性，色泽悦目，美观纹理，易于加工成型等特点，因而，木材在模型制作中的应用比较广泛。常用工具设备一般采用刨、锉、锯、钻、车床、钳等，常用加工方法有 :

（1）弯曲。木材具有较好的韧性，它的弯曲能力决定于木材的塑性。制造弯曲造型的方式有锯制加工和曲木弯制加工两种。

（2）雕刻。雕刻是在传统木雕工艺中最常见的技法，一般用雕刻工具雕刻出木制造型作品。

（3）锯割。经过锯割的木材往往显示出天然的纹理和材质特点，具有天然材质的美感。

通过图 6-16 可以看出木制椅子模型的主要加工过程。

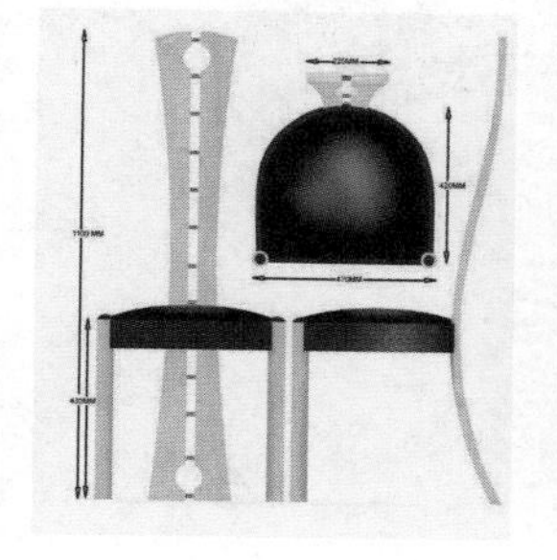

（a）家具三视图

（b）椅子腿的旋切

（c）磨光开榫后的椅子腿

（d）椅子前腿的榫接

（e）U 形椅子底座的弯曲（通过模具卡钳）

（f）定型后的椅子底座外形

（g）椅子底座与前腿连接

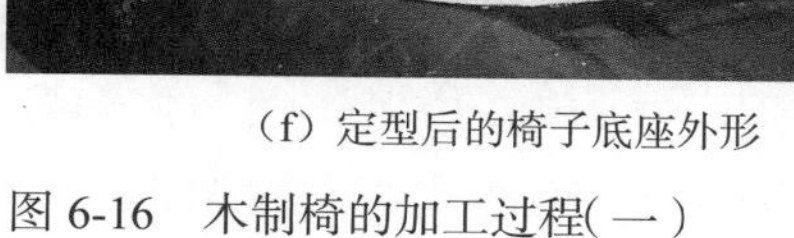

图 6-16　木制椅的加工过程(一)

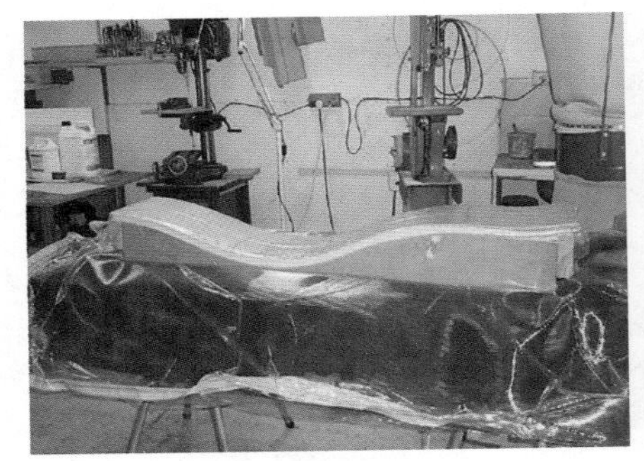

（h）椅子靠背曲木加工

（i）定型后的曲线背板

（j）曲线背板分割造型

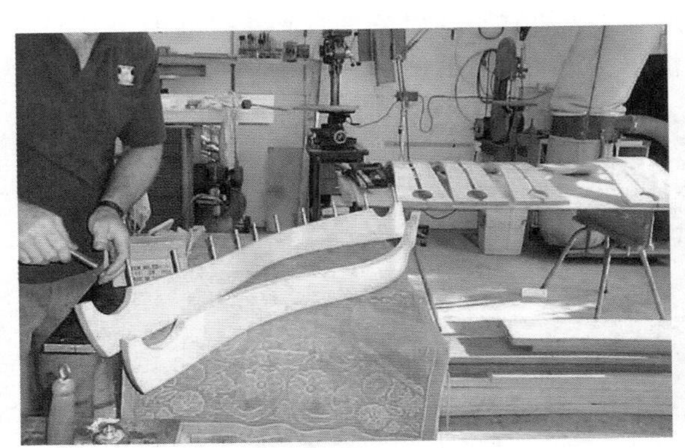

（k）曲线背板分割造型

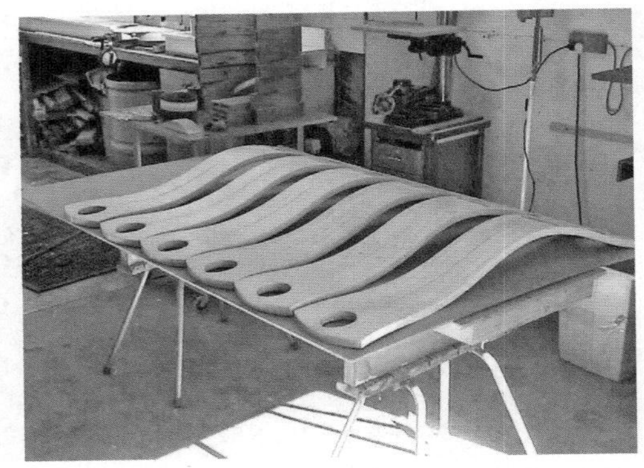

（l）曲线背板分割造型

（m）靠背与椅子座的连接

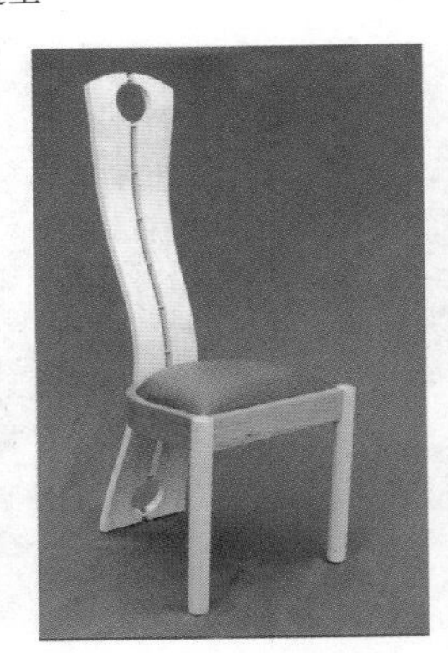

（n）基本完成的椅子模型

（o）椅子的批量生产

图 6-16　木制椅的加工过程（二）

石膏是一种天然的含水硫酸钙的白色粉制矿物，也是一种常用的模型制作材料，由于石膏在常温下能从液态转化成固态，而且易于成型加工，又易于进行表面涂饰和与其他材料结合使用，所以它是模型制作较为理想的材料之一。根据石膏材料的特点，模型的成型方法有以下几种：直接浇注法、车削加工成型法、翻制粗模成型后加工法、骨架浇注成型加工法等。

油泥也是一种制作模型的好材料，主要成分是化石粉、凡士林和工艺用蜡，使用时需要加热后方可使用。油泥可塑性强，韧性好，修刮填补方便，在成型过程中可以随意塑造和修改，不易干裂，并可回收和反复使用。由于油泥良好的可塑性，被广泛应用于曲线形和较为复杂形态的模型塑造。油泥模型的制作工艺与黏土模型基本相同，可制成实心模型也可利用骨架制成空心模型。或用硬泡沫塑料制成初型，再贴附油泥进行细致刻画，成型后可任意涂饰各种颜色或质地。另外，硬质纸张等材料也可作为简单模型的制作材料（图 6-17、图 6-18）。

图 6-17 家具纸制模型 高龙设计

图 6-18 雕塑纸制模型 宋汝斌设计

五、设计定型阶段

该阶段是对前期方案理性完善与总结的过程。明确设计方案中，如结构节点、确切尺寸、表面工艺、材料质地、色系搭配、功效分析等细微的具体问题。完成生产用的有关图纸和技术性文件。这一过程是对功能、艺术、工艺、经济性等进行全面权衡的决定性步骤。所有的结构都必须具体化，材料和加工工艺也都要落实到位。通过功能的分析和原理结构的建立，使产品成为一个合理的整体。

1. 绘制生产图纸

生产施工图是设计的重要文件，也是新产品投入批量生产的基本工程技术文件和重要依据。绘制生产施工图是家具新产品设计开发的最后工作程序。它必须按照国家制图标准，根据技术条件和生产要求，严密准确地绘出全套详细施工图样，用以指导生产。它必须按照样品绘制，将产品以图纸的方式固定下来，以保证产品与样品的一致性和产品的质量。施工图包括结构装配图、零部件图、大样图和拆装示意图等。对于表面材料、加工工艺、质感表现、色调处理等都要有说明，必要时还要附有材料样品。

（1）结构装配图：又称总装图，是将一件家具的所有零部件之间按照一定的组合方式装配在一起的家具结构装配图。结构装配图不仅可用来指导已加工完成的零部件装配成整体家具，还可指导零件、部件的加工；有时也可取代零件图或部件图，整个生产过程基本上只用结构装配图。因此，结构装配图不仅要求表现家具的内外结构、装配关系，还要能清楚地表达部分零部件的形状，尺寸等。除此之外，凡与加工有关的技术条件或说明（如零部件明细表、工艺技术要求等）也可注写在结构装配图上。

（2）部件图：它是家具中诸如抽屉、顶冒、脚架、门板、台面板、旁板、背板等各个部件的制造装配图，是介于总装图与零件图之间的工艺图纸。它画出了该部件内各个零件的形状大小和它们之间的装配关系，并标注了部件的装配尺寸和零件的主要尺寸，必要时也标明了工艺技术要求。有时也可直接用部件图代替零件图，作为加工部件和零件的依据。

（3）零件图：是家具中各个零件加工或外加工与外购时所需的工艺图纸或图样，也是生产工人制造零件的技术依据。它画出了零件的形状，注明了尺寸，有时还提出工艺技术要求或加工注意事项。

（4）大样图：家具中有些不规则的特殊造型形状（如曲线形）零件，形状结构复杂而且加工要求较高时，需要按照实物的大小绘制 1:1 的分解尺寸大样图，并制作样板或模板，以适应这些零件的加工需要。

（5）拆装示意图：对于拆装式家具，为了方便运输、销售和使用，一般需要有拆装的图纸供安装时参考。这种图纸一般以轴测立体图的形式居多，绘制方便、尺寸大小要求不严格，主要表现家具各零部件之间的装配关系和装配位置，直观地表现出产品装配的全过程。有时在局部结点的相互关系不明确时，可以补画放大的结点图来说明相互位置。这种图样常按家具装配的顺序进行编号，以简单易懂的文字进行说明。

2. 设计技术文件

设计技术文件主要包括以下内容。

（1）零部件明细表：是汇集全部零部件的规格、用料和数量的生产指导性文件，在完成全部图纸后按零部件的顺序逐一填写。对于外协加工的零部件、配件和外购五金件及其他配件，也应分别列表填写，以便于管理。各企业的格式可能各不相同，但基本内容大体一致，有时是放在结构装配图上，也有与拆装示意图放在一起。

（2）材料计算明细表（用料清单）：根据零部件明细表、五金配件及外协（购）件明细表等中的数量、规格，分别对木材和木质人造板材、钢材等原材料和胶料、涂料、贴面材料、封边材料、玻璃、镜子、五金配件等辅料的耗用量进行汇总计算与分析。通常情况下，为了节约木质人造板材，降低成本，对板式部件的配料，应预先画出开料图，以便于操作工人按开料图规定的开料顺序和板块规格进行有计划的裁板开料。因此，合理地计算和使用原辅材料是实现高效益、低消耗生产的重要环节。

（3）工艺技术要求与加工说明：对所设计的家具产品进行生产工艺分析和生产过程制定。即拟订该产品的工艺过程和编制工艺流程图，有的还要编制该产品所有零件的加工工艺卡片等。在这些文件中，规定了产品及零部件的设计资料、产品及零部件的生产工艺流程或工艺路线、所用设备和模具的种类、产品及零部件的技术要求和检验方法、所用材料的规格和消耗定额等。它是生产准备、生产组织和经济核算的基本依据，也是指导生产和工人进行操作的主要技术文件。这些文件应结合已有的生产经验和生产现场的工艺装备情况来制订，并符合技术上的先进性、经济上的合理性和生产上的可行性原则，使工艺技术文件更符合于生产实际。

（4）零部件包装清单与产品装配说明书：拆装式家具（板式或框式等）一般都是采用板块纸箱实现部件包装、现场装配。包装设计要考虑一套家具包装的件数、内外包装用料以及包装箱、集装箱的规格等。每一件包装箱内都应有包装清单。在包装箱内，还应附有产品拆装示意图、产品装配与使用说明书以及备用五金配件、小型简易安装工具等。

（5）设计研发报告书：家具新产品开发设计是一项系统设计，当产品开发设计工作完成后，为了全面记录设计过程，系统地对设计工作进行理性总结，全面介绍和推广新产品开发设计成果，为下一步产品生产作准备，需要编写产品开发设计报告书。这既是开发设计工作和最终成果的形象记录，也是进一步提升和完善设计水平的总结性报告。它作为全面反映设计过程的综合性文件，主要包括文字性设计说明、图表、表现图和样品模型的照片等。一般的报告书的样式为：封面、目录、设计进程表、设计调研与分析、资料的收集与分析（包括文字、图片资料等）、功能分析、构思草图、方案选定、设计效果图、设计制图、样品模型照片、使用说明书等。设计师可根据特定家具的设计特点，自由选择报告书的形式，其目的就是将设计过程以书面的形式明确的表现出来，以利于对设计进行评价和研发。

总之，家具设计的具体过程是一个复杂的系统工程。这要求设计师既要注重创造力的发挥，又要有丰富的知识与经验的积淀，将艺术的感性思维方式与科学的理性思维方式进行有机的结合。同时，也应该意识到有效的方法和条理化的步骤，可起到事半功倍的作用，并对抓住事物的本质，设计出充分满足人们需求的家具有着极大的帮助。

第2节 家具设计实例分析——椅子

在众多家具内容中，椅子是人类坐姿活动最常见的必要家具，也是使用最为广泛的家具，各种日常生活中都不可或缺。椅子的设计往往是家具设计的缩影，它是最具代表性、最具表现力的家具形式。不同历史时期、不同设计大师总是将其作为主要表现对象，来展现各自的风格与创造力。因此，椅子也成为最丰富、最具文化内涵的家具形式。以椅子为切入点着手进行家具研究与设计，便能直接把握家具设计的本质，充分发挥和利用已有家具文化的丰富资源。开阔思路，激发创造力，使设计师迅速成长。

根据使用性质的不同，椅子包括多种形态，主要以休息、聚谈、阅读、书写、工作、用餐、会议和娱乐等活动为对象。而且由于材料和造型等差别，有许多不同形式可供选择。从古今中外椅子的发展来看，它不仅是支承人体的功能实体，而且还是审美的对象。在历史传统的椅子中，雕刻、镶嵌、镀金、绘画等装饰浑然一体；在现代椅子中，不同材料质感及加工方法的综合利用、流畅的线条、明朗的色彩及简洁的造型，又使人感到耳目一新。今天，椅子的使用已经普及到人们生活中的各个角落，只要是人们工作和活动的地方就有椅子的存在，而这些椅子又都是为不同环境中的各类要求而做的不同设计。

1. 椅子的分类

在当代丰富多彩的家具环境下，任何试图将椅子这种最广泛的家具形式进行明确分类，都是片面的。然而，通过特定的方式进行概念性的分类，便于设计者有效地把握椅子设计的本质，理顺设计思路，对椅子的功能、材料、结构进行明确而全面地分析、比较和交流，同时这些分类方式也可以交叉使用。下面介绍几种常用的分类方式。

按照造型式样分：

（1）靠背椅。凡只有靠背没有扶手的椅子都属靠背椅（图 6-19）。靠背椅用途广泛，是室内陈设必不可少的家具。

（2）扶手椅。有靠背也有扶手的椅子（图 6-20），休息性和舒适性较靠背椅好，还有靠背角度较大的用于休息的躺椅。

（3）折叠椅。折叠椅是指椅子在不使用时，可以折合成为较小的形体，易于使用又便于存放（图 6-21）。

图 6-19 “福罗瑞斯”童椅琼特·伯尔特兹格设计

图 6-20　芬 · 居尔（丹）设计

图 6-21　折叠椅

（4）叠放椅。椅子在不用时，可以重叠摞在一起，解决大量椅子的存放问题。叠放的方式有垂直存放、倾斜存放和水平存放三种形式。在设计叠放椅之前就应考虑其存放的形式和方法，否则不能叠放，或者叠放起来不能节省空间，而且为了便于叠放，这种椅子应尽量采用轻质材料制成（图 6-22）。

（5）固定椅。指经常使用的固定在特定位置上的椅子。根据空间使用要求，在设计时就决定了位置，如在会堂、影剧院、体育场馆中的固定坐椅（图 6-23）。

图 6-22　阿诺 · 雅克比松（丹）设计

图 6-23　固定坐椅

按材料及加工方式分：

（1）实木椅。指木材经过加工制成的椅子，在日常生活中最常见，应用最广泛，式样也最多（图 6-24）。

（2）曲木椅。将木材软化后，在模具上加压成型成为构件后，用连接件装配成的椅子（图 6-25）。

图 6-24　实木椅

图 6-25　曲木椅

（3）模压胶合板椅。是指靠背及坐面板为模压胶合板制成，安装在钢管支架上。模压胶合板椅式样很多，有单独成型的坐板、靠背板，也有坐板和靠背连成一体的构件（图 6-26）。

（4）竹藤椅。竹藤材制成的椅子，是民间长期而广泛流传的日用生活家具，其应用范围非常广泛，但大多被制成休闲坐椅，而且在餐饮、娱乐场所使用居多（图 6-27）。

（5）金属椅。利用金属材料做椅子的主体结构，与人体接触部位的坐面、靠背、扶手等部位常用木或柔软材料加工而成（图 6-28）。制成金属椅的材料用得最多的是成型钢材和合金型材，而在形式上又可分为线材和管材，非常适合于机械化的大生产。

（6）塑料椅。利用各种塑料直接制成，或制成椅子的零部件，然后与其他材料配合所制成的椅子（图 6-29）。塑料椅可有硬塑料壳体椅子和软塑料充气式沙发坐椅等多种形式（图 6-30）。

图 6-26

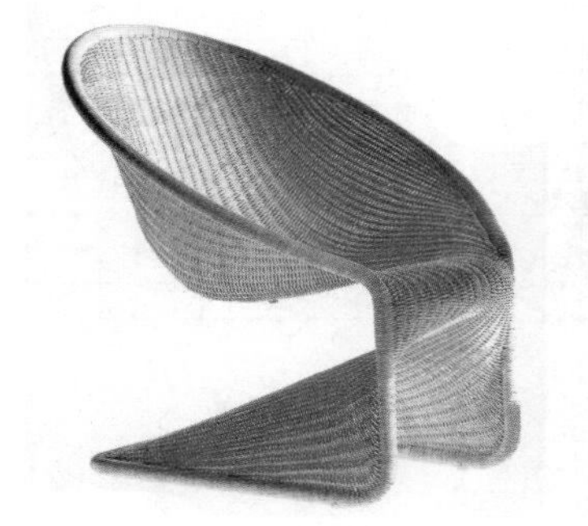

图 6-27

图 6-28　宝石椅

图 6-29　乔 · 科伦布设计

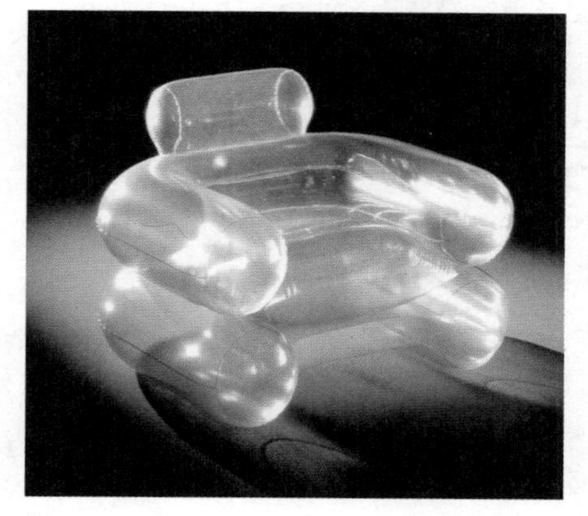

图 6-30

椅子的种类、形式丰富多彩，另外，还可以通过功能、用途等多种方式进行划分、分析。

2. 椅子的构成

椅子的结构分为框架构成和整体构成两种基本类型。框架构成是应用普遍最多的一种，整体构成只适用极少部分椅子，主要用于塑料等一次成型的坐椅。框架构成由承重的椅腿框架和人体接触面两部分按一定的比例、尺度组成一个整体，构成各种不同形式的椅子。框架是椅子成型的骨架，起着支撑人体的作用，在满足功能使用的前提下，可以随意构思，形式可以千变万化。但是最常用的平面形式只有四种：方形、圆形、梯形、马蹄形。接触部分由于受到人体形态与尺度的限制，所以构件变化较少，但在用料及装饰上可有较多的选择余地。靠背与坐面主要做法有编织做法、绷布做法、软垫做法、各种式样的木材做法，以及层压胶合板、塑料一次成型的靠背与坐面连为一体的整体做法等。

3. 椅子的设计

椅子的使用是多方面的，在设计上应按不同的使用要求做出相应的设计。应依据人体工程学的理论，了解人体重量和压力的散布规律，懂得紧张肌肉是获取舒适松弛的基础。所以，椅子的结构尺度是决定其使用价值的根本因素。椅子的各部位尺寸，不论是座位的高低、深度和宽度，还是扶手和靠背以及坐面的弯曲度，都要严格地依据人体坐姿的比例尺度（图 6-31）以及坐面的受力分布（图 6-32）进行科学设计。设计时要注意以下六点：

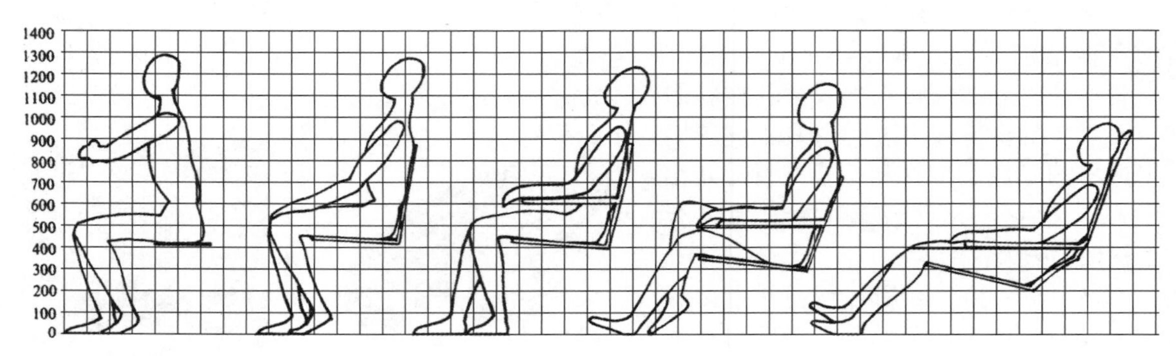

图 6-31　坐姿与尺度

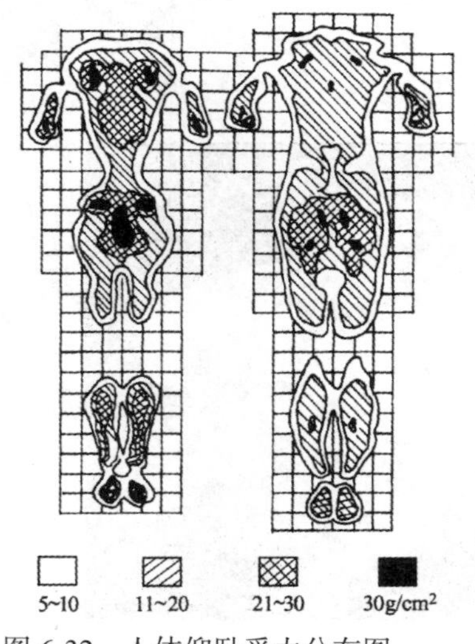

图 6-32　人体仰卧受力分布图

（1）座位高度必须略小于坐者小腿的长度，使脚能平放在地上，并使腿部能完全放松。

（2）座位深度必须略小于坐者大腿的长度，座位前端要避免膝关节后面的压迫感，使膝以下没有压力。

（3）座位宽度必须大于臂部的宽度，使身体改变姿势时有足够的移动空间。

（4）座位必须有适宜的弧度或弹性，使全身压力不会集中在骨盘的承重尖端。

（5）座位和靠背必须依需要向下和向后倾斜，以支持身体和重量，两者之间所形成的角度应大于 95°。

（6）靠背必须具有支持背部的作用。

舒适的因素也受使用时动作的性质所影响，为此不同的用途有不同类型的椅子，一般可分为靠背椅、扶手椅、休息用椅三大类。椅子式样必然涉及使用者的体形，为了尽可能满足大多数人的使用要求，通常只按使用功能，针对最常见的体形而设计，如常用的办公椅可根据男女、身高、胖瘦设计成几种不同体形的坐椅。这正如衣服和鞋子一样，可分成几个型号，以适应不同体形的人选用。凡坐用家具与桌子、工作台、茶几等都有着密切的关系，它们之间的高度必须保持着一定的协调性，按不同的用途作相应的调整。为了减少构件品种，增加产品式样，利用同一造型框架进行局部变化，外装饰色彩、饰面材料、图案的变化，都可产生新的面貌。

4. 坐椅设计欣赏

图 6-33　半裸的坐椅　琼斯设计

图 6-34

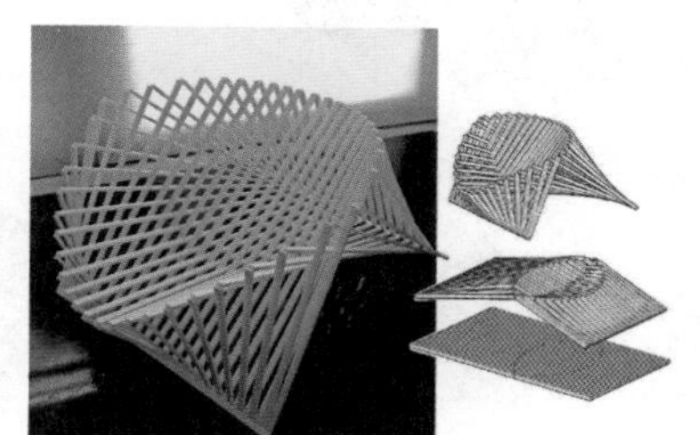
图 6-35　千喜扶手椅　约翰·马克皮斯设计

图 6-36　半裸的坐椅　琼斯设计

图 6-37

图 6-38　千喜扶手椅　约翰·马克皮斯设计

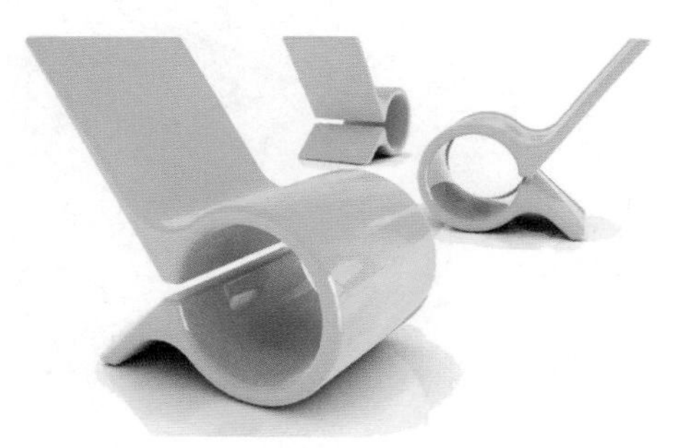
图 6-39　皮埃尔·波林（法）设计

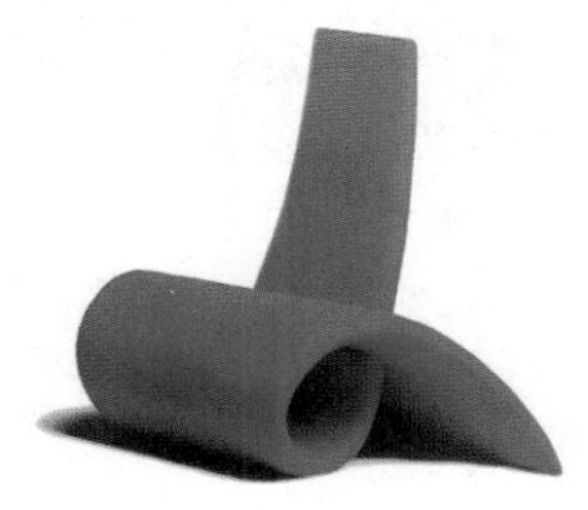
图 6-40　琼斯设计

图 6-41

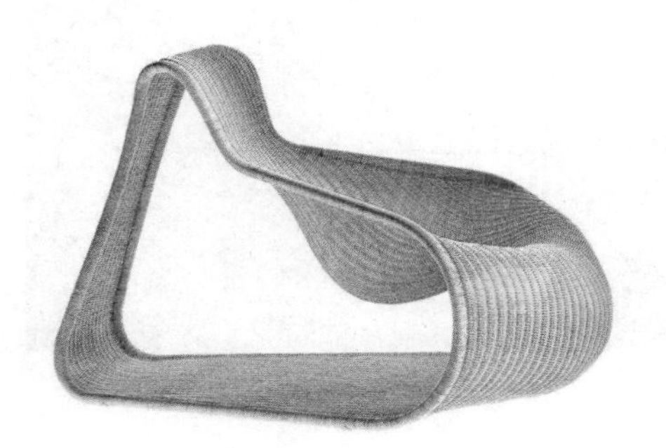
图 6-42　KRATON 椅　rodeick vos 设计

图 6-43

图 6-44

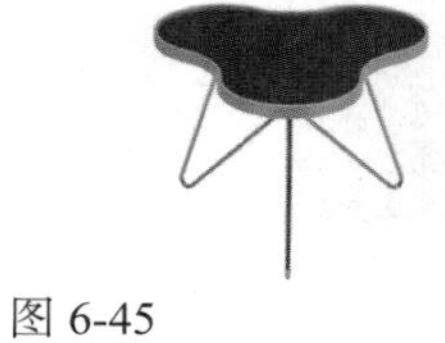

图 6-45

图 6-46　电脑坐椅设计

图 6-47

图 6-48

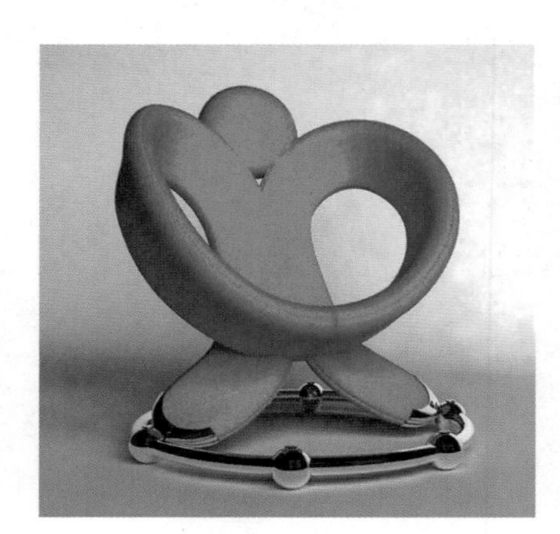

图 6-49

图 6-50

图 6-51　铝“翼”椅　马克·布拉泽尔·琼斯设计

图 6-52

图 6-53　沙发中的落日　基塔诺·佩瑟设计

图 6-54　奴婢椅 艾伦・琼斯设计

图 6-55

图 6-56

图 6-57

图 6-58

图 6-59

图 6-60　科罗纳椅　Poul Volther 设计

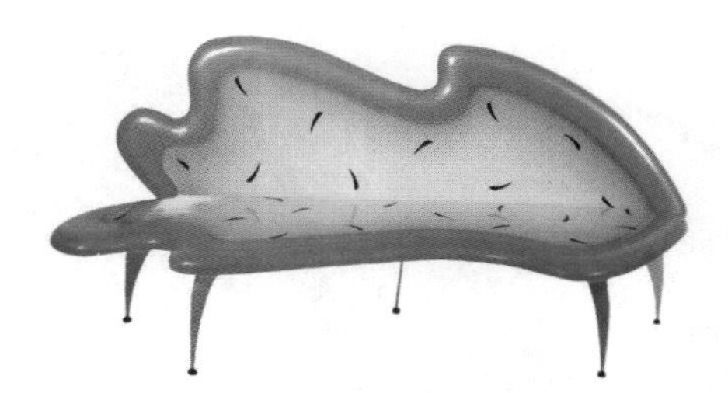

图 6-61　绚丽沙发　伊丽莎白・布朗宁・杰克逊设计

图 6-62　Etienne Henri Martin 设计

图 6-63

图 6-64

图 6-65

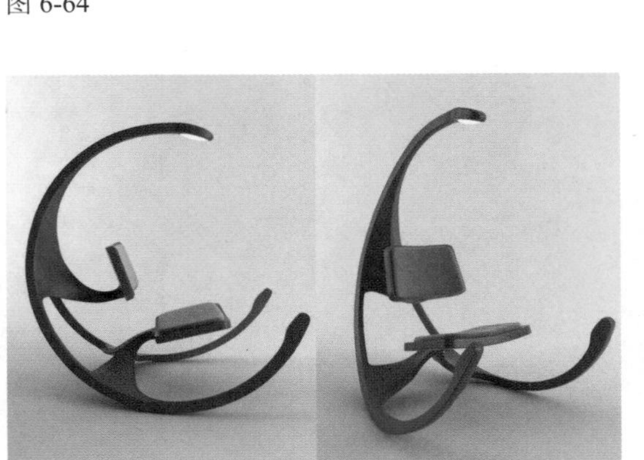
图 6-66

图 6-67

图 6-68

图 6-69

图 6-70

图 6-71

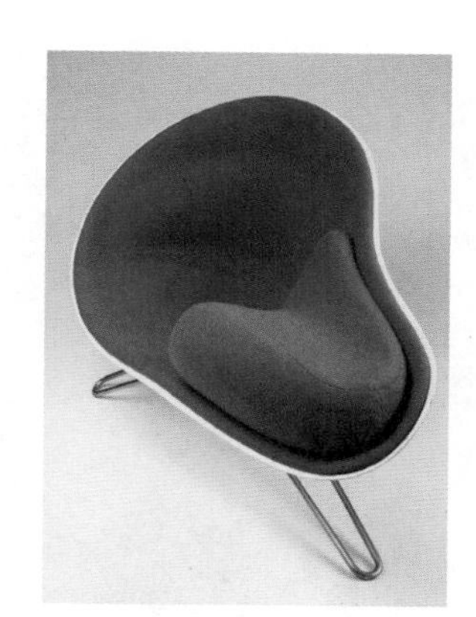

图 6-72

图 6-73

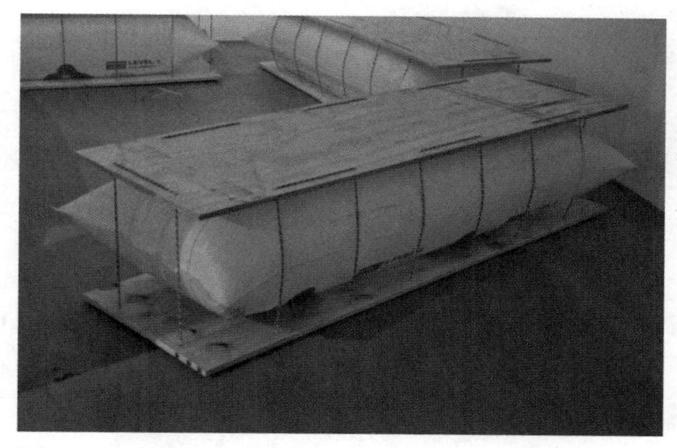

图 6-74

图 6-75

图 6-76

图 6-77

图 6-78

图 6-79

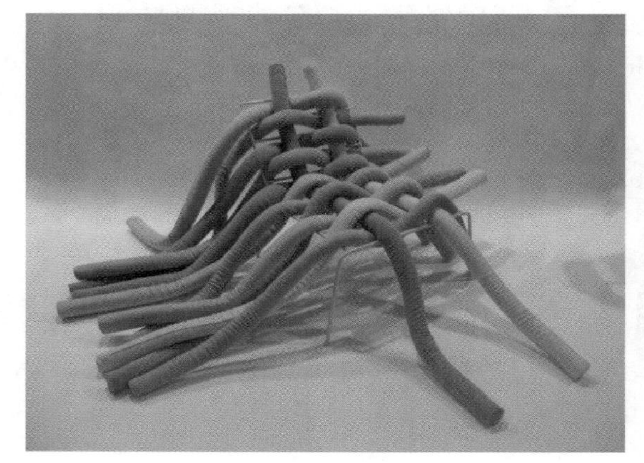
图 6-80

图 6-81

第7章 室内陈设

室内陈设是指对室内空间中的各种物品的陈列与摆设，也称为摆设品，其主要作用是延伸生活设施的功能，打破室内单调呆板的气氛，装饰点缀空间，丰富室内环境的视觉效果。饰品之间的大小比例、高低、疏密、色彩对比都会使居室中的整体装饰产生节奏和韵律变化。在室内环境中，陈设始终是以表达一定的思想内涵和精神文化为着眼点，对室内空间形象的塑造、气氛的表达、环境的渲染起着锦上添花、画龙点睛的作用，是完整的室内空间必不可少的内容，因而陈设品的展示，必须和室内其他物件相互协调、配合，不能孤立存在。饰品的功效还在于增进生活环境的性格品质和艺术品位，在观赏的同时，还可以起到陶冶情操、壮志抒怀等其他物质功能无法替代的作用，属于表达精神思想的媒介，它也为人们提供直接的自我表现的手段，甚至有的艺术品陈设，其内涵已超越出美学范畴而成为某种精神的象征。

陈设品的范围广泛，内容丰富，形式也多种多样。在室内空间中其内涵与家具既相互关联、重叠，又有更广泛的延伸。在室内环境艺术设计中，空间确定后，家具和陈设便是主要设计对象。从一定意义上讲，家具是陈设的主体，陈设是空间、家具的补充。它们对室内环境具有同等的艺术价值。如果没有陈设品，就像一本没有标点符号的书、一座没有山水石木的公园，将会是索然无味的。陈设品好比是室内环境的标点符号，它不仅能丰富室内空间层次，而且使空间更具有艺术性与个性特点，充分发挥着室内“精神建设”的突出作用。

第1节 室内陈设变迁

对现代室内陈设艺术的研究，应对人类不同时期、不同文明的室内陈设有所了解。从古至今，陈设品伴随着人类的进步而不断丰富与发展。人类在穴居时代已开始用反映日常生活和狩猎活动为内容的壁画作装饰，使用纯实用性的陈设，如史前动植物纤维制品、陶器、石器等。在古埃及时期，人们生活的室内空间宽敞，但家具较少且轻便简单。而从王室坟墓出土的一些物品来看（图7-1），古埃及王室的生活物品十分讲究，坐椅雕刻镶金、织物陈设色彩鲜明、典雅，表现出早期人类对陈设品的偏爱（图7-2）。

图7-1

古希腊的室内环境，则可从印有画面的陶器之类的陈设品中有所了解（图7-3）。其织物陈设有挂帘、垫子及罩套等，色彩鲜艳。此外，杯、盘、花瓶等都是室内重要的装饰品。在王室的墙上则画有装饰性的壁画。

图 7-2

图 7-3

古罗马的建筑风格及室内装饰，反映了当时人们对奢华生活的追求，从家具、帷幔等室内陈设品中都充分表现出了奢华的风格（图 2-14）。古罗马的剧场常在化妆室的墙面采用壁龛、雕像等装饰；在住宅中则常有鲜艳的壁画、三脚架和花盆，甚至还有雕像装饰。这一时期的陈设品选择、布置及室内环境的处理，都反映了奴隶主审美趣味的世俗化倾向。

中世纪的拜占庭时期，丝织业的兴盛导致室内的装饰织物应用比较多。家具的衬垫、室内的壁挂以及分隔空间的帷幔等，多以丝织品为主，喜欢采用动物图案，表现出强烈的波斯王朝的特色。12 ～ 15 世纪，以哥特式教堂建筑最具代表性，室内空间常采用精雕细刻的屏风分隔空间（图 2-22）。有时悬挂鲜艳的帷幔，甚至用绣花绸布将柱子包裹起来进行装饰。其中的家具，也常采用亚麻布装饰，朴素庄重，住宅中的陈设品与建筑风格相得益彰十分协调。

到了文艺复兴时期，人文主义思想得以发扬，崇尚以古希腊、古罗马为代表的古典主义艺术风格，并综合了哥特式和东方的装饰形式，室内陈设的风格与这一时期的建筑及室内装饰风格相一致，形成新的表现手法。体现出文艺复兴的思想精髓。如较有代表性的柯赛·勒·内杜府邸（建于 1518 ～ 1527 年）的室内陈设（图 7-4），充满了各种织物陈设，如墙上悬挂的帘幔、床帷等，都表明了刻意追求舒适的观念。墙面、顶棚也常用绘画进行装饰。

图 7-4　文艺复兴时期绘画中的室内环境

巴洛克发端于意大利，其影响遍及整个欧洲大陆。巴洛克风格虽然脱胎于文艺复兴，但却有完全不同的特点，它是以浪漫主义精神为设计的基础，并以追求感观豪华和过于堆砌的复杂装饰为表现风格，如大面积的壁画和姿态极富变化的雕像，均透射出矫揉奢华的装饰意味（图 7-5）。继意大利文艺复兴之后，出现了法国古典主义建筑并成为欧洲建筑发展的主流，这一时期的建筑最具代表性的是宫廷建筑。凡尔赛宫便是一个典型的古典主义建筑作品。其有名的"镜廊"墙面上安装了 17 面大镜子作装饰，檐壁上有花环雕塑、檐口上有坐着的小天使雕像。拱顶上则悬挂着 9 幅国王的史迹画，所有这些陈设品都透出豪华与气派，也表现出了当时的室内装饰风格。在此之后出现了洛可可风格，这一时期的室内装饰，反映了没落贵族的矫揉气质和庸懒的生活。所有细部装饰柔媚、琐碎而纤巧。如在墙上镶嵌镜子，装饰绸缎的幔帐，挂晶体玻璃的吊灯，陈设着瓷器饰品（图 7-6），家具上镶螺钿，壁炉用磨光的大理石，大量使用金漆等。并特别喜好在大镜子前面安装烛台，欣赏反照的摇曳和迷离。坐垫和靠垫，则多以天鹅绒、印花丝绸、锦缎等纺织品为面料（图 7-7）。色彩多以娇艳的颜色为主，如粉红、嫩绿等。总之，洛可可的室内装饰和陈设充满了浓重的脂粉气。

图 7-5

图 7-6　瓷制座钟

图 7-7

16 世纪后半叶，受意大利建筑的影响，英国建筑也开始了所谓的文艺复兴时期。这时的室内装饰十分富丽，喜欢在墙上绘制壁画或悬挂一些肖像画，还常陈列一些表现祖先好勇尚武的剑戟、盔甲及兽头鹿角等。而 16 世纪日本建筑中出现的书院造，也十分讲究对陈设的布置，如中国式的卷轴画或书法，地上陈列的香炉、花瓶、精美的文房用具等。法国资产阶级革命时期出现的帝国风格，是拿破仑帝国的代表性建筑风格。这一时期所崇尚的是复古的形式，因此其室内装饰和陈设都讲究古色古香。19 世纪，欧洲大陆新的审美思潮即新艺术运动对室内设计、家具设计和陈设品设计方面影响很大，追求简洁、流线形的自由形式，装饰主题模仿自然界生长繁茂的草木形状的曲线，如灯具、玻璃器皿的设计，都体现了自然的风格（图 7-8）。

图 7-8

自近代以来，人类经历了工业革命和发展工业化大生产的过程，人们用自己的智慧和双手创造了高度发达的工业文明，人们在物质和精神上得到极大的满足的同时，高度发达的工业文明正瓦解着人们赖以生存的环境基础，人们的生活淹没在一种庞大冷漠的工业化的人造环境中，钢筋混凝土筑成的摩天大楼，单调划一的住宅群，人们开始关注身边的环境，而第一步要做的就是改善与人们息息相关的室内环境。弄清陈设艺术在室内设计中的地位和作用，并借助于室内环境的改善以冲淡和柔化工业文明带来的冷酷感，借此抚慰心灵。陈设品的布置也更加注重人情味，注重传统文化及自然环境的印迹，使室内环境能更为舒适，追求天然的情趣。更多运用一些体现大自然的陈设，如自然纹理的石材、水境喷泉、植物绿化、天然材质的饰品等。

中国是历史悠久的文明古国，室内陈设品内容丰富、品位高，是东方文明缩影。如纺织品、陶瓷、玉器、青铜器、文房四宝、字画、盆景等每一类室内陈设品均达到相当完美的艺术境地。像我国重要的工艺美术品之一的彩绘漆器，最早出现在距今七千年左右浙江余姚河姆渡原始社会遗址中出土的木胎漆碗和漆筒，发展至明代时期，雕漆、填漆、金漆、螺钿漆器已具备十分精湛的工艺。又如，中国很早就使用活动的帷帐、帘幕和屏风来作为分隔室内空间的方式，这也是我国古代织物陈设与室内空间结合的最好例证。

中国传统的室内设计风格，较讲究端庄的气质和丰富的文化内涵。中国古代人常称屋内的家具及摆件为“肚肠”。因此，从家具的陈列到陈设品的布置，常采用对称均衡的手法来达到稳健庄重的效果。并且常通过室内陈设品，如古玩、字画、牌匾、题识等的布置创造含蓄、清新、雅致的境界。所有这些设计，表现出了中国传统礼教精神的影响，以及传统生活的修养。在流传下来的古书中也有不少对室内陈设品的描述，如清代李渔所著《一家言居室器玩部》一书中便有这样的阐述："花瓶盆卉，文人案头所时有也……"，"此窗若另制纱窗一扇，绘以灯色花鸟，至夜篝灯于内，自外视之，又是一盏扇面灯"。在小说《红楼梦》中也有许多关于陈设品的描写，如为过节准备的"妆蟒绣堆、刻丝弹墨并各色绸绫大小幔子一百二十架，……猩猩毡帘二百挂，五彩线络盘花二百挂，……，椅搭、桌围、床裙、桌套，每份一千二百件……"。图 7-9 是北京故宫长春宫嫔妃卧室，其中的陈设品十分丰富，富丽堂皇的宫灯，做工考究、精雕细刻的条案、桌椅、坐墩、床等家具，显示出皇家的气派。瓷器、壁画等艺术品华贵、工整，床上的锦绣帷幔雍容舒适，陈设品与建筑融为一体，透出华贵的风采。

图 7-9

古今中外，不论室内环境如何变化，室内陈设品都是其中不可分割的部分。它与建筑、家具设计的发展密切相关，并受到经济、技术、文化、宗教及社会风尚等因素的直接影响，形成不同时期、不同地域的风格变化。室内陈设品是人类璀璨的文化艺术的重要组成部分。

第2节 室内陈设的分类

室内陈设包含的内容很多，从广义上讲，一个室内空间，除了它的墙、地面、顶棚以外，其余的内容均可称为陈设。这其中的家具确切地讲不应划入陈设品范围内，但在现实生活中一部分家具与陈设却同时具有双重价值。并且随着时代的发展，在特定的环境下它们的角色也在转换。不管怎样，陈设品的范围十分广泛，概括起来可分为：功能性（或称实用性）陈设、装饰性（也称观赏性）陈设或两种功能兼有。

功能性陈设是指具有特定实用价值且又有一定的观赏性或装饰作用的陈设品，如家用电器、灯具、器皿、织物、书籍、玩具等，它们既是人们日常生活的必需品，具有极强的实用性；另一方面，又能起到美化空间的作用，如家用电器，代表了现代科学技术的发展与进步，它造型简洁、大方，装点于室内，使空间具有强烈的时代感。灯具是室内照明不可缺少的用具，其造型、色彩、质感千变万化、花样繁多，可适于不同的空间，既能照明，又装点美化室内环境。又如小孩的玩具，也属于实用性陈设，玩具的色彩鲜艳，造型活泼可爱，同样可装点室内空间，使空间显得活泼而富有童趣。由此可见，功能性陈设主要以实用为主，首先应考虑的是实用性，如灯具应具有所需的足够亮度；钟应当走时准确并易于辨认钟点。它们的价值应首先体现在实用性方面。

装饰性陈设是指本身没有实用功能而纯粹作为观赏的陈设品。如绘画艺术品、雕塑、工艺品等，这些陈设品虽没有物质功能，却有极强的精神功能，可给室内增添不少雅趣，陶冶人的情操。如雕塑、摄影等作品，属于纯造型作品，在室内常能产生高雅的色调，又有很强的观赏性。

一、功能性陈设

室内凡是具有实用功能的陈设都属于功能性陈设的范围，内容极为广泛，但大致可分为以下几类。

1. 灯具

图 7-10　灯具

灯具是室内空间必须具备的陈设品，在室内环境中起着提供和调节室内光照的作用。由于陈设物的种类繁多，材质丰富，构图多样，配合灯光的处理，可以呈现出华贵、朴素、典雅、温馨等艺术氛围。灯具不仅是实用物，为室内添光加彩；同时又是装饰品，甚至成为室内空间中的视觉中心。灯具大致可分为吊灯、吸顶灯、台灯、落地灯和壁灯等形式，其中吊灯和吸顶灯属于一般照明方式，落地灯、台灯、壁灯属于局部照明方式（图 7-10）。一般的室内空间多采用混合照明方式，亦即一般照明与局部照明相结合的布局。灯具的选择，不仅要考虑照明效果，还要看灯具的造型、式样、色彩是否与室内协调，通常应注重以下几个方面。

（1）实用性：这是选择灯具首先需要考虑的问题，它所具有的亮度必须与空间的要求相符合，如商场、图书阅览室、家庭起居室，应该有较明亮的光线，要求灯具的照度较高，而餐厅、酒吧、卧室则应采用照度稍低且柔和的光线，公共走道则可采用照度较低的灯具。

（2）光色：光色对于室内环境色彩与气氛影响很大，如暖色光给人亲切、温暖之感，冷色光给人冷漠宁静之感（图 7-11）。因此在选择确定灯具的光色时，应充分考虑室内空间的功能和气氛，如商场空间，暖色光显色指数较低，使顾客不易看准商品的颜色，一般宜采用接近日光的日光灯。医院病房若采用冷色光对病人的情绪会有影响，因此以给人温暖感的暖色光为宜。酒吧、餐厅是进餐之处，应使人保持良好的就餐情绪，因此不宜有刺眼的光线，而应采用柔和的暖色光。舞厅应营造热烈欢快的气氛，因此多采用五颜六色的灯光，还可使其不停闪烁，造成扑朔迷离的效果。

（3）灯具的风格：灯具的风格应与室内环境风格相协调。灯具的组成除了光源外，往往具有不同材料的特出造型，形成丰富的风格形式，在选择时应仔细斟酌。如大型的豪华枝型吊灯，它适合于空间大的客厅、宴会厅、宾馆大堂等场所（图 7-12）。简洁、小尺度的吊灯、吸顶灯适合于较小空间的酒吧、居室。壁灯一般适于卧室、客房或一些餐饮空间创造气氛之用，台灯则是作为局部照明的方式而用于休息空间或工作台上。由此可见，房间造型的风格和气氛直接影响着灯具的选择。当室内选用几种形式的灯具时，应使它们相互之间及室内环境均协调统一。

图 7-11　光色使教堂更具辉煌

图 7-12　灯具与环境更加协调

2. 室内装饰织物

室内装饰织物主要包括地毯、坐垫、门帘、窗帘、帷幔、靠垫、床单、床罩、桌巾、网扣、家具蒙面、壁挂、织物屏风、织物灯罩等。织物的利用是伴随着社会的发展和科学文化的进步不断地演变而逐渐形成的。它的发展是社会文明的标志之一，是艺术与技术结合的产物。织物具有很大的灵活性和可控性，运用广泛，由来已久。人的生理特点和审美要求决定了织物与人的亲近感，它对人同时具有物质和精神上的双重作用。织物的色彩、图案、质地对人的影响是其他任何东西所不能达到的。根据人的生理特性可知，人对软、轻、暖、光滑的物质易接受，乐于接触，由于织物所特有的这种温暖柔软感的特性，使人的生理得到满足的同时，它也作为美化居住环境的必需品满足人的精神功能需求，使心理获得平衡。尤其是在当今社会环境下，建筑材料及造型的统一、标准化工业产品的广泛运用，使得现代建筑空间缺少亲切感、温暖感，使人感到冷漠乏味。现代室内环境设计要符合人们日益对精神生活的追求，织物陈设在其中所起的作用尤为明显。织物陈设以其独特的质感、色彩及现代设计所赋予的新颖造型来美化环境、分隔、柔化空间、遮光吸声、调整室内的色彩、补充室内图案的不足、调整室内艺术气氛，重新把温暖带回建筑，使室内空间更富有人情味，从而创造现代人真正需要的生活空间，以净化人的心灵，陶冶情操。当然，不同的人有不同的性格、志趣、文化修养，所需求的织物环境也有所不同。因此，织物环境的设计应能反映个人的性格爱好。作为室内设计重要内容的织物陈设，在设计过程中，应根据其不同种类，充分考虑特出环境的不同要求，个人的生理与心理特点，达到与建筑的风格、特定室内功能及室内整体环境协调一致。

地毯：人类早期的游牧先民，最早把兽毛织成的毯子，作为室内地面的装饰用品。现代工业环境促使地毯得以广泛使用，花色品种也变得丰富多彩。由于地毯有较好的弹性、保温、消音等性能，使用起来很舒适美观，成为许多公共场所、家庭的重要选择（图 7-13）。由于房间地面所占面积都很大，对地毯色彩图案和质地的选择应尤为慎重。暖色调地毯使房间显得小些，但感觉温暖；冷色调的地毯给人宁静，有宽敞感。在室内环境中，冷色地毯也是鲜艳色彩很好的陪衬。此外，色彩的实际表象也影响地毯的选择。很深或很浅的颜色往往比中间色更易显出脚印和尘土，在人流量大的地方，地毯就容易显露这种痕迹，因此宜选择颜色深浅适中、质地粗、弹性好的地毯。织有图案的地毯精致、色彩丰富，但应与空间整体风格

协调，地板上的大图案尤其引人注目，在选择时应考虑一定的比例关系。地毯的铺设有满铺、中间铺设和部分铺设。满铺法使地毯遮盖整个地面，主要可用素色及图案不大的连续花样的地毯，此种方法铺设的地毯不易更换，因此宜于选择耐脏且不褪色、耐久性好的地毯。中间铺设法是将地毯铺设在房间的中央或特定部分，四周空出，最适宜铺设镶边地毯，使整个房间充满典雅的气氛。部分铺设法是为了满足一些特殊的要求，在房间所需的部位作部分铺设，如铺在床边、沙发下、化妆台前等。此外部分铺设法也可以起限定空间的作用。用作部分铺设的地毯，以厚实的长毛质地比较合适，若采用动物皮毛，也可以获得良好的效果。

窗帘、帷幔：窗帘是室内垂直悬挂面积最大的织物，可以调节室内光线，有隔声、调温和遮阳等作用。窗帘能够满足私密性要求，丰富室内空间的气氛，调节室内的明暗对比，使气氛柔和含蓄，产生一种温暖、亲切的生活气息。同时又可以美化室内，缓和室内空间的生硬感，起到柔化空间的作用（图 7-14）。它的色彩、图案、肌理可以起到很好的室内装饰效果。用于窗帘的织物很多，如丝绸、棉麻、灯芯绒及人造织物如尼龙、丙烯酸纤维织物、人造丝、聚酯、合成树脂等。因此，在选择织物时，除了与环境整体性的协调关系外，还应考虑适用性、耐久性、耐光、耐脏、易于洗烫等要求。窗帘在室内很容易成为视线焦点，对窗帘的风格、式样、尺度、色彩、质感等都应综合考虑。而颜色的选择，则应根据室内的整体性及不同气候、环境和光线以及生活习惯来确定。图案是在选择窗帘时需考虑的另一重要因素。竖向的图案或条纹会使窗户显得窄长，水平方向图案或条纹使窗户显得宽。碎花条纹使窗户显得大，大图案窗帘使窗户显得小。一般大空间宜采用大图案织物，小空间宜选用小图案的织物。在江南炎热地区或低空间的厅室，为了便于通风，可采用具有地方特色的竹帘、珠帘或软百叶。它们的特点是开启方便，可调节角度，改变室内的通光量。窗帘的悬挂形式一般以平拉式为主。另外还有重叠式、挽结式、波浪式、半悬式等。有图案纹样的窗帘，其纹样应顺着垂直方向组织，否则悬挂后会出现琐碎杂乱的现象。

图 7-13　地毯与座椅的协调

图 7-14　室内装饰织物

帷幔具有分隔空间、避免干扰和调节室内光线的作用，而且冬日保暖，夏日遮阳。从室内装饰效果看，帷幔可以丰富室内空间构图，增加室内艺术气氛，以便捷、灵活性成为室内布局的有效手段。

靠垫和覆盖织物：靠垫是床、沙发、坐椅、地台等家具地面的装饰性附加物，它在室内设计中的作用也不应被忽视。其作用主要是借助对比的效果，使家具、环境的功能更尽舒适完美，艺术效果更加丰富多彩。其形状多为抽象几何图形及富有情趣的动植物形象，纹样、色彩装饰性强，造型丰富，是室内居室必不可少的装饰品（图 7-15）。它不仅是家具的主要装饰配件及点缀，还能调节人体的坐卧姿势，使人与家具之间的接触更加舒适。在传统室内环境中，合理采用傣锦、侗锦、苏绣、湘绣、蜀绣以及蜡染、蓝印花布等布料，可烘托室内民族文化氛围，使室内装饰起到锦上添花的作用。

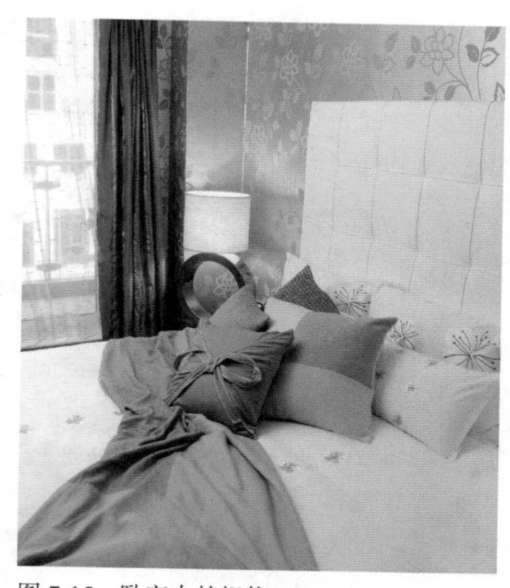
图 7-15　卧室中的织物

家具、陈设覆盖织物常见的有床单、床罩、沙发套、沙发披巾，还有用于桌、橱、柜上的台布以及钢琴、电器设备上的遮盖织物等。覆盖织物一般面积较大，对室内环境的影响明显，与室内气氛的协调尤为重要。应根据具体环境情况，精心设计，使织物与家具、陈设主体物及室内整体气氛融为一体。

装饰艺术品织物：一个舒适宁静的室内环境，使人感到愉快，但我们却往往会感到缺少了一些能使室内气氛活跃、充满生气的点缀色。用作装饰品的织物陈设——挂毯、布艺制作等，能起到补充室内色彩、烘托气氛的作用，它们在室内织物陈设中占有特殊的位置。现代艺术壁挂作为室内装饰重要饰物，已同其所在空间及建筑环境构成完整的设计综合体。建筑内墙与艺术情趣的默契配合，科学而高雅的设计是室内环境统一和谐的基础。壁挂具有柔化和美化室内空间等多重功能，它的巧妙运用，能为室内增添艺术气氛，在选用时应特别注意材料与工艺美感，既要有装饰意义、欣赏价值，又要遵循简洁、明快、整体的构成方式。既与环境设计有内在的联系，又能体现独特的艺术特色。

3. 电器用品

随着现代科技的不断发展家用电器不断普及，其辐射的范围也不断扩大。现已成为室内的重要陈设之一。室内环境中起到陈设作用的电器用品主要包括电视机、电冰箱、洗衣机、音响、电脑、微波炉、空调等，它们不仅带给人各种信息，也更方便人的生活；不仅有很强的实用功能，也体现了现代科技的发展，赋予空间时代感。一般电器用品造型简洁、工艺精美，属于工业化标准产品，样式、造型、色彩比较固定单一，时代性强。在与家具、环境的结合上，首先要考虑它们相互间的尺度应吻合，比例协调，另外应注意相互间的造型、风格相协调。如电视、音响与影视墙、柜、沙发之间的空间关系；电冰箱、微波炉与厨具、橱柜之间的距离、次序关系；电脑与桌椅之间的视觉高度、舒适度关系等（图 7-16）。

图 7-16　厨房电器与各式器皿

图 7-17　书籍的摆放

4. 书籍杂志

书籍杂志也是部分空间的陈设品，如书房、办公室等空间。居住空间内陈列一些书籍杂志，可使室内增添几分书卷气，也体现出主人的高雅情趣。一般书籍都是存放在书架上，有少数自由散放。书架应能调整每格高度以适应各种尺寸的书籍。要想将书整理得很整洁，可按其高矮尺寸和色彩来分组，或相同包装的书分为一组。并非所有的书都立放，有时将一部分书横放会显得更生动（图 7-17）。书架上的小摆设应与书相互烘托而产生动人的效果。植物、古玩及收藏品都可以与书间插布置，以增强趣味性。杂志通常是临时性的陈设，能够增加环境的时代气息，大多数杂志看过不久便处理掉了，流动性也比较大。对杂志收藏者来说储藏架是十分有用的，这种储藏架有金属、竹藤、布艺等材料做成，除有实用性外还具有很强的工艺性、装饰性。

5. 生活器皿

各种生活器皿如茶具、餐具、咖啡壶、杯、食品盒、花瓶、竹藤编制的盛物篮等，都属于实用性陈设，这些陈设通常都有优美的造型和色彩，可成套陈列，也可单体陈列，使室内气氛很亲切，尤其是居住空间，更显示出浓浓的家庭气息。生活器皿可由各种不同材料制作，如玻璃、陶瓷、塑料、木质、金属（金、银、铜、不锈钢）等，各种质地都有其独特的装饰效果，如玻璃晶莹剔透，陶器浑厚大方，瓷器洁静细腻，木质自然朴实，金属光洁华贵。这些生活器皿通常陈设于桌面、台面，也可采用柜架集中陈列，在选用时应注重环境、气氛与艺术品位（图 7-18）。

6. 文体用品

文体用品包括文具用品、乐器和体育运动器械等。文具是书房中最常见的陈设品之一，如传统意义上的笔墨纸砚，以及笔筒、笔架、文具盒等。爱好音乐的人对乐器情有独钟，在房间内将自己喜欢的吉他、电子琴、钢琴等乐器进行巧妙陈列，既可怡情遣性、陶冶情操，又使居住空间透出高雅的气氛。体育运动爱好者，将网球拍、羽毛球拍、健身器材等置于室内，也使空间显出勃勃的生机（图 7-19）。

图 7-18　玻璃器皿的摆放

图 7-19　现代绘画艺术与环境的协调

7. 其他

还有许多日常用品可归入功能性陈设范围，如化妆品、烟灰缸、食品、时钟等。它们都有各种不同的实用功能，但又使室内增色不少。如化妆品，造型美观，色彩淡雅；食品包装精美、色彩斑斓；时钟既能报时，又能装点环境，尤其是一只高大或祖传的钟，可以成为空间的视觉中心，而它报时的钟声或音乐声还能活跃空间气氛。

二、装饰性陈设

室内装饰性陈设一般自身没有或很少具有实用价值而纯粹作为观赏品。根据陈列形式一般分摆件和挂件两大类。如艺术品、工艺品、纪念品、收藏嗜好品、观赏性植物水境等。这类陈设不仅着眼于观赏的艺术价值，而且着眼于它们在室内陈设艺术中的装饰作用。因此要重视它们与室内整体装饰风格的和谐，使其造型、色彩、质感等美的因素能与墙面、家具和其他陈设等相呼应。要少而精，宁缺毋滥，不要一片珠光宝气，影响室内的和谐气氛。重点厅室的观赏艺术品的陈设，要紧密地结合建筑的性质和厅室的主题内容。其尺寸也要与室内空间以及家具的尺寸相适应，安放位置也要便于人们观赏。艺术陈设品应有合适的光照。

1. 艺术品

艺术品如绘画、书法、雕塑、摄影等，属于纯造型作品，在室内常能产生高雅的艺术气氛。其中个人嗜好品是最能表现一个人的性格与爱好。其中不乏作为室内陈设品的有邮票、古币、花鸟标本、玩具、民俗器物、字画等。它们并非室内环境中的必须陈设品，但却因其优美的色彩与造型，丰富的文化内涵，美化环境、陶冶人的性情，甚至因其所创造某种文化氛围，提高环境的品位和层次。然而，如何选择合适的、人们乐于接受的艺术品，也许是室内设计中一个较为困难的问题。艺术品的陈设当然应表现空间的主题或烘托环境的气氛，若处于居住空间则应表现主人的情趣，而许多艺术品通常都有一定的主题含义，因此，它们与房间的气氛通常应保持一致。传统中国画、书法等，其格调高雅、清新，常常具有较高的文化内涵和主题，宜于布置在一些雅致的空间环境，如书房、办公室、接待室、图书馆等。肖像画是非常正规的，因此宜与空间的其他陈设及装饰风格相一致。而一些静物画、风景画则较随意，适合于各种类型的空间。画框应视为艺术品的一部分，其选择也应注意与艺术品的主题、风格相协调，一般古典风格的绘画可采用深色的较厚重的镜框，现代绘画则可采用造型简洁的画框。金属画框具有很强的现代感，适于现代绘画和一些摄影作品。

2. 工艺品

我国工艺品种类繁多，历史悠久，如雕玉的历史可追溯到新石器时代。从出土的一些古代玉器来看，雕琢精美，甚至有的有“鬼斧神工”之妙，充分显示了我国古代劳动人民的智慧和才能。景泰蓝、唐三彩等都是我国宝贵的文化遗产，在现代室内空间常采用这些传统的工艺品作为陈设品，像陶瓷器、各种材料的雕制品、民间工艺品（如剪纸、布贴、蜡染、织锦、风筝、布老虎、香包等），都具有丰富的文化内涵和悠久的历史渊源。它们或散发着浓郁的乡土气息，或凝聚着民族文化的精髓，成为室内环境中精美的陈设。随着现代加工工艺的发展，工艺品的品种、形式更加多姿多彩。其造型或优美多姿，或自然纯朴，或质地晶莹剔透，或粗犷深厚，色彩或艳丽丰富，或朴素大方。在现代室内设计中，它们均是不可或缺的组成部分。

3. 收藏品、纪念品

收藏品的内容则非常广泛，如古玩、邮票、钱币、门票、石头、动植物标本、民间工艺品、字画等。收藏品最能体现一个人的兴趣、修养和爱好。收藏品通常集中陈设效果较好，可采用博古架或橱柜陈列。如果某件收藏品是一件很有吸引力的东西，将它布置在引人注目的地方，也会带给人愉悦。对于重点的收藏品，可加局部光照以示强调，增强其感染力。对于邮票、纸钱币等收藏品，也可用精致的镜框装贴。古玩、陶瓷收藏品与书籍结合布置，则更能显示主人的品位。纪念品包括获奖奖状、证书、奖杯、奖品或亲朋好友赠送的礼品，世代相传的物件等，它们不但具有纪念意义，而且它们对室内又有装饰的作用。总之，不管是收藏品，还是纪念品，它们的共同点是都蕴含着特定的信息，或有一段难忘的故事、或凝聚着沉重的历史、或代表着某种艺术价值的标准……收藏品、纪念品的陈设使环境赋予了丰富的内涵，更加人文化，使空间拥有了情感与灵魂。

4. 观赏性动植物、水境

人类在不断追求现代、舒适、便捷的居住环境的同时，也渐渐远离了赖以生存的大自然，人对大自然天然的亲近感促使人们在室内装点观赏性植物、水境，创造出许多新形式的绿化空间。在寻求心灵的安慰、赏心悦目的同时，也起到了调节室温、调节湿度、净化空气等作用。

现代建筑设计将绿化、山石和流水等自然景物直接引入室内，或者居室周围，加大窗体、墙面的通透度，充分感受阳光，观赏者在室内或者透过各式的窗户欣赏到自然美景。正如中国传统园林建筑中的境窗，植物将室内外空间有机的连接起来，无论是室内、室外，都以一个整体而存在，给人以视觉、听觉、嗅觉以及心理等各方面的享受。我国在内庭绿化方面有着丰富的经验和独特的传统手法，这些手法较适合庭院式的建筑。在那些建筑体量小、空间构成较为灵活的建筑中，中国的内庭绿化手法非常适宜。设计师通过动植物、花坛、奇石、水景等自然景象给人以形、声、色全新的感受，使人感到时时生活在大自然之中，从而得到极大的精神享受。如盆景是我国有两千多年历史的传统艺术，通常讲究意境的创造，力求在方寸之间体现出万丛群山的峻峭，在咫尺之中表现千里江河深远，是“无声的诗，立体的画”。因此盆景中的山、水、石、木的形态、配搭、曲直、高低等都是十分考究的。它“虽一举之谷，而能一千岩之秀”，其蕴含的气韵、骨法和形态美，富有瘦、透、绉、漏、丑等多种特点。因此，盆景摆设的高低及其俯视、平视、仰视的效果迥然不同。树桩盆景要根据造型特点和样式决定位置的高低，悬崖式、提根式、垂枝式，适宜仰视；直干式、播干式、横枝式、丛林式，适宜平视；寄植式、疏枝式、混接式，适宜俯视。总之，盆景代表了中国传统的文化和审美哲学。

图 7-20　室内植物水景

室内水景陈设一般分静态水体、动态水体。静水给人以清静幽雅之感，流水给人以生动轻快之感。流水也是创造室内音响的重要因素。水是富有生命力的物质，它会使山、石景物赋予灵魂，收到化腐朽为神奇的效果（图 7-20）。

第3节 室内陈设与环境

一、居住环境对室内陈设的要求

人类生存的居室环境，往往充斥着各种陈设品，它们以不同的形式和类型出现，都有各自的造型、色彩及用途，但它们作为同一空间的组成部分，是以整体形式出现的，相互之间达到协调统一的关系非常重要，如每个陈设品最恰当的陈设位置，相互间的色彩关系，造型协调等，这些都涉及空间构图的均衡与完整。例如色彩的处理，陈设品本是点缀色彩，但应注意重点突出几件陈设，如果每件陈设品均采用强烈的色彩对比，则会使室内空间显得杂乱，而失去统一感。有时为了使室内色彩统一，可将灯罩采用与窗帘、床罩相同的织物。放在一起的陈设品，其协调关系表现在其造型、色彩应考虑尽量协调。每件陈设品的位置、造型、尺度恰当得体，使整个空间构图和谐一致。另外，许多陈设品都与家具发生关联，有的陈列在家具上，有的又与家具形成一个整体，有的又与家具共同平衡、构成空间。这就进一步要求陈设与家具搭配的完美性。建筑空间是家具、陈设的容器，是根据人们的活动而创造的物质环境，在这里，人与生活是目的，是主体，因人们生活之需的陈设品、家具是手段，是从体。它们都因人而存在，都因人类居住的建筑功能意志而统一为整体。因此，陈设品、家具应服从整体室内环境的要求，其选择与布置都应在室内环境整体性的约束下进行。不同的建筑风格对陈设品有不同的要求，不同功能的房间对陈设品也有不同的要求。

1. 建筑功能对陈设品的要求

由于人与社会向建筑提出了不同的功能要求，便出现了许多建筑类型。各类建筑的功能千差万别，反映在形式上必然是千变万化的。因此，陈设品的设计与选用，无论题材、构思、构图或色彩、图案、质地，都必须服从建筑的不同功能要求。对特定功能的建筑空间，要求创造某种气氛，在运用陈设品时，应精心推敲，做到适度得体。例如对织物陈设的图案选择，无疑要与建筑类型相适应，并与特定环境相协调，形象具体地表现出建筑物的特征。娱乐、运动等类型的建筑（如电影院、音乐厅、体育场馆、俱乐部）的织物陈设，应多选用曲线构成的图案，造成一种活泼、跳动的气势，使之具有轻快感、音乐感、流动感。科研型建筑的织物陈设则宜多采用曲线、直线或大小不同的点的群化为构成因素，造成一个迷离变幻、引人探索奥秘的意境。抽象性图案虽无主题性，但较接近建筑艺术的语言特征，更适宜科研性建筑。文教卫生建筑，图案不宜过多曲线及繁乱的形象等不安定的因素，图案色彩应朴素，力求造成一种宁静和平的气氛，以利于人们的学习、工作与疗养。旅游、交通类建筑的织物陈设，图案花样可形式多样，尤其是能表现地方特点，具有民族风格、乡土气息的图案。

2. 房间功能对陈设品的要求

房间的功能的变化，也是决定陈设品的重要因素。当然，不同主题、不同风格的陈设品，对于形成不同性格、突出功能各异的房间个性，也有着很重要的作用。例如住宅的客厅、起居室，是一家人生活的中心，既是家庭成员休息活动的地方，也是友人、宾客来访时感觉舒适愉快之处。因此，陈列的陈设品特别需要有助于表达出家庭的个性与趣味，给人轻松随和之感。又如儿童房间，根据儿童心理学理论，一个人婴幼儿时期的发展情况会影响他成年后的性格、兴趣、生活习惯等，环境对于造就孩子的心理很重要。儿童房间的陈设品处理，不能以成人的喜好作标准，而应考虑儿童的生理、心理特点，依照孩子的成长需要来设计。餐厅室内空间的陈设品，不论是家庭用餐厅还是公共餐厅，都应创造轻松愉快的气氛，有效地提高人的进餐情绪。

由此可见，房间功能不同，对陈设品有不同的要求，要准确地表达出房间的风格、气氛及内涵，陈设品的选择至关重要。

二、室内陈设对环境的影响

室内空间的功能和价值通常需要陈设品来体现，室内陈设品是构成室内环境的重要组成部分，它对于室内设计的成功与否有着重要的意义。它之于室内环境，犹如公园里的花草树木、山、石、水榭，是赋予室内空间生机与精神价值的重要元素。其作用主要体现在如下几方面。

1. 诠释空间含义，强化环境风格

一般的室内空间应达到实用、舒适、美观的效果，这是最基本的要求。较高层次或有特殊要求的空间，则应具有一定的内涵和意境，如纪念性建筑空间、传统建筑空间、一些重要的旅游建筑等，常常需要创造特殊的氛围。

室内空间有各种不同的风格，如西洋古典风格、中国传统风格，朴素大方的风格、华丽的风格、乡土风格等，陈设品的合理选择，对于室内环境风格起着很大的影响作用，因为陈设品本身的造型、色彩、图案及质感等都带有一定的风格特点。因此，它对室内环境的风格会进一步加强。如字画点缀的空间，具有清雅的风格；竹、藤编制的陈设品具有较强的民间朴实的风格；豪华的灯具，会加强室内空间华丽的风格特点。同样，处于不同社会阶层的人们，由于物质条件和自身条件的限制在陈设品的选择上往往大相径庭，从而也形成了多种多样的室内设计风格。

2. 创造及烘托环境气氛

不同的陈设品，对烘托室内环境气氛起着不同的作用，如欢快热烈的喜庆气氛、亲切随和的轻松气氛、深沉凝重的庄严气氛、高雅清新的文化艺术气氛……都可通过不同的陈设品来创造和进一步烘托。而意境则是内部环境所要集中体现的某种思想和主题。与气氛相比较，意境不仅被人感受，还能引人联想给人启迪，是一种精神世界的享受。意境好比人读了一首好诗，随着作者走进他笔下的某种境界。中国传统室内风格的特点是庄重与优雅相融合，常用一些书法、字画、古玩创造高雅的文化气氛（图 7-21），现代室内空间常采用色调自然素静、造型简洁的陈设品创造宁静的气氛。

图 7-21　崔加伟 设计

3. 柔化空间，调节环境色彩

现代科技的发展，城市钢筋混凝土建筑群的耸立，大片的玻璃幕墙，光滑的金属材料……凡此种种构成了冷硬、沉闷的空间，使人愈发不能喘息，人们企盼着悠闲的自然境界，强烈的寻求个性的舒展。因此植物、织物、家具等陈设品的介入，无疑使空间充满了柔和与生机、亲切和活力。

人们越来越重视“以人为本”的设计理念，注重与自然相结合。植物作为自然的一部分，被大量的运用到室内空间中。室内的绿化不仅能改善室内环境、气候，同时也是设计师用来柔化空间，增添空间情趣的一种手段。织物一般质地柔软，手感舒适，易于产生温暖感，使人亲近。天然纤维棉、毛、麻、丝等织物来源于自然，易于创造富于“人情味”的自然空间。从而缓和室内空间的生硬感，起到柔化空间的作用。同时也增添了室内空间的色彩。

室内环境的色彩是室内环境设计的灵魂，室内环境色彩对室内的空间感度、舒适度、环境气氛、使用效率，对人的心理和生理均有很大的影响。在一个固定的环境中最先闯进我们视觉感官的是色彩，而最具有感染力的也是色彩。不同的色彩可以引起不同的心理感受，好的色彩环境就是这些感觉的理想组合。人们从和谐悦目的色彩中产生美的遐想，化境为情，大大超越了室内的局限。

人们在观察空间色彩时会自然把眼光放在占大面积色彩的陈设物上，这是由室内环境色彩决定的。室内环境色彩可分为背景色彩、主体色彩、点缀色彩三个主要部分。

（1）背景色彩。常指室内固有的天花板、墙壁、门窗、地板等建设设施的大面积色彩建筑。根据色彩面积的原理，这部分色彩宜采用低彩度的沉静色彩，如采用某种倾向于灰调子的较微妙的颜色使它能发挥其作为背景色的衬托作用。

（2）主体色彩。是指可以移动的家具、织物等中等面积的色彩。实际上是构成室内环境的最重要部分，也是构成各种色调的最基本的因素。

（3）点缀色彩。是指室内环境中最易于变化的小面积色彩，如壁挂、靠垫、摆设品。往往采用最为突出的强烈色彩。

陈设物的色彩既作为主体色彩而存在，又作为点缀色彩。可见室内环境的色彩有很大一部分由陈设物决定的。室内色彩的处理，一般应进行总体控制与把握，即室内空间六个界面的色应统一协调，但过分统一又会使空间显得呆板、乏味，陈设物的运用，点缀了空间丰富了色彩。陈设品千姿百态的造型和丰富的色彩赋予室内以生命力，使环境生动活泼起来。需要注意的是，切忌为了丰富色彩而选用过多的点缀色，这将使室内显得凌乱。应充分考虑在总体环境色协调的前提下适当的点缀，以便起到画龙点睛的作用。

4. 创造二次空间，丰富空间层次

由墙面、地面、顶面围合的空间称之为一次空间，由于它们的特性，一般情况下很难改变其形状。而利用室内陈设物分隔空间就是首选的好办法。我们把这种在一次空间划分出的可变空间称之为二次空间。在室内设计中利用家具、地毯、绿化、水体等陈设创造出的二次空间，不仅使空间的使用功能更趋合理，更能为人所用，使室内空间更富层次感。大空间办公室既作为一个整体存在，同时又是由许多个体构成的。我们可以利用办公桌椅与屏风组织起一些小型工作单元，在适当的地方配以植物装饰，既合理利用了空间又丰富了空间。

作为织物类的地毯可以创造象征性的空间，也称“象征空间”。在同一室内，有无地毯或地毯质地、色彩不同的地面上方空间，便从视觉上和心理上进行了划分，形成了领域感，如大宾馆、大饭店的一层门厅，提供旅客办理住宿、手续、临时小憩往往用地毯划分区域，用沙发分隔出小空间供人们休息、会客，而为铺设地毯的地面，往往作为流通和绿化的空间，同时还具有明确的指示性作用（图7-22）。

图 7-22　俯视下的起居空间

5. 反映民族特色，陶冶个人情操

民族这一概念，一般指的是共同的地域环境、生活方式、语言、风俗习惯以及心理素质的共同体。因此，各族人民都有本民族的精神、性格、气质、素质和审美思想等。我们中华民族具有自己的文化传统和艺术风格，同时，其内部各个民族的心理特征与习惯、爱好等也有所差异。这在陈设品中能得到充分的体现。有的室内陈设品具有强烈的民族特点和地方风情。室内环境所处地方不同，也会在陈设品上表现出不同的特点。如青海塔尔寺，地处西北高原，其寺内采用悬挂的各种帐幔、彩绸顶棚、藏毯裹柱等来装饰空间，一方面对建筑起到了防止风沙侵蚀的保护作用，另一方面也形成了喇嘛教建筑的独特风格。彝族常将葫芦作为他们的图腾崇拜而陈列在居室中的神台上；传统汉族民居中太师壁前陈列的祖宗牌位、香炉、烛台等陈设，表达了对先辈的尊敬与怀念。这些都代表着不同的民族特点。

陈设品的选择与布置，还能反映出一个人的职业特点、性格爱好及修养、品位等，也是人们表现自我的手段之一。格调高雅，造型优美，尤其是具有一定内涵的陈设品陈列于室内，不仅起到装饰环境、丰富空间层次的作用，而且还能怡情遣性，陶冶人的情操。这时的陈设品已超越其本身的美学价值而具有较高的精神境界，如有的书法作品、奖品等，都会产生激发人向上的精神作用。

总而言之，陈设品是室内环境中重要的组成部分，在室内环境中占据着重要的地位，也起着举足轻重的作用。当我们在着手进行一个空间的设计时，应同时将陈设品融入空间，这样的空间才是丰富多彩、富有人性的空间。

第 4 节　室内陈设设计原理与构成原则

一、陈设、环境与人的统一整体性原则

室内陈设设计既是一门相对独立的设计艺术，又同时依附于室内环境的整体设计。设计师意志的体现、风格的彰显、创新的追求固然重要，但更重要的是将设计的艺术性和舒适性

相融合，将创意构思的独特性和室内环境的风格相融合，实现室内设计整体性原则。良好的室内陈设可以烘托环境气氛，更好地演绎建筑空间精神，陶冶人的情操。舒适完美的环境氛围不仅是室内陈设设计研究的课题，也是心理学研究的内容。美国心理学家阿恩海姆（Rudolf Arnheim）在谈到陈设艺术品与环境相结合的一致性时说“当装饰艺术品被用来布置起居室时，它所选取的题材和样式就必须能体现和谐、安静、富足和完美”，“一个艺术品必须为世界提供一个整体性形象”。可见陈设艺术设计既要综合考虑美学、形式、创新、文化、生态等原则，更要注意设计的根本是以人为本。要为不同人群营造符合特定需求的生活及工作室内环境。艺术陈设设计应给予使用者以足够的关心，认真研究与人的心理特征和人的行为相适应的室内环境特点及其设计手法，以满足人们生理、心理等各方面的需求。这是室内艺术陈设设计的出发点和归宿。人的社会属性决定着陈设艺术品位和风格的定位，马克思说：“人的本质不是单个人所固有的抽象物，在其现实性上，它是一切社会关系的总和。”每个人都是具体的、生活于现实生活中的，由于其社会属性不同，对陈设艺术的审美要求也不同。学者书房里的一套陈年茶具、老年人卧室里的一组植物盆景、少女床边怜爱童趣的抱枕，无不体现了生活在现实社会中人的心性与环境的统一。

二、陈设设计中的美学原则

1. 陈设设计的美学意义

陈设设计是在美学原理的指导下，兼顾个人心理的、社会的、科学的、环境的需要而综合分析和实践的设计活动。它通过对陈设品的陈列与摆设，将色彩、造型、材质与灯光等要素进行有效地运用组合来创造完美的室内环境。陈设艺术美学是在现代设计理论和应用的基础上，结合美学与艺术研究的传统理论而发展起来的新领域，属艺术美学的研究范畴。它是从审美的角度去认识设计，去理解设计的功能及美学特点。其主体是室内环境中的陈列物品，是美学信息在物质上的传播应用。在这一过程中，应该注重探索陈设艺术审美体验的规律，研究陈设艺术风格、语言的特征，以及陈设艺术与科学、生态学、民俗、宗教等其他学科门类之间的关系。它是设计文化中关于美的研究。

2. 陈设的美学结构

陈设作为艺术，它的美学构成是科学技术和社会文化的综合。对于陈设艺术审美评价来说，它包含了科学技术的因素，也包含了社会文化的因素；既有客观物质性的一面，也有人的主观精神性的一面。因此，陈设艺术的美学结构，可以透过物质与精神两个层面概括为三个纵向层次：物质材料与形式美感信息传播的表层结构；人的社会属性决定的中层结构；意识形态及审美心理所表现出的，深厚意蕴和内在含义的深层结构。

3. 陈设设计中形式美学原则

陈设艺术为满足室内空间的实用功能和审美功能的需要，必须借助于物质材料进行形式美的设计，完善它的实用和审美功能。现代陈设设计常运用对比、均衡、尺度、节奏、变化等表现形式来表达设计师的设计构思，反映人们的审美情趣，体现人们物质生活与精神审美的价值，传播材质美与形式美的信息。

形式美的原则是艺术设计必备的基础理论知识，它是现代艺术审美活动中最重要的法则，现就室内陈设设计中物质材料与形式美感信息传播的表层结构规则进行简要分析。

（1）对称是一种经典的形式设计手法，是沿中轴线使两侧的形象相同或相近。古希腊哲学家毕达哥拉斯曾说：“美的线性和其他一切美的形体都必须有对称形式”。对称已经深深地根植于人们的审美意识中，对称可以制造出稳重、庄重、均衡、协调的效果。

（2）重复是指相同或相似的形象连续反复地出现。重复可以对陈设形象加以强调，使环境更加和谐、统一，它往往表现出很强的节奏和韵律感。人们常说“建筑是凝固的音乐”，因为它们是通过节奏与韵律来体现而产生美的感染力。通过体量大小的变化、空间虚实的交替、构件排列的疏密、曲柔刚真的穿插来实现的。它的具体手法有连续式、渐变式、起伏式、交错式等(图 7-23)。在整体空间陈设中虽然可以采用不同的节奏和韵律，但也要切忌使用过繁，那会让人无所适从、心烦意乱。

（3）均衡的陈设设计是一种力学感受，是物品及形象在视觉上达到平衡、协调效果的设计手法。均衡可以使陈列物品及形象更加稳定、和谐。均衡可以通过物体形、色、质的合理分配来综合实现。

（4）对比可以使陈列的物品及形象之间产生明显差异，可以使主体形象更加突出，视觉中心更加明确。它可以通过大小、凹凸、方圆、曲直、深浅、软硬等形式表现出来。

（5）呼应可以使陈列的物品及形象之间产生某种联系或协调关系。通常在色彩、风格、形态三个方面运用，可以强化主体形象，加强形象之间的联系，使其更加整体、协调。

（6）渐变是指形象逐渐变化的设计形式。它既可以从形状、大小、方向、位置进行渐变，又可以从材质、色彩、风格进行渐变。它可以增强形象的秩序感和节奏感，打破呆板的范式，形成可控的变化(图 7-24)。

图 7-23　书籍与地毯的组合

图 7-24　绿色植物的摆放

另外，随着设计思维的发展与创新，如解构、挪用、仿生等一些新的设计手法也在不断涌现。

三、陈设设计中的文化归宿与创新性原则

室内陈设设计包含着对文化内涵与发展创新性的追求。在室内环境中如何体现个人的文化品味，如何将与时代相符的、充满活力的新形式、新工艺、新设计语言进行有机地融合，这是室内陈设设计中重要的创新性原则。室内陈设设计有着深刻的文化因素，小到个人的基本生活态度及文化追求，大到民族的历史和传统文化，成功的设计总能找到适宜的文化寄托。当然，随着时代的发展，文化也在进步，人们的生活习俗、交往的方式、思想观念及文化情

趣也在不断演化。因此，文化带有时代的烙印，体现着时代精神。如当代人们崇尚居室的生态性原则，在尊重自然生态环境、保护环境的同时，更加关注居室微环境的营造。这不单是为陈设品的选配设计提出新的要求，也促使建筑室内环境必须融合到地域性的生态平衡系统之中，使人与自然能够自由、健康地协调发展 (图 7-25)。再如，在陈设艺术设计中，一些在过去没有的设施，在当今几乎是不可缺少的。传统的中国家具没有软椅，而现在已十分普遍；古典家具中没有专门摆放电视机或音响设备的橱柜和架，也没有空调，但在现代客厅里，这些是必须陈设的设备；超薄电视问世后，使电视与装饰墙面互为一体。可以断定不久的将来，电视、空调等设施还会更人性化地遁形，为未来居室空间的拓展设计带来新的契机。可以看出陈设艺术不仅是陈设品时代感的体现，也是观念的更新。设计师在进行陈设设计时，要研究当代生活的内涵与文化发展的脉搏，掌握其发展规律，找到不同人群文化表述的创意点。

图 7-25　简洁的建筑及卧室环境

第 5 节　当代室内陈设设计的风格趋势

一、室内陈设设计风格的当代意义

设计风格是人类文明发展的产物，是不同文化发展阶段的审美体现。不同地域、不同时期的陈设艺术品也常带有特殊的印记。陈设设计风格，是指在陈设品环境中所传递的一类信

息和表现出来的艺术创作个性。这涉及设计师的主观因素，如思想感情、生活经历、性格气质和审美特性的影响，也受到不同民族的物质、精神文明在历史发展中形成的宏观因素影响。可以看出影响陈设设计风格的主要因素是设计的时代性、设计师的个性特点和民族文化的认知程度。

陈设设计风格的时代性是特定时代科技、文化、审美意识的写照。当代社会环境下，艺术设计因图形语言交流便捷和获取信息迅速，极大地推动了艺术设计在世界范围内的交流与发展，也更加促进了艺术设计风格的多样性和审美需求的多样化。当然，艺术设计风格的形成有着多方面的原因，艺术设计作为一种特殊的精神生产，必然要在艺术作品上留下艺术家个人的印记。陈设艺术品与人的接触最为密切，它应具备特有的亲切感，它是人与人、人与物、人与世界的直接接触与碰撞的结果。在每一件陈设品中都融入了创作者们对世界、对生命、对社会的理解。设计归根到底是为人服务的，个性化是它的重要特征。陈设设计不仅仅是时代性和个性化的体现，更具有民族风格特征，它是一个民族的文化传统，审美心理、审美习惯在设计上的体现。它也是由本民族的地理环境、社会状况等多种因素的差异性决定的审美活动。这种借助有形实体表达民族风韵的设计作品所展现的民族性，也使其具备了世界性的潜质。挖掘与有效地展现民族文化是陈设设计风格化的有效途径。设计要表达一种文化内涵，使之成为特定文化系统的隐喻并将时代的文化特色与民族文化元素融于设计中，同时，它本身也是一种文化和文化的传播形式。民族文化有其历时性与共时性特征，它凝聚了民族成员历代相传的共同价值观、思想意识。从艺术的发展史可以看到任何主流艺术或文化的发展都曾受到民族传统艺术的影响和滋养，在世界发展日益呈现多元化的今天，室内陈设设计应在国际化进程中将民族化的元素进行有益的补充，使本民族的设计文化得到发展，提升中国艺术设计的地位。中国的现代艺术设计起步晚，受到西方设计观念与思维的影响较重。导致设计者对民族文化不够重视，文化底蕴的匮乏，缺乏当代设计思想的话语权与创新能力。在艺术设计中，很难形成具备民族文化内涵的风格形式，就更谈不上形成具备影响力的中国特色的设计。

因此，作为陈设艺术设计者应深入研究传统文化精髓，在认识当下纷繁复杂的设计风格时，不可简单地给予中国传统、欧式古典、乡村风格、现代简约风格等世俗化的定性，而是应从设计的本质进行理性地看待和分析。当世俗化的风格一旦形成便已成为过去，且不时会成为设计创新的羁绊。有创新意识的优秀设计师总是创造性地解读与运用文化含义，在认识风格超越风格中前行。

对当代陈设设计主要应从以下几个方面解读：

二、宏观把握陈设设计的风格趋势

1. 对经典的回味与重新演绎

回归传统经典是近年来不可回避的话题，如今对传统的理解更强调一种融合。运用民族传统艺术风格是这种回归的重要形式，对设计史上经典风格中的艺术元素的运用则是回味传统风格的另一重要形式。然而，用当代的设计理念来整合传统经典的艺术元素是实现风格化的关键，同时必须看到当代社会与传统社会之间生活方式、文化观念方面的巨大差异。无论如何运用传统都应是当代意义的重新解读，一味地照办无法形成有价值的设计风格。只有细心地体味、巧妙地表现隐含在当代人文化感觉中复杂的传统心结，才能将传统的经典风格有效地纳入到当代的艺术设计之中。如在新中式风格的设计中，不可过于复制古典风格的家具及陈设品进行室内空间的布置，打破现代生活模式，表面地追求经典家具陈设的形态、色彩以及摆放位置，而是应注重中国传统文化精神本质，充分发挥木器、瓷器、书画背后的文化意味，体味青砖、白墙之间的宁静与深邃，实现现代文人心灵寄托，以此达到对传统文化的一种回归与尊重。同样，在对西方经典艺术风格的运用上，也应深刻领略其丰富的文化内涵。如西方现代简约风格，其来源是由二十世纪三四十年代密斯·凡德罗提出的“少即是多”的现代主义设计思想演变而来。这类室内陈设的风格主要凸显功能性，每件物品都尽量简化外形，无任何繁杂、啰唆的装饰 (图 7-26)。室内的陈设多采用无彩色系的物品，摆放的位置也以非对称的方法陈列 (图 7-27)。又如西方新古典风格，则强调选择具有欧美古典式样的，典雅优美的陈设品进行室内氛围的塑造。往往选择巴洛克或洛可可式风格的家具、灯具、寝具等陈设品进行装饰，表现尊贵、豪华的空间效果，成为拥有财富的象征 (图 7-28)。此类空间常配合同样风格的装修，以便共同达到理想的氛围。

图 7-26　简洁的室内环境

图 7-27

图 7-28

2. 地域性及文化元素符号的主观拼构

我们生活在一个多元的时代，文化与信息的广泛交流给思维活跃的当代“潮人”以不尽选择。人们已不再囿于风格与样式的窠臼，寻求一种开放、舒适、随性的自我。当然，这并不代表现代人们对风格范式的彻底遗弃，不可避免地抱有对不同地域文化思想上的留恋，这是一种矛盾关系的体现。事实上，文化元素的解构与挪用是一种选取精华的心态再现。人们将自己喜爱的风格中的经典饰品进行重新搭配，东西方文化、不同民族文化的冲撞、戏剧化的相遇，表现出异样的和谐，反而产生一种新的氛围效果，令人欣喜，成为文化新人的一种独特室内陈设风格 (图 7-29)。这是一种广泛意义上的混搭，它不单强调文化上的多元性，也不忌讳材质的混合使用。在多元混合的室内空间里，雍容华丽的西式窗帘、古典优雅的明式座椅、粗犷的非洲木雕饰品往往是因为你的偏好不期而遇。另外，这种混搭的风格对家居色彩的运用往往也显示出别出心裁的新意。当循规蹈矩的人们还在一味追求色调的统一与对比关系的尺度把握时，他们已用尽了调色板的极限，让家的颜色变成激情四射生活状态的写照。

3. 创新与时尚的个性化解读

创新永远是艺术设计的永恒主题。如同各种艺术活动一样，创新也是当代室内陈设设计的灵魂。当然，在这一过程中，如能将设计者的艺术追求与室内空间营造的意图及委托设计意图进行巧妙完美的统一便是更具价值的创新。每个人对艺术、时尚乃至创新都有不同的理解，主观意识的个性化表现正成为室内陈设设计的主流。当代丰富多彩的陈设品为个性化选择提供了可能，也给设计者以极大的自由发挥的空间。具有创新思维的陈设设计师，在调动空间中一切可能的媒介，强化空间的审美效果的同时，尽量丰富人们对空间的感性认识，充分发挥陈设艺术品本身的重要性。改变陈设品充实空间、满足人们使用功能需求的传统作用。通过对陈设品样式的选择与布置，表达特定的个性与品位，体现使用者的职业素养、性格爱好及艺术情趣，并由此达到影响其生存方式的意义。可见当代陈设设计的结果是在延伸建筑本身的功能与审美作用的基础上，有效地运用陈设品所具有的鲜明的空间知觉性、亲和性，将蕴含点、线、面、体、色彩、肌理等物理要素及各种文化精神要素赋予室内用品及空间氛围，暗示或升华空间特定的气质及个性，使陈设品成为多维度空间下的审美观享受。

图 7-29　陈设风格的混搭

参　考　文　献

[1] 吴智慧．室内与家具设计——家具设计．北京：中国林业出版社，2005.
[2] 庄荣，吴叶红．家具与陈设．北京：中国建筑工业出版社，2003.
[3] 张绮曼，郑曙旸．室内设计资料集．北京：中国建筑工业出版社，1994.
[4] 梁启凡．环境艺术设计——家具设计．北京：中国轻工业出版社，2001.
[5] 于伸．家具造型与结构设计．哈尔滨：黑龙江科学技术出版社，2004.
[6] 张福昌，张彬渊．室内家具设计．北京：中国轻工业出版社，2001.
[7] 李凤崧．家具设计．北京：中国建筑工业出版社，2005.
[8] 胡景初，方海，彭亮．世界现代家具发展史．北京：中央编译出版社，2005.
[9] 方海．20 世纪西方家具设计流变．北京：中国建筑工业出版社，2000.
[10] 胡天君．立体设计．济南：山东美术出版社，2007.
[11] 胡天君，王志远．设计色彩．北京：中国电力出版社，2010.